岡野の化学が
初歩からしっかり身につく
理論化学❷＋
有機化学❷

河合塾
東進ハイスクール講師
岡野雅司

技術評論社

元素の周期表

凡例:
- 原子番号 → ₁H
- 原子量 → 1.0
- 元素名 → 水素
- 元素記号 → H

※ 緑 は遷移元素，その他は全て典型元素
※ 枠 で囲まれた部分は非金属元素，その他は全て金属元素

族 周期	1	2	3	4	5	6	7	8	9
1	₁H 1.0 水素								
2	₃Li 6.9 リチウム	₄Be 9.0 ベリリウム							
3	₁₁Na 23 ナトリウム	₁₂Mg 24 マグネシウム							
4	₁₉K 39 カリウム	₂₀Ca 40 カルシウム	₂₁Sc 45 スカンジウム	₂₂Ti 48 チタン	₂₃V 51 バナジウム	₂₄Cr 52 クロム	₂₅Mn 55 マンガン	₂₆Fe 56 鉄	₂₇C 59 コバ
5	₃₇Rb 85.5 ルビジウム	₃₈Sr 88 ストロンチウム	₃₉Y 89 イットリウム	₄₀Zr 91 ジルコニウム	₄₁Nb 93 ニオブ	₄₂Mo 96 モリブデン	₄₃Tc (99) テクネチウム	₄₄Ru 101 ルテニウム	₄₅R 10
6	₅₅Cs 133 セシウム	₅₆Ba 137 バリウム	57～71 ランタノイド	₇₂Hf 178 ハフニウム	₇₃Ta 181 タンタル	₇₄W 184 タングステン	₇₅Re 186 レニウム	₇₆Os 190 オスミウム	77 イリ
7	₈₇Fr (223) フランシウム	₈₈Ra (226) ラジウム	89～103 アクチノイド	₁₀₄Rf (261) ラザホージウム	₁₀₅Db (262) ドブニウム	₁₀₆Sg (263) シーボーギウム	₁₀₇Bh (264) ボーリウム	₁₀₈Hs (265) ハッシウム	109 (26 マイトネ

アルカリ金属
アルカリ土類金属

| 0 | 11 | 12 | 13 | 14 | 15 | 16 | 17 | 18 |

								₂He 4.0 ヘリウム
			₅B 11 ホウ素	₆C 12 炭素	₇N 14 窒素	₈O 16 酸素	₉F 19 フッ素	₁₀Ne 20 ネオン
			₁₃Al 27 アルミニウム	₁₄Si 28 ケイ素	₁₅P 31 リン	₁₆S 32 硫黄	₁₇Cl 35.5 塩素	₁₈Ar 40 アルゴン
Ni 59 ッケル	₂₉Cu 63.5 銅	₃₀Zn 65.4 亜鉛	₃₁Ga 70 ガリウム	₃₂Ge 73 ゲルマニウム	₃₃As 75 ヒ素	₃₄Se 79 セレン	₃₅Br 80 臭素	₃₆Kr 84 クリプトン
Pd 106 ジウム	₄₇Ag 108 銀	₄₈Cd 112 カドミウム	₄₉In 115 インジウム	₅₀Sn 119 スズ	₅₁Sb 122 アンチモン	₅₂Te 128 テルル	₅₃I 127 ヨウ素	₅₄Xe 131 キセノン
Pt 95 白金	₇₉Au 197 金	₈₀Hg 201 水銀	₈₁Tl 204 タリウム	₈₂Pb 207 鉛	₈₃Bi 209 ビスマス	₈₄Po (210) ポロニウム	₈₅At (210) アスタチン	₈₆Rn (222) ラドン
Ds (281) スタチウム	₁₁₁Rg (280) レントゲニウム	₁₁₂Cn (285) コペルニシウム						

ハロゲン　希ガス

（注）計算問題で原子量が必要な場合は，上の周期表の値を用いること。

理論化学②＋有機化学②
CONTENTS

本書の見方 …………………………………………… 2
授業のはじめに ……………………………………… 4

理論化学②

第1講　化学平衡，活性化エネルギー …… 7
　単元1　化学平衡　化/Ⅱ ………………………… 8
　単元2　活性化エネルギー　化/Ⅱ …………… 27

第2講　反応速度，平衡定数 …………… 41
　単元1　反応速度　化/Ⅱ ……………………… 42
　単元2　平衡定数　化/Ⅱ ……………………… 56

第3講　電離定数，緩衝液 ……………… 69
　単元1　電離定数　化/Ⅱ ……………………… 70
　単元2　緩衝液　化/Ⅱ ………………………… 88

第4講　塩の加水分解，溶解度積 ……… 111
　単元1　塩の加水分解　化/Ⅱ ………………… 112
　単元2　溶解度積　化/Ⅱ ……………………… 125

**第5講　中和滴定（二段中和），物質の三態，
　　　　理想気体と実在気体，固体の溶解度
　　　　（応用），浸透圧（応用）** ………… 137
　単元1　中和滴定（二段中和）　基/Ⅰ ……… 138
　単元2　物質の三態　基 化/Ⅱ ……………… 148
　単元3　理想気体と実在気体　化/Ⅱ ………… 154
　単元4　固体の溶解度（応用）　基/Ⅰ ……… 158
　単元5　浸透圧（応用）　化/Ⅱ ……………… 166

有機化学②

第6講　合成高分子化合物 ……………… 175
　単元1　縮合重合　化/Ⅱ ……………… 176
　単元2　付加重合　化/Ⅱ ……………… 189
　単元3　合成ゴム　化/Ⅱ ……………… 195
　単元4　ビニロン　化/Ⅱ ……………… 202

　　　　　年　　月　　日

第7講　糖類（炭水化物） ……………… 223
　単元1　単糖類　化/Ⅱ ……………… 224
　単元2　二糖類　化/Ⅱ ……………… 230
　単元3　多糖類　化/Ⅱ ……………… 235

　　　　　年　　月　　日

第8講　アミノ酸，タンパク質 ……………… 257
　単元1　アミノ酸の一般的性質　化/Ⅱ ……………… 258
　単元2　アミノ酸，タンパク質の
　　　　検出反応　化/Ⅱ ……………… 266
　単元3　ペプチド結合とタンパク質の
　　　　組成　化/Ⅱ ……………… 271

　　　　　年　　月　　日

第9講　イオン交換樹脂，核酸 ……………… 289
　単元1　イオン交換樹脂　化/Ⅱ ……………… 290
　単元2　核酸　化/Ⅱ ……………… 298

　　　　　年　　月　　日

「岡野流　必須ポイント」,「要点のまとめ」INDEX ……………… 308
「演習問題で力をつける」INDEX ……………… 309
酸化剤, 還元剤の半反応式 ……………… 310
主な官能基 ……………… 311
重要な異性体の構造式 ……………… 312
索　　引 ……………… 313
アドバイス ……………… 318
最重要化学公式一覧 ……………… 320

※各単元にある記号は次のように対応しています。
　新課程：基…化学基礎　化…化学　　旧課程：Ⅰ…化学Ⅰ　Ⅱ…化学Ⅱ
　化は化学基礎の発展問題を含みます。

本書の見方

　本書では5つの講義で「理論化学」を,そして4つの講義で「有機化学」を学んでいきます。各講は複数の単元にわかれています。また,演習問題と例題が25あり,知識を定着することができます。わかりやすく,ていねいな授業なので,化学が苦手な人も確実に力をつけることができます。

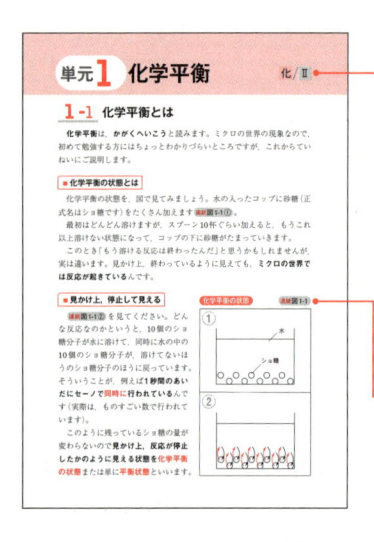

基 化 / Ⅰ Ⅱ

各単元の横にある記号は,次のように対応しています。
- 新課程：基…化学基礎, 化…化学
- 旧課程：Ⅰ…化学Ⅰ, Ⅱ…化学Ⅱ

化 は化学基礎の発展問題を含みます。

連続 図

化学の現象をわかりやすく連続的に表した図です。図を番号順に追うことで,イメージをつかむことができます。

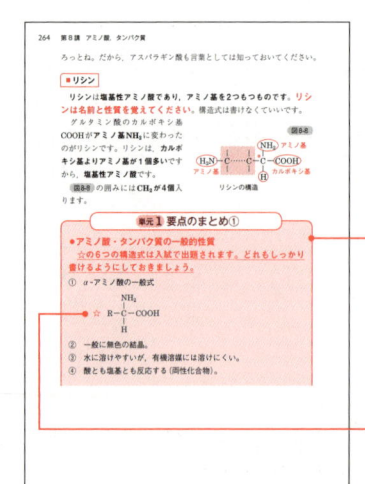

要点のまとめ

各単元の要点がシンプルにまとまっています。ここを見ることで要点がしっかり確認できます。

☆マーク

重要マーク同様,絶対大事なところについています。

重要★★★

ホントに重要なところに絞って，岡野流で取り上げています。絶対大事なところです。

岡野流

岡野先生オリジナルの考え方，解き方です。岡野流でドンドン力がつく大事なポイントです。

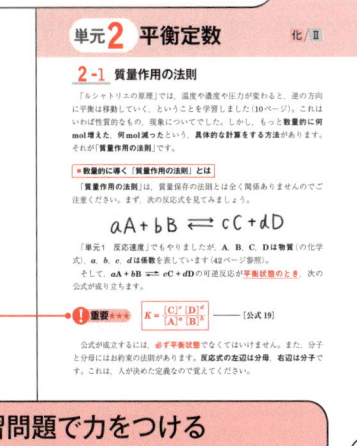

演習問題で力をつける

学んだことを演習で，確認することができます。岡野流のポイントが満載です。

［公式］

320ページの「最重要化学公式一覧」と連動しています。いつでも確認できるようになっています。

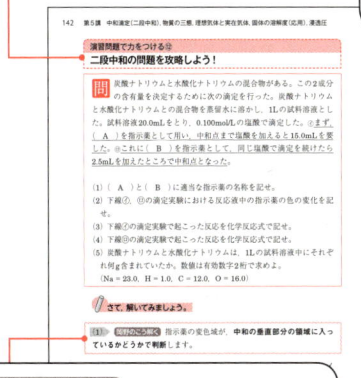

岡野のこう解く

問題を要領よく解くための解法が書いてあります。

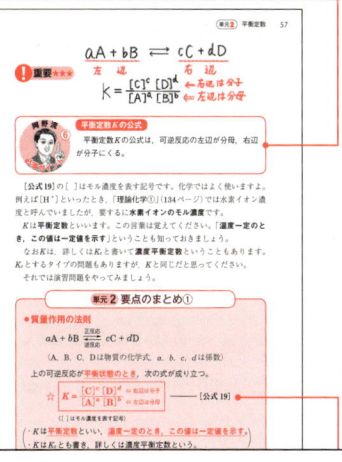

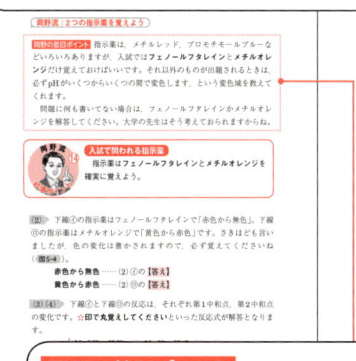

岡野の着目ポイント

問題を解くうえで，着目するべきポイントが書いてあります。

授業のはじめに

化学の学習は「バランスよく」が大事

　高校の化学は**「理論化学」**,**「無機化学」**,**「有機化学」**の3分野から成り立っています。「理論化学」は計算が主な分野です。一方,「無機化学」と「有機化学」は理解して覚える内容が多い分野です。

　「無機化学」は炭素原子を含まない物質を扱った内容であり,「有機化学」は炭素原子を含む化合物を扱った内容です。

　化学を学習するときは,これら3分野をバランスよく勉強することで,入試の合格点である60～70点(センター試験であれば80～90点)を目指していきます。**きちんと整理しながら理解し,頭の中に入れていけば,化学がどんどん面白くなってくることでしょう。**

わかりやすい授業

　本書は,**化学が苦手な人でも,初歩からしっかり学べるよう,講義形式で,ていねいに解説しています。**文系・理系を問わず,受験生はもちろん,高1,2年生のみなさんの「なぜ」「どうして」という疑問に,できるだけお答えしていけるように執筆しました。

本書「理論化学②＋有機化学②」の特徴

　「理論化学②」で取り上げる内容は「化学平衡」，「反応速度」，「平衡定数」，「緩衝液」，「溶解度積」など，「化学」の教科書の後半部分，やや思考力を必要とするところです。

　さらに「化学基礎」の範囲となる，「二段中和」や「固体の溶解度」のややレベルの高い問題も取り入れました。

　一方，「有機化学②」で取り上げる内容は，「合成高分子化合物」や「天然高分子化合物」です。入試に必要な部分だけをシンプルに説明していきますので，暗記が苦手な人でも大丈夫です。私と一緒にがんばっていきましょう。

　本書で取り上げたこれらの分野は，筆者が長年，その執筆を切に願っていたものであります。本書の執筆では渡邉悦司氏に終始お世話になりました。そして刊行に際し，ご尽力いただいた技術評論社に感謝の意を表します。

2014年11月吉日　　　　　　　　　　　　　　　岡野雅司

化学を学ぶ3つの目的

　ところで，みなさんはなぜ化学を学びますか？　私は，化学には主に3つの目的があると思います。

目的その1…1つ目は「物質の中身を調べること」です。例えば，水は水素と酸素という原子からできているとか，食塩はナトリウムイオンと塩化物イオンからできているとかを調べることです（名称がよくわからないという方！　これから勉強していくので大丈夫ですよ）。あるいは汚染された河川の水質を調べることも，目的の1つです。

目的その2…2つ目は「物質がどのような反応を起こすかを調べたり，予測したりすること」です。過酸化水素水に酸化マンガン（Ⅳ）を加えると水と酸素を生じることとか，毎日の煮炊きに使うプロパンガスが燃えると，二酸化炭素と水を生じることとかを調べたり，予測したりすることです。後者の反応は実際に実験しなくても，実は予測ができるのです。

目的その3…3つ目は「量的な関係を計算により予測すること」です。例えばプロパンガス44gを燃やしてすべて反応し終えたとき，酸素が160g使われ，二酸化炭素は132g，水は72gを生じることが計算できます。このような予測も目的の1つなんですね。

　いかがでしたか？　化学の目的というものが少しでもおわかりいただけましたか？　化学の目的がわかれば，化学を学ぶ意味が見えてきますね。

　あせったり，不安にならなくても大丈夫です。では早速，やってまいりましょう。第1講は，「化学平衡，活性化エネルギー」というところです。さあ，私といっしょに，最後までがんばっていきましょう。

第1講

化学平衡，活性化エネルギー

単元1 化学平衡 化/Ⅱ

単元2 活性化エネルギー 化/Ⅱ

第1講のポイント

　第1講は「化学平衡，活性化エネルギー」です。化学平衡ではルシャトリエの原理，平衡移動の意味を理解しましょう。活性化エネルギーでは6つのエネルギーがポイントとなります。

単元 1 化学平衡　　化／Ⅱ

1-1 化学平衡とは

化学平衡は，かがくへいこうと読みます。ミクロの世界の現象なので，初めて勉強する方にはちょっとわかりづらいところですが，これからていねいにご説明します。

■化学平衡の状態とは

化学平衡の状態を，図で見てみましょう。水の入ったコップに砂糖（正式名はショ糖です）をたくさん加えます 連続図1-1①。

最初はどんどん溶けますが，スプーン10杯ぐらい加えると，もうこれ以上溶けない状態になって，コップの下に砂糖がたまっていきます。

このとき「もう溶ける反応は終わったんだ」と思うかもしれませんが，実は違います。見かけ上，終わっているように見えても，**ミクロの世界では反応が起きている**んです。

■見かけ上，停止して見える

連続図1-1② を見てください。どんな反応なのかというと，10個のショ糖分子が水に溶けて，同時に水の中の10個のショ糖分子が，溶けてないほうのショ糖分子のほうに戻っています。そういうことが，例えば**1秒間のあいだにセーノで同時に行われている**んです（実際は，ものすごい数で行われています）。

このように残っているショ糖の量が変わらないので**見かけ上，反応が停止したかのように見える状態を化学平衡の状態**または単に**平衡状態**といいます。

化学平衡の状態　　連続図1-1

① 水／ショ糖

②

■ 可逆反応の反応式

可逆反応の反応式は次のように表します。

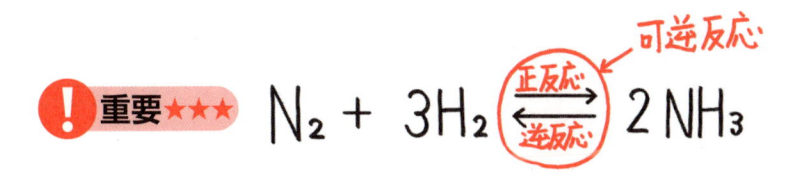

重要★★★　$N_2 + 3H_2 \rightleftarrows 2NH_3$

（往復矢印に「正反応／逆反応」、全体に「可逆反応」の書き込み）

　これはアンモニアの合成です。往復矢印 $\rightleftarrows$ はそれぞれ**正反応**と**逆反応**を表しています。先ほどのショ糖の例でいうと，ショ糖分子が溶け出す反応を**正反応**とすると，溶けたショ糖が戻ってくる反応が**逆反応**です。逆にショ糖が戻ってくる反応を正反応とすると，溶け出す反応は逆反応になるんです。

　この反応では，**正反応と逆反応が同時に起こっています**。これを**可逆反応**といいます。

　また，**化学平衡の状態**では**正反応と逆反応が同じ時間内**（例えば1秒間）**に同じ数ずつ反応**（ショ糖分子10個と10個）しています。そのとき**正反応と逆反応の反応速度が等しい**といいます。

　だから，ショ糖分子が20個溶け出して10個戻る場合は，まだショ糖が水に溶ける反応速度が大きい状態です。**正・逆の反応速度が等しくない**ため，**平衡状態とはいいません**。

　つまり，

可逆反応の正・逆のそれぞれの反応速度が等しくなると，見かけ上，反応が停止したかのように見える

このような状態を**化学平衡の状態**または単に**平衡状態**といいます。

　ここは試験に問われるので，シッカリ覚えて置いてください。「反応が停止した」と書くと，バツになりますよ！

　なお，反応速度につきましては，第2講（42ページ）でもっと詳しくご説明します。

■化学平衡が成り立たない反応

$$2H_2 + O_2 \longrightarrow 2H_2O$$

　この式は，水素H_2が酸素O_2と結び付いて水H_2Oになる反応です。例えば，水素が入っている試験管をひっくり返して，マッチで火を付けると，かん高い音がします。ピョコーとかね。もし水素が多量だと，大変な爆発が起こります。

　で，この反応は，**一方通行**なんです。爆発のあと，水が水素と酸素に分解していく，という逆反応は起こりません。これを，**不可逆反応**といいます。

単元1 要点のまとめ①

●**化学平衡**
　可逆反応の**正反応と逆反応のそれぞれの反応速度が等しくなる**と，見かけ上，反応が停止したかのように見える。このような状態を**化学平衡の状態**または単に**平衡状態**という。

1-2 ルシャトリエの原理

■ルシャトリエの原理とは

　次は，**ルシャトリエ**（1850〜1936）という人が発見した，**ルシャトリエの原理**をご説明します。

　この原理は，化学平衡の状態のとき，

> **!重要★★★**　温度，圧力，濃度

のいずれかを変えると，**それらの変化を妨げる方向に平衡は移動する**という現象です。例えば，**温度を上げると温度が下がる方向に反応が起きる**んです。

■別名「あまのじゃくの原理」

ルシャトリエの原理は，逆へ逆へ，反対に反対に反応が起ころうとする**原理**と覚えてください。わたしは別名「**あまのじゃくの原理**」と言ってます。例えば文化祭で，クラスみんなが盛り上がってるときに，逆にこっちやろうって，みんなと違う方向に持っていこうとする人っていますよね。ちょっと「あまのじゃく」的なね。今日はそういう人が主役になるんですね。

> **岡野流 必須ポイント ① ルシャトリエの原理とは**
>
> 逆へ逆へ，反対に反対に反応が起ころうとする原理。別名「あまのじゃくの原理」

それでは，ルシャトリエの原理について，**温度，圧力，濃度**それぞれの条件で具体的に見ていきましょう。

1-3 ルシャトリエの原理「温度」

まずは，**温度の関係**からご説明します。

■平衡状態の容器を用意する

ピストン付きの容器を用意して，その中に窒素N_2，水素H_2，アンモニアNH_3を入れて，しばらく放っておきます。すると，例えば1秒間にN_2とH_2から10個のNH_3が生じて，同時に同じ1秒間に別のNH_3が10個分解して，N_2とH_2に戻る反応が起きたとしましょう。この状態が平衡状態です 連続図1-2①。

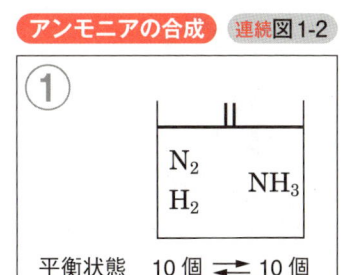

アンモニアの合成 連続図1-2

①

N_2　H_2　NH_3

平衡状態　10個 ⇄ 10個

■ 発熱と吸熱反応

アンモニアの合成は 連続図1-2② の化学反応式で表されます。

右辺の＋92kJは，左辺に移項すると，吸熱反応を示しています。

つまり， 連続図1-2③ のように，左辺では吸熱反応（マイナスは吸熱を示す），右辺では発熱反応（プラスは発熱を示す）になっています。

もし，問題に片方しか書かれていなくても，1つしかないと思わないでください。**発熱と吸熱が両辺で同時に起きています**。温度に関する問題の注意したいポイントですよ。

連続図1-2 の続き

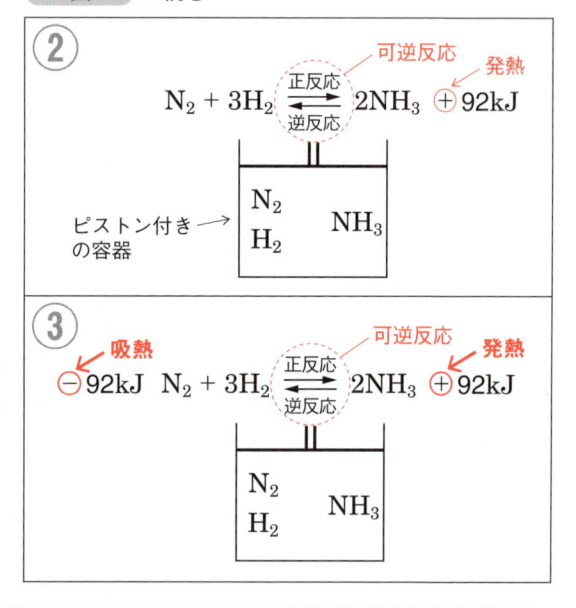

② 可逆反応　発熱

$N_2 + 3H_2 \underset{逆反応}{\overset{正反応}{\rightleftarrows}} 2NH_3 \; \oplus 92kJ$

ピストン付きの容器 → N_2 H_2 NH_3

③ 吸熱　可逆反応　発熱

$\ominus 92kJ \; N_2 + 3H_2 \underset{逆反応}{\overset{正反応}{\rightleftarrows}} 2NH_3 \; \oplus 92kJ$

N_2 H_2 NH_3

岡野流 必須ポイント② 温度の問題の注意点

発熱・吸熱どちらか片方しか書かれていなくても，両辺で同時に起きていることに注意する。

■ 容器の温度を上げる

　平衡状態の容器を加熱してみましょう 連続図1-3①。すると，ルシャトリエの原理が働きます。「加熱する前と同じ温度でいようとして，**今度は温度を下げる（吸熱する）方向に移動しよう**」という自然界のつりあいが起こります。

　吸熱方向に向かう反応，つまり**右から左に起こる反応を逆反応**といいます。

　逆反応の反応速度のほうが大きくなるので，アンモニアNH_3の一部（例えば100mol中，1molくらい）が分解し，窒素N_2と水素H_2に分かれていきます。

　逆反応がある程度までいくと，やがて正反応と逆反応の反応速度が一致して，新しい平衡状態となります。

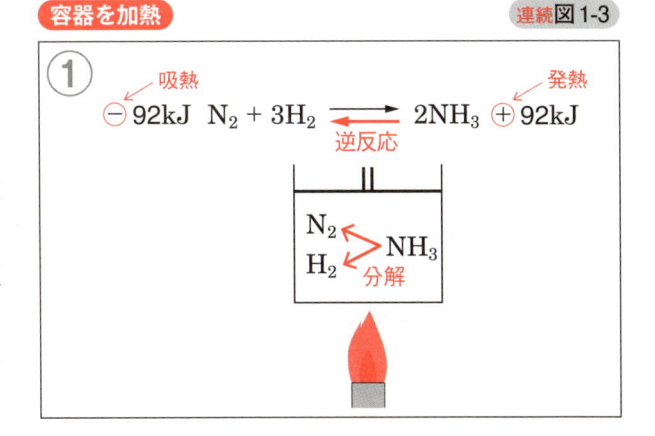

連続図1-3

容器を加熱

① ⊖92kJ　$N_2 + 3H_2 \rightleftarrows 2NH_3$　⊕92kJ
　　　　　　吸熱　　　　　　逆反応　　　　発熱

N_2　H_2　NH_3　分解

■ 平衡が移動する

　このように右から左へ逆反応がごく一部起こり，逆反応の反応速度が正反応より大きくなることを，

> **！重要★★★**　左へ平衡は移動した

という言い方をします。移動する，といっても電車に乗って動くのとは違います。

■容器の温度を下げる

今度は容器を冷水か氷水の中に浸けて**温度を下げる**とどうなるか。ルシャトリエの原理で逆に温度が上がる方向，つまり**発熱方向に移動**します（連続図1-3②）。

発熱方向ですから，反応式の左から右側へ，つまり正反応が一部起きて，正反応の反応速度が増加します。容器内の窒素N_2と水素H_2のごく一部（全部ではない）が反応を起こして，アンモニアNH_3が出来ます。

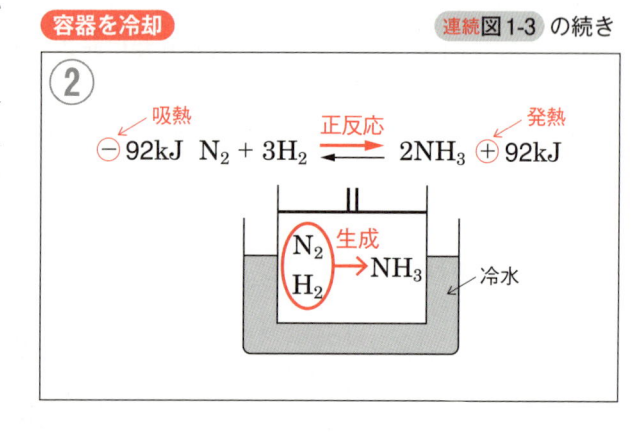

この**左から右へ起きる正反応**を

> !重要★★★ 右へ平衡は移動した

という言い方をします。

ルシャトリエの原理の温度に関しては以上です。

1-4 圧力の関係

ルシャトリエの原理の**圧力の関係**をご説明します。

■圧力を上げる

連続図1-2①の容器のピストンを押して半分の高さにすると，圧力は2倍になります。これは「ボイルの法則」です（図1-4「理論化学①」(214ページ)）。

平衡状態の容器の圧力が上がると，ルシャトリエの原理で，逆に圧力が

単元1 化学平衡

下がる方向に移動します。圧力が下がる方向がどちらなのかというと，**容器内の気体の物質量（mol数）**が関係してきます。N_2，H_2，NH_3は全て気体です。

反応式を見ると，気体分子の物質量は，左辺は1＋3で**4mol**，右辺は**2mol**です。

この4molと2molの気体をそれぞれ同じ体積の箱に入れると，どちらの箱の圧力が大きいでしょう 連続図1-5①。

例えば，大きなごみ袋を4袋用意して空気で満たし，箱の中にグーッと抑えつけながら入れます。もうひとつの箱には同じく空気で満たしたごみ袋2つ分を入れます。どちらの箱の圧力が大きいかというと，4袋のほうが大きい。

1袋分の空気を約1molと考えてください。すなわち，物質量が多いほうが圧力が大きいことがわかるわけです 連続図1-5②。

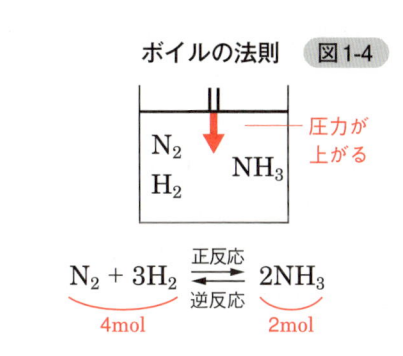

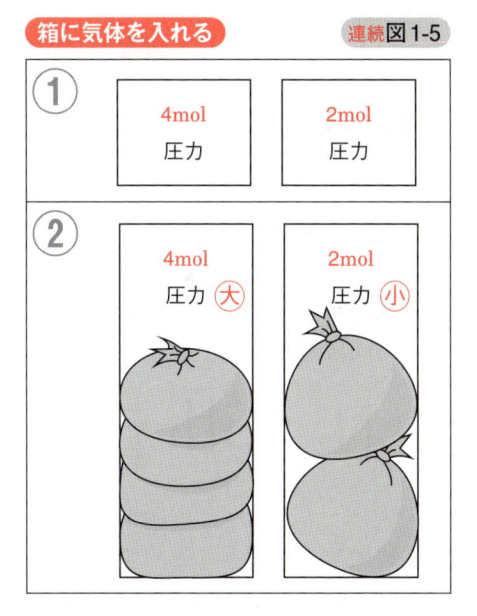

そうしますと，圧力が下がる方向とは，**気体分子の物質量が少なくなる方向**（4mol → 2mol）となります。つまり**左から右に**平衡は移動する。**正反応**が一部起きるということです。

ボイルの法則　図1-4

箱に気体を入れる　連続図1-5

$$N_2 + 3H_2 \xrightleftharpoons[\text{逆反応}]{\text{正反応}} 2NH_3$$
　　4mol　　　　　　　2mol

$$N_2 + 3H_2 \xleftarrow{\text{正反応}} 2NH_3$$
　　4mol　　　　　　　2mol

■ 圧力を下げる

反対にピストンを引っぱって圧力を下げた場合，逆に圧力を上げようとする方向にいきます。

つまり，圧力が上がる方向とは，**右側から左側**，アンモニア分子NH_3が窒素N_2と水素H_2に分解していく方向です。分解するのは全部ではなくて一部です。**逆反応**が一部起きるということです。

ポイントは**気体の物質量と圧力の関係**です。これがわかれば，理解できるでしょう。

1-5 濃度

ルシャトリエの原理の**濃度の関係**をご説明します。

■ 濃度が増える

濃度が増えるというのは，例えば 連続図1-2① の容器にアンモニアNH_3を加えて増やすということです（ 図1-6 ）。

そうするとルシャトリエの原理で，逆にアンモニアを減らす方向に平衡は移動します。アンモニアが減る方向は**右から左**，つまり**逆反応**です。

$$N_2 + 3H_2 \underset{逆反応}{\rightleftarrows} 2NH_3$$

図1-6
NH_3の濃度を増やす

つまり，アンモニアの濃度が増えると，**左側へ平衡は移動する**ということです。

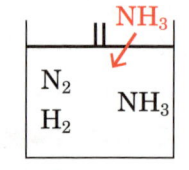

■ 濃度が減る

今度は，逆にアンモニアNH_3の濃度を減らした場合です。すると，ルシャトリエの原理で，逆にアンモニアが増える方向，**正反応**が起きて，**左側から右側へ平衡は移動**します。

$$N_2 + 3H_2 \xrightarrow{正反応} 2NH_3$$

もし，窒素N_2や水素H_2が増えた場合は，どうなるでしょう。例えば，容器に**水素を加える**と，逆に**水素を減らす方向**なので，水素と窒素が反応して，アンモニアが増えます。ですから**正反応が一部起きる方向に平衡は移動**します。

$$N_2 + 3H_2 \underset{}{\overset{\text{正反応}}{\rightleftarrows}} 2NH_3$$

つまり，**濃度が増えれば減らす方向**に，**濃度が減れば増やす方向に平衡は移動する**ということです。

単元1 要点のまとめ②

● **ルシャトリエの原理**

可逆反応が平衡状態にあるとき，平衡の条件（**温度，圧力，濃度**）を変えるとそれらの変化を妨げる方向に平衡は移動する。

①温度
- 上げる……吸熱方向に移動する（熱量−（マイナス）方向）。
- 下げる……発熱方向に移動する（熱量＋（プラス）方向）。

②圧力
- 加圧する…**気体分子**の物質量（分子数）の少なくなる方向に移動する。
- 減圧する…**気体分子**の物質量（分子数）の多くなる方向に移動する。

③濃度
- 増加する…その濃度を減少させる方向に移動する。
- 減少する…その濃度を増加させる方向に移動する。

1-6 触媒

触媒を加えると，**反応速度が大きくなり，速く平衡状態になります**。正反応・逆反応ともに反応速度は大きくなります。ただし，触媒を加えなくても，時間が経てば平衡状態になります。

つまり，**触媒は反応の速さを大きくするだけで**，それぞれの物質の**物質量（mol数）の割合は変えません**。

> **！重要★★★** 触媒は，平衡の移動には関係ない

というところがポイントです。

単元1 要点のまとめ③

● 触媒
　触媒は平衡の移動には関係ない。
　（触媒自身は反応の前後で変化しないが，反応の速度を大きくする働きがある）

よく触媒を加える，というタイプの問題があります。触媒は平衡の移動には関係ありませんので，ご注意ください。

1-7 平衡状態での気体の関係

化学平衡の理解を深めるため，連続図1-2①（11ページ）の混合気体を使って，**気体の割合**と**係数**，**物質量**の関係についてご説明します。

■ 気体の割合と係数の関係

連続図1-2①（11ページ）のピストン容器にはアンモニアNH_3，窒素N_2，水素H_2の3つの気体が混じっていて，**平衡状態**になっています。

ここで，この混合気体中の3つの気体の物質量の比が

$N_2 : H_2 : NH_3 = 1 : 3 : 2$

だと思われる方が多いんですが，それはほとんどの場合，違います。

混合気体が係数の割合で混じっていると，誤解されている方が多いんです。

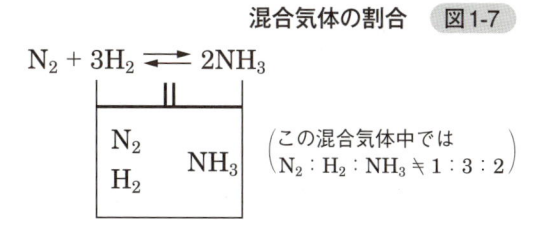

混合気体の割合　図1-7

$N_2 + 3H_2 \rightleftarrows 2NH_3$

（この混合気体中では $N_2 : H_2 : NH_3 \neq 1 : 3 : 2$）

■ 平衡状態では3つの気体が残っている

例えば，容器に窒素100mol，水素3mol，アンモニア2molを入れたとします。このときの容器内の物質量の割合は$N_2 : H_2 : NH_3 = 100 : 3 : 2$です。

すると，**窒素の量が極端に多いから**，減らそうとして，**反応が左から右側に起きて**，やがて平衡状態になります。

例　$N_2 + 3H_2 \rightleftarrows 2NH_3$
　　100mol　3mol　　　2mol

窒素N_2と水素H_2が減って，アンモニアNH_3の量が増えますが，どれか一つの気体が全部反応してなくなることはありません。**平衡状態では3つの気体がどれも残っているからです。**

■ 平衡移動と係数の関係

窒素100molのうち0.5molが使われた場合，水素3molがどのくらい減るかを計算するときには，先ほどの$N_2：H_2：NH_3 = 1：3：2$という係数を用います。

すると，例えば窒素0.5mol消費したと考えた場合，水素は3倍ですから$0.5 \times 3 = 1.5$mol使われます。アンモニアは2倍の$0.5 \times 2 = 1$mol増えます。

つまり係数の1：3：2は，**反応する物質のmol数に関係している割合**なんですね。

■ 気体の割合を計算する

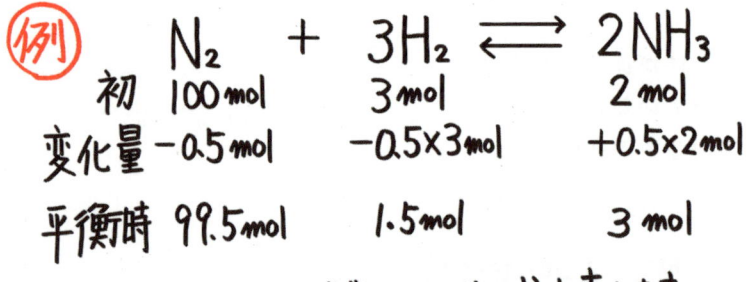

例

$$N_2 \quad + \quad 3H_2 \quad \rightleftarrows \quad 2NH_3$$

	N_2	$3H_2$	$2NH_3$
初	100 mol	3 mol	2 mol
変化量	−0.5 mol	−0.5×3 mol	+0.5×2 mol
平衡時	99.5 mol	1.5 mol	3 mol

注：変化量は−が消費，+が生成を表します。

このように平衡時には$N_2：H_2：NH_3 = 99.5$mol：1.5mol：3molになり，決して$N_2：H_2：NH_3 = 1：3：2$にはなりません。100molという極端に大きな数字を出せば1になることはないだろう，となんとなくわかりますね。

どういう割合で混ぜたとしても，必ず平衡状態は成り立つのですが，**気体の割合が係数のようになってるわけではありません。誤解しないようにここはぜひ注意してください。**

はい，では演習問題を解いてみましょう。

単元1 化学平衡

演習問題で力をつける①
平衡が移動する場合を理解しよう！

> **問** 次の可逆反応が平衡にあるとき，他の条件を一定にして〔　〕内の変化をわずかに加えるとき，平衡はどのようになるか。平衡が移動しない場合はN，平衡が右辺に移動する場合はR，平衡が左辺に移動する場合はLを記せ。ただし反応式中の物質は全て気体であるものとする。
>
> (a) $2SO_2 + O_2 = 2SO_3 + 198kJ$ 〔減圧する〕
> (b) $N_2 + O_2 = 2NO - 180.6kJ$ 〔加圧する〕
> (c) $2HI = H_2 + I_2 - 16.7kJ$ 〔H_2を加える〕
> (d) $N_2 + 3H_2 = 2NH_3 + 92.2kJ$ 〔H_2SO_4を加える〕
> (e) $2NO_2 = N_2O_4 + 56.9kJ$ 〔加熱する〕
> (f) $2CO + O_2 = 2CO_2 + 566kJ$ 〔冷却する〕

さて，解いてみましょう。

平衡が移動しない場合はN，平衡が右に移動する場合はR，左に移動する場合はLを記しなさい，という問題です。

岡野の着目ポイント 平衡が右に移動するのは正反応が一部起こること，左に移動するのは逆反応が一部起こることをいいます。

(a) 式が熱化学方程式の形になっています。これ最近の流行りなんです。12ページでは ⇌ （往復矢印）で可逆反応を表して，熱量も＋92kJと書きました。**実はこれ，可逆反応と熱化学方程式を合算した書き方**なんです。

最近の教科書をみると，可逆反応は往復矢印，熱化学方程式はイコールで結んだ式，と分けて書いています。その方が正確かもしれませんが，考え方としては可逆反応と熱化学の熱量を一緒にして，一本の式で合わせたほうが，問題を理解しやすくなります。

> **岡野流必須ポイント ③ 可逆反応と熱化学方程式は合算**
>
> 可逆反応と熱化学方程式を一本の式に合わせる。

岡野の着目ポイント 問題文に着目してください。「次の可逆反応が平衡にあるとき」とあります。**平衡状態のときとは，本当は可逆反応の式を書いてないといけないんですが，（a）は熱化学方程式になっています。（a）の「イコールは平衡のこと」**を表しています。熱化学方程式が書かれてるけれども，実際には往復矢印の可逆反応も表してると思ってください。

ただし，熱化学方程式は全部可逆反応が成り立つんだ，と勘違いしないようにご注意ください。今の教科書は化学平衡と熱化学方程式を分けて書いています。ところが，入試問題を解く場合，熱化学方程式はイコール，化学平衡は往復矢印と書くのは大変なので，イコールに揃えて考えます。

はい，では（a）に戻りましょう。

岡野の着目ポイント 式の横に**〔減圧する〕**と書いてあります。これは15ページのピストン付き容器のフタをぐっと引っぱって体積を大きくするということです。

答えは，結論から言いますとLです。

　　L ……（a）の【答え】

ではなぜLになるか確認しましょう。

$2SO_2 + O_2$ は共に気体で3molです。$2SO_3$（三酸化硫黄）も気体で2molですね。

単元1 化学平衡 23

> **岡野のこう解く** 減圧すると，あまのじゃくの原理（ルシャトリエの原理）で圧力が増加する。圧力を下げると逆に圧力が上がる方向に，逆へ逆へとバランスを取る方向に移動します。増加する方向，つまり物質量が多くなる方向は左です。左へ左へ移動しますから，解答はLとなります。
>
> $$2SO_2 + O_2 \rightleftarrows 2SO_3 + 198kJ$$
> 　　　3mol　　　　　　2mol
>
> 減圧すると圧力が増加する方向すなわち
> 物質量が多くなる左へ移動。

(b)　今度は(b)です。$N_2 + O_2$で，2倍のNO（一酸化窒素）。圧力による変化なので，温度には関係ありません。で，加圧ということはピストンを押し下げて，圧力を上げます。答えは結論から言いますとNです。

　　　　N ……(b)の【答え】

では説明しましょう。

> **岡野のこう解く** 熱量は温度に関係ないからカットしています。ここでN_2，O_2，NOは全て気体です。$N_2 + O_2$の係数が2mol。2NOも2mol。両辺とも物質量が同じなので，圧力を上げても下げても，同じ2molと2molです。
>
> 　圧力を上げても，下がる方向がないわけです。つまり，平衡の移動は起こりません。
>
> $$N_2 + O_2 \rightleftarrows 2NO$$
> 　　　2mol　　　　　2mol
>
> 両辺で同じ物質量なので圧力
> には無関係である。

(c) 2HIはヨウ化水素です。なお，(a)(b)は圧力，(c)(d)は濃度，(e)(f)は温度に関係があります。10ページで温度・圧力・濃度を変えると平衡は移動すると勉強しました。(c)は濃度に関係し，解答はLになります。なぜかを見ていきましょう。

L ……(c)の【答え】

> **岡野のこう解く** H_2を加えると，H_2の濃度が増えます。増えると，バランス的に元の状態に戻そうとしますから，H_2を減らそうとするんですね。
>
> 減らす方向というのは，右辺から左辺，H_2とI_2が反応を起こして，HIという物質が一部出来上がってくる。逆反応が一部起こり，左へ平衡は移動します。
>
> $$2HI \rightleftarrows H_2 + I_2$$
>
> H_2を加えるとH_2が減少する方向すなわち左へ平衡は移動する。

(d) (d)は式が平衡状態にあって，硫酸H_2SO_4を加えた。式の中に硫酸は入っていませんね。では，どうすればよいのでしょう？ 中の物質が，何か影響を受けるんです。

先に言いますと解答はRで，右に平衡は移動します。なぜか，何が起きているのかを説明しましょう。

R ……(d)の【答え】

> **岡野の着目ポイント** $N_2 + 3H_2$のところ，アンモニアは塩基で硫酸は酸です。酸と塩基の中和反応が起きるんです。

> **岡野のこう解く** 硫酸を加えると，アンモニアが中和反応を起こして消費されます。するとそれを補おうとして，アンモニアが増える方向，左辺から右辺に平衡は移動していく。
>
> $$N_2 + 3H_2 \rightleftarrows 2NH_3$$
>
> H_2SO_4 は NH_3 と中和反応を起こし，NH_3 が減少するので，それを増加させる方向すなわち右へ移動。

　今回硫酸が出てきましたが，結局，化学平衡の式の何かが変化を起こしている，ということを知っておきましょう。

(e)　(e)は温度に関係します。解答はLです。逆反応が一部起きるんです。
　　　L ……(e)の【答え】

> **岡野のこう解く** (e)は熱化学方程式ですね。右辺の $N_2O_4 + 56.9kJ$ のところは発熱反応です。移項するとマイナスになるので，左辺では吸熱反応が起こっています。
>
> 　加熱すると温度が下がる方向，すなわち吸熱方向の左へ平衡は移動する，ということですね。すなわち逆反応が一部起こるということです。
>
> 吸熱　　　　　　　　　　　　　発熱
> $\ominus 56.9kJ \quad 2NO_2 = N_2O_4 \quad \oplus 56.9kJ$
>
> 加熱すると吸熱方向に平衡は移動するので左へ移動。

(f)　解答はRです。
　　　R ……(f)の【答え】

「冷却する」と書いてありますね。冷却するということは，温度を下げるわけです。

> **岡野のこう解く** 冷却すると発熱方向の右へ平衡は移動します。正反応が一部起こるのでRが解答になります。
>
> 吸熱 ⊖566kJ $2CO + O_2 = 2CO_2$ ⊕566kJ 発熱
>
> 冷却すると発熱方向に平衡は移動するので右へ移動。

化学平衡は以上です。もう少し複雑な問題もありますが，だいたいこのような問題が出てきます。今日のところが基本になって，おわかりいただければ，あとはいろんな問題に対応できると思います。

単元 2 活性化エネルギー 化/Ⅱ

2-1 活性化エネルギーと反応熱

活性化エネルギーをやっていきます。まず、言葉から見ていきましょう。「要点のまとめ①」の一番上「活性化エネルギー」を読んでください。

単元2 要点のまとめ①

● **活性化エネルギー**

分子同士が、ある一定のエネルギーよりも大きなエネルギーをもったとき、初めてこの反応は起こる。この反応が起こるのに必要なエネルギーのことを**活性化エネルギー**という。

● **触媒のはたらきと活性化エネルギー**

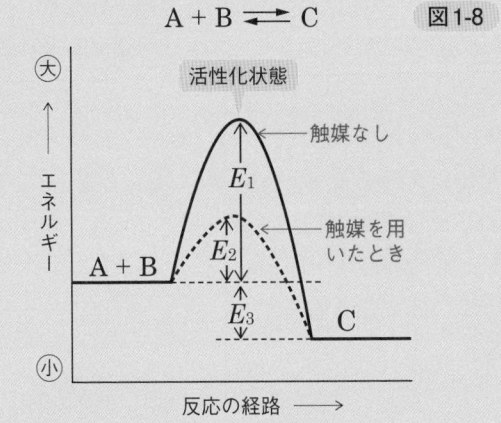

$$A + B \rightleftarrows C \qquad 図1\text{-}8$$

☆ 正反応で触媒を用いないときの活性化エネルギー …… E_1
☆ 正反応で触媒を用いたときの活性化エネルギー …… E_2
☆ 逆反応で触媒を用いないときの活性化エネルギー …… $E_1 + E_3$
☆ 逆反応で触媒を用いたときの活性化エネルギー …… $E_2 + E_3$
☆ 正反応の反応熱は発熱反応である。…… $+ E_3$
☆ 逆反応の反応熱は吸熱反応である。…… $- E_3$

活性化エネルギーという言葉をどうぞ覚えておいてください。次に図1-8 を見てください。**縦軸がエネルギー，横軸が反応の経路**です。

そして重要なのは

> !重要★★★　「単元2　要点のまとめ①」(27ページ) の6つの星印

です。これら6つが理解できれば，この単元は大丈夫です。それでは説明していきましょう。

2-2 正反応の活性化エネルギー

■活性化エネルギーとはどんなエネルギー？

$$A + B \rightleftarrows C$$

これはAとBが反応してCになるときの反応式です。

図1-9 は，エネルギーと反応の経路の関係を表したグラフです。この反応は可逆反応とします。

A＋Bから始まって，ある大きさのエネルギーを持つと，山を描いてCという物質に反応していきます。

ここで大切なポイントです。

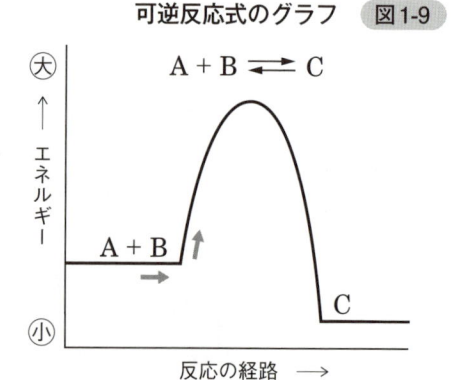

可逆反応式のグラフ　図1-9

> !重要★★★　**あるエネルギー以上にならないと反応は起こらない**

例えば、人が荷物を持って山に登りました。でも登りきらずに疲れて荷物から手を放すと、そのままズルッと元の位置に戻ってしまいます。ところが、山の頂上まで荷物を持って行けば、あとはちょこんと押すと、Cのほうに、荷物は降りて行く（反応が成立する）わけです。

つまり、「あるエネルギー以上」とは

活性化エネルギーのイメージ 図1-10

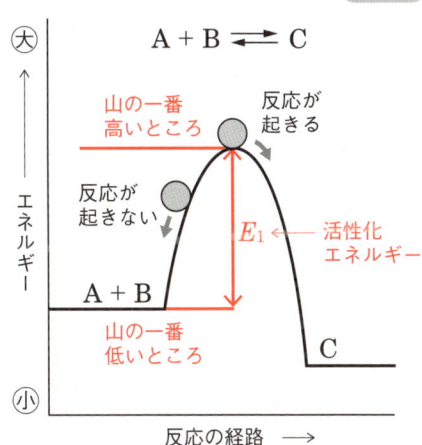

$A + B \rightleftharpoons C$

> **重要★★★** E_1，山の一番低いところから一番高いところまでのエネルギー

のことなんです 図1-10 。

この**反応に必要なエネルギー**を**活性化エネルギー**と呼びます。

岡野流 ④ 必須ポイント

活性化エネルギーを理解するポイント

活性化エネルギーは**山の一番低いところから一番高いところまでのエネルギー**。

■ 触媒を加えた場合の活性化エネルギー

触媒を加えると，活性化エネルギーが下がります。

山の高さを低くする働きをするんです（図1-11）。

それが，新しい活性化エネルギーE_2です。E_1では山が高くて反応しなかった反応も，触媒を加えると反応が起こります。

つまり，**触媒を加えると反応が起こりやすくなり，反応速度が大きくなる**のです。

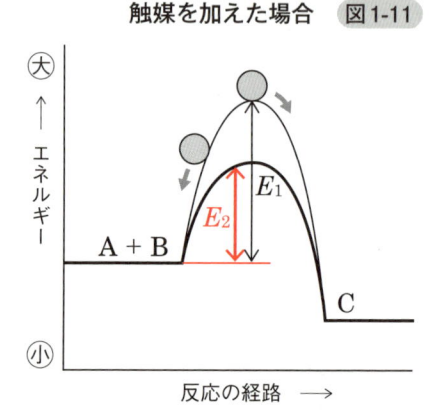

触媒を加えた場合　図1-11

単元2 要点のまとめ②

● **触媒**

　触媒は，反応速度を大きくするが，触媒自身は化学変化しない。活性化エネルギーを小さくすることで反応速度を大きくする。

■ どちらも正反応の活性化エネルギー

今出てきた2つの活性化エネルギーのケースはどちらもA＋BがCになる反応なので，**正反応**です。つまり，

☆　**正反応で触媒を用いないときの活性化エネルギー** …… E_1
☆　**正反応で触媒を用いたときの活性化エネルギー** …… E_2

です。これは，「要点のまとめ①」の「1，2番目の☆印」です。

単元2 活性化エネルギー　31

2-3 反応熱

次は、**逆反応の活性化エネルギー**をやる前に、「要点のまとめ①」の「5,6番目の☆印」、**反応熱**をご説明します。

■ 正反応の反応熱

まずは「5番目の☆印」、

☆　**正反応の反応熱は発熱反応である。…… $+E_3$**

図1-12 の「A + B」と「C」のエネルギーを比べると、Cが E_3 だけ小さいことがわかります。このエネルギー差を**反応熱**といいます。

ではこの**反応熱（E_3）が発熱反応（＋）なのか、吸熱反応（－）なのか**、まず正反応の式を書いて、調べてみます。

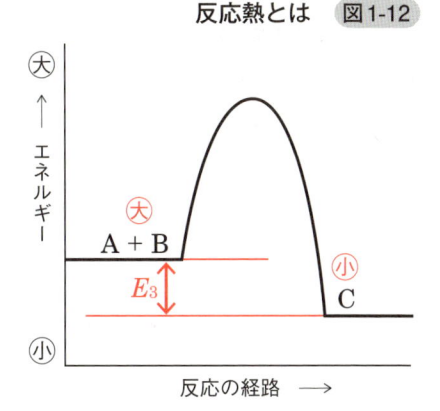

図1-12 でA + Bの方がCより高い位置にありますね。したがって、A + B がCの関係になっているのです。
（A+B：大、C：小）

反応熱とは　図1-12

A ＋ B ＝ C
（A+B：大、C：小）

熱化学方程式だと考えていただいて、イコールでいいです。この式の「大＝小」という状態はヘンですから、**「小」のあとにプラス**がきます。

A ＋ B ＝ C ＋ E_3　← 発熱
（A+B：大、C：小）

これで、バランスが取れました。つまり、ここは**発熱反応**です。大＝小＋E_3。「正反応の反応熱は発熱」と証明できました。

■ 逆反応の反応熱

次に「6番目の☆印」,

☆ **逆反応の反応熱は吸熱反応である。** …… $-E_3$

今度は**逆反応**です。逆反応はCがA+Bになります。だから，次のような式になります。

$$\overset{\text{小}}{C} = \overset{\text{大}}{A} + B \overset{\text{吸熱}}{\ominus} E_3$$

「小＝大」もヘンです。「**大**」のあとにマイナスをいれて，**小＝大**$-E_3$とします。**マイナスですから，吸熱反応**です。

つまり，図1-12 では「逆反応の反応熱は吸熱反応」ということが証明できました。

2-4 逆反応の活性化エネルギー

今度は「3，4番目の☆印，逆反応の活性化エネルギー」を考えていきます。逆反応のことが書いてある教科書はおそらくあまりないと思いますよ。でも，入試には出てきますよね。では，これからしっかりご説明します。

■ 逆反応で触媒を用いないとき

「3番目の☆印」,

☆ **逆反応で触媒を用いないときの活性化エネルギー** … $E_1 + E_3$

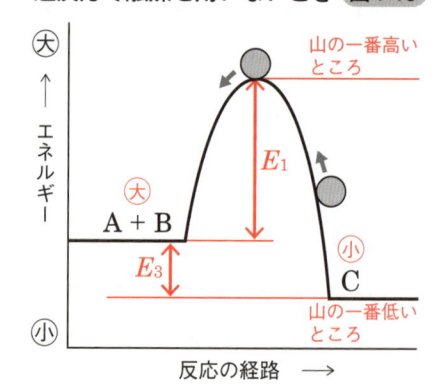

逆反応ですから，**Cから始まってA+Bに移っていきます**（図1-13）。そして，**活性化エネルギーは，山の一番低いところから高いところまで**です。これだけを覚えておくのが岡野流です。

今回は $E_1 + E_3$ が山の一番低いと

単元2 活性化エネルギー　33

ころから高いところまでのエネルギーというわけです。

■ 逆反応で触媒を用いたとき

「4番目の☆印」，

☆　逆反応で触媒を用いたときの活性化エネルギー

　　　　　　　　　　　　　　…… $E_2 + E_3$

触媒を用いると山の高さが低くなります。

つまり，右図（図1-14）のように $E_2 + E_3$ が，活性化エネルギーとなるわけです。

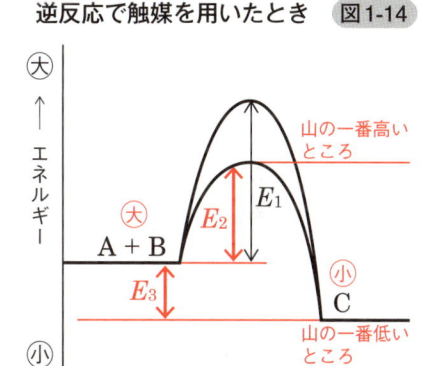

逆反応で触媒を用いたとき　図1-14

■ 活性化状態

あとは，図1-8の山のトップのところ，**活性化状態**（「単元2　要点のまとめ①」27ページ）という言葉を覚えてください。この言葉は問題として出てきます。

以上です。それでは演習問題をやってみましょう。

演習問題で力をつける②
活性化エネルギーを理解しよう！

問 下の図はA_2とB_2からABを生成する反応で，触媒を用いたとき，および触媒を用いないときのエネルギーの変化を表す図である。次の各問いに答えよ。

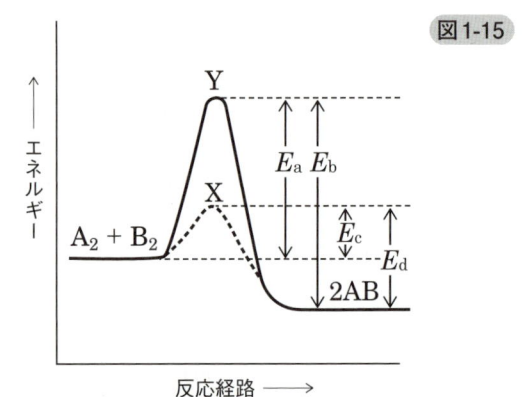

図1-15

(1) XやYのような中間状態を何というか。
(2) E_aやE_cのエネルギーを何というか。
(3) 反応熱を表す式を書け。
(4) 触媒を用いたときは，X，Yどちらの中間状態を経て生成物を生じるか。
(5) この反応は発熱反応か，吸熱反応か。

さて，解いてみましょう。

(1) XとYは山の上の部分です。ここを**活性化状態**といいます。
　　活性化状態 ……(1)の【答え】

(2) E_aとE_cの山の一番低いところを見ると，$A_2 + B_2$のところなので，**どちらも正反応の活性化エネルギー**ですね。触媒は，山の低いE_cが触媒を用いたとき，山の高いE_aが用いないときです。
　　触媒を用いないときの正反応の活性化エネルギー …(2)E_aの【答え】
　　触媒を用いたときの正反応の活性化エネルギー…(2)E_cの【答え】

(3) まず，反応熱はどこか考えます。

> **岡野のこう解く** 問題の図に㋐と㋑を書き込んで見ましょう（図1-16）。**反応熱では山の高さは関係ありません**。$A_2 + B_2$ と $2AB$ の**エネルギーの差が反応熱**なんです。それはつまり，$E_b - E_a$ または $E_d - E_c$ です。
>
> 反応熱の問題　図1-16

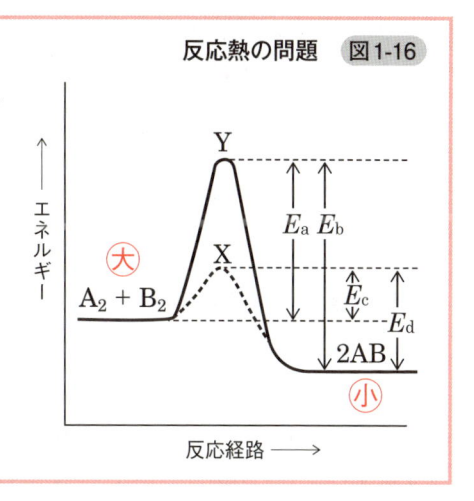

解答はどちらか一方書けば正解です。

$E_b - E_a$ または $E_d - E_c$ ……(3)の【答え】

なお，発熱反応か吸熱反応かは，正反応・逆反応の関係によります。

(4) 図1-15 を見ると**Xのほうが山の高さが低い**ので，解答はXになります。

X ……(4)の【答え】

(5) **岡野の着目ポイント**「**この反応は発熱…**」が，問の「下の図は**$A_2 + B_2$ からABを生成する反応**」に対応している点に着目してください。

逆反応を示すようなことがなにも書いてませんから，**正反応**だと考えてかまいません。

岡野のこう解く すると，次のような式で表せます。

$$\overset{\text{大}}{A_2 + B_2} = \overset{\text{小}}{2AB} + Q \quad (Q>0)$$

（発熱）

大＝小だと式がヘンなので，**＋Qを加えてイコールが成立する**ようにします。

正の値ですから**発熱反応**となります。

発熱反応 ……(5) の【答え】

はい。そんなところでよろしいでしょうか。今回の問題ではABやE_a，E_cと書いてありましたが，**縦軸に何kJという数値が出てくる問題もあります**。そうした場合でも，今までのことがおわかりいただいていれば応用がききますので，対応できるようにしてください。

逆のタイプの問題

今回の演習問題とは，逆のタイプの問題をご紹介します。

図1-17 のグラフは，今までとは逆で，「D＋E」が㊛小，Fが㊛大になっています。この場合でも，**触媒**を用いると山の高さは図のように低くなります。

「活性化エネルギーは何ですか」，と問われた場合，正反応は「D＋E」から始まって，山の一番高いところまで(E_1)となります(触媒を用いたときは低いほうの山(E_2))。

逆反応の活性化エネルギーは「F」から山の一番高いところまで($E_1 - E_3$)です(触媒を用いたときは，低い方の高い山まで($E_2 - E_3$)となります)。

この場合，正反応の反応熱は吸熱反応で，逆反応の反応熱は発熱反応になります。

大小が反対のケース 図1-17

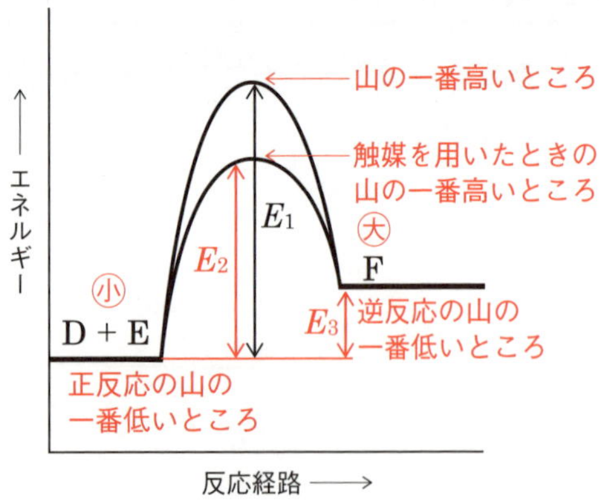

単元❷ 活性化エネルギー　37

演習問題で力をつける③
反応速度の変化を理解しよう！

問 次の(1)～(4)について，(ア)～(ウ)の中から正しいものを選べ。
(1) 反応物質の濃度が大きくなった場合，一般に反応速度は
　(ア) 大きくなる。　(イ) 変わらない。　(ウ) 小さくなる。
(2) 反応温度が高くなった場合，一般に反応速度は
　(ア) 大きくなる。　(イ) 変わらない。　(ウ) 小さくなる。
(3) 活性化エネルギーが大きくなった場合，一般に反応速度は
　(ア) 大きくなる。　(イ) 変わらない。　(ウ) 小さくなる。
(4) 触媒を用いると，一般に反応熱は
　(ア) 大きくなる。　(イ) 変わらない。　(ウ) 小さくなる。

さて，解いてみましょう。

反応速度の問題です。まず最初に(3)と(4)からやっていきます。

(3)　**岡野の着目ポイント** 活性化エネルギーは山の高さです。**山が高くなったら，反応速度は小さくなります。**

だから，解答は(ウ)です。
　　(**ウ**)……(3)の【答え】

(4)　**反応熱は触媒に関係ありません。**触媒で山の高さが変わっても反応熱には一切影響しないんです。だから解答は(イ)になります。
　　(**イ**)……(4)の【答え】

(1)(2)　反応速度の性質を説明しながら，解答を考えていきましょう。

反応速度を大きくする3つの要因

前に触媒を加えると反応速度が大きくなるとお話しました（18ページ）。反応速度を大きくする要因は

! 重要★★★ 　**温度，濃度，触媒**

の3つがあります。

ルシャトリエの原理では**温度，濃度，圧力**の3つが変わると平衡が移動する，と学習しました（10ページ）。

これと似てますが，

反応速度と平衡の移動は全く違う

ので注意してください。

温度を高くした場合

図1-18 では○と△という物質が反応を起こしています。

低い温度では，分子が**ゆっくり飛んでいます**。ところが**温度を上げる**と，いっきに**分子運動が活発**になり，速いスピードで飛び回ります。**そうすると，ぶつかる回数が増えるんです。**

例えば，机も椅子もない小さな教室に20人くらい生徒がいたとします。ゆっくり歩けば，ぶつからないように歩けると思います。ところが，真正面だけを見て思いきり走ると，おそらくバンバンぶつかりますよね。

温度を高くする　図1-18

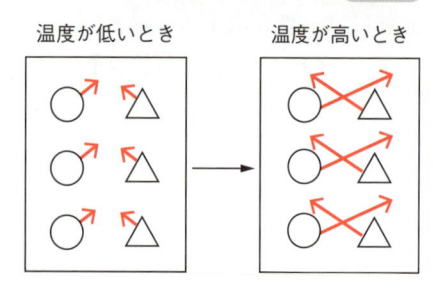

温度が低いとき　　温度が高いとき

単元 2　活性化エネルギー　39

分子がぶつかったときに反応が起こるのですが，**気を付けたいのは，ぶつかったとしても反応が起こらない場合がある**んですね。

> **岡野の着目ポイント** ポイントは，活性化エネルギーです。この
>
> 活性化エネルギー以上のエネルギーを持った分子同士がぶつかると，反応が起きる
>
> んです。

つまり，温度が高くなると反応が起きやすくなり，反応速度が大きくなる。これがまず一つですね。

濃度を大きくした場合

次は濃度。同じ容器に〇と△が3つずつ入っています。そして，〇と△を増やして**濃度を大きくします**（図1-19）。

例えば，先ほどの教室にいる20人がみんなゆっくり歩いています。そのあと100人ぐらいの人が入ってくると，ゆっくり歩いても，ぶつかりますよね。満員電車の中でぶつからないように歩けないのと同じです。

ぶつかったときに反応を起こします。

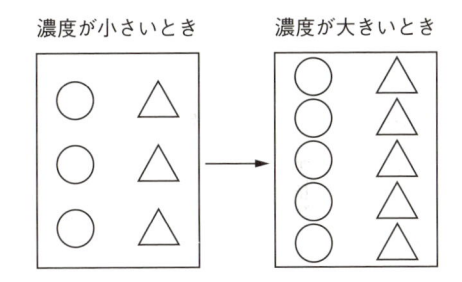

濃度を大きくする　　図1-19
濃度が小さいとき　　濃度が大きいとき

> **岡野の着目ポイント** 活性化エネルギー以上の分子を持っていてかつぶつかったときに反応が起きるんです。ということで，**濃度が高いほどぶつかりやすい**，つまり**反応が起きやすい，反応速度が大きくなる**ということです。

> **触媒を加えた場合**

すでに説明したとおり，**触媒を加えると反応速度が大きくなるのは，活性化エネルギーを小さくするため**です（30ページ）。

それでは解答を見てみましょう。(1)は濃度が大きくなった場合ですから(ア)が解答になります。

(**ア**) …… (1)の【答え】

(2)は温度が高くなった場合で，これも(ア)になります。

(**ア**) …… (2)の【答え】

単元2 要点のまとめ③

● 反応速度

反応速度を大きくする要因は**温度，濃度，触媒**である。

第2講

反応速度，平衡定数

単元1 反応速度 化/Ⅱ

単元2 平衡定数 化/Ⅱ

第2講のポイント

第2講は「反応速度，平衡定数」をやっていきます。反応速度では，化学反応式と係数，そして計算問題に必要な3つの公式を理解しましょう。平衡定数では「質量作用の法則」を理解し，関係式を使った計算を学習します。

$$☆ v = \frac{|C_2 - C_1|}{t_2 - t_1}$$

単元1 反応速度　化/Ⅱ

　前講では反応速度を変化させる性質的な要因（**温度・濃度・触媒**）を学習しました。本講では**数量的**なものを**具体的**に説明していきます。

1-1 反応速度を求める3つのパターン

　反応速度を求めるには，3つのパターンがあります。それらを**問題の内容に応じて使い分け**ていきます。
　そのためには，まず，物質の化学式と係数を表す，次の化学反応式を知ってください。

> **重要★★★**
> $$aA + bB \underset{逆反応}{\overset{正反応}{\rightleftarrows}} cC + dD$$
> （A, B, C, Dは物質の化学式
> 　a, b, c, dは係数）

　例えばNH_3の合成反応を例にして，A，B，C，Dやa，b，c，dの説明をしましょう。

$$N_2 + 3H_2 \rightleftarrows 2NH_3$$

　この化学反応式を対応させると，aが1でAがN_2です。bが3でBがH_2です。cが2でCがNH_3です。dは物質がないので0です。よろしいでしょうか。
　これから，3つのパターンについて，1つずつ見ていきましょう。

1-2 反応速度を求めるパターン①の公式

　まず，反応速度を求める公式，1番目のパターンからご説明しましょう。

■単位時間

　反応速度とは，単位時間に反応または生成した物質のモル濃度（mol/L）の変化量です。単位時間って難しい言葉ですね。**単位**とは1を表します。そして**時間**は日本語ではTimeとHour，2通りの意味があるのですが，ここでは**Time**を指します。つまり1秒とか1分，1時間，1日，1週間を表します。

■反応速度 v を求める公式①

　例えば，時間 t_1 から t_2 の間に反応した**物質A**の濃度が C_1 から C_2（mol/L）になったときの**物質Aの反応速度 v が**，次の式です。

重要★★★
$$v = \frac{|C_2 - C_1|}{t_2 - t_1}$$
——— パターン①の公式

　数学や物理では，**変化量**が出ると Δt のように，Δ（デルタ）を用いますが，僕は，**変化量**といったときには

重要★★★ 後から前を引く

としか覚えていません。だから，式の分母では $t_2 - t_1$ のように，後から前を引きました。

> **岡野流⑤　反応速度の変化量**
> 変化量とは，後から前を引いた値。

　$C_2 - C_1$ には，**絶対値**がついています。それは v が**常に正の値**だからです。物質Aが反応するときの濃度は，t_1 の時間のときのほうが t_2 の時間のときより大きく，$C_2 - C_1$ は負の値になります。物質Aは初めが一番大きい濃度でだんだん小さくなるからです。
　また物質Cが生成するときの濃度は初めが0でだんだん大きくなります。

このときは $C_2 - C_1$ は正の値になります。

物理の場合，マイナスが向きを表すので，-2m/s の速度で西へ向かうのは，東へ 2m/s で進んでいるのと同じです。だから，符号のマイナスが非常に重要になります。

ところが**化学の場合，常に正**ですから，

> !重要★★★　**絶対値を付けて正の値にして計算する**

そういう考え方です。それでは例題で実際に計算してみましょう。

【例題】物質Aの0秒と10秒のときのモル濃度を表に示す。このときの物質Aの平均の反応速度を求めよ。数値は有効数字2桁とする。

表2-1

時間	0s	10s
濃度	10mol/L	2mol/L

さて，解いてみましょう。

(パターン①の公式に代入)

表の値を反応速度を求める**パターン①の公式**に代入してみましょう。

$$\boxed{v = \frac{|C_2 - C_1|}{t_2 - t_1}} \quad \text{——— パターン①の公式}$$

$$= \frac{|2 - 10|\,[\text{mol/L}]}{(10 - 0)\,[\text{s}]}$$

$$= 8 \div 10 = 0.80$$

時間の単位は秒，そして**後から前**なので $10 - 0$ となり，分母は10秒ですね。

濃度の単位はmol/L。同じく**後から前**ですから，$2 - 10$ でマイナス8になりますが，**絶対値を付ける**ので8mol/L。

これを計算すると，$8 \div 10$ で0.80。

> **単位の計算**

解答に付ける単位は，$\dfrac{\text{mol/L}}{\text{s}}$ です。だから次のように計算すると

$$\dfrac{\text{mol/L}}{\text{s}} = \dfrac{\frac{\text{mol}}{\text{L}}}{\text{s}} = \dfrac{\text{mol}}{\text{L}\cdot\text{s}}$$

あとは分数の棒を斜めにすれば，mol/(L·s) と単位らしくなるわけです。

　　　0.80mol/(L·s) ……【答え】

> **アドバイス** ここで**平均の反応速度**とありますが，0から10秒の間で常に同じ反応速度ではありません。初めは濃度が大きく，反応速度も大きいのですが，後になると濃度が小さくなり，反応速度も小さくなります。そこで**平均の反応速度**というわけです。

1-3 反応速度を求めるパターン②の公式

反応速度を求める**パターン②の公式**をご説明します。

　　　$a\text{A} + b\text{B} \rightleftarrows c\text{C} + d\text{D}$

上の反応式の**正反応の反応速度**と**モル濃度の関係**を，次の公式で表すことができます。

> **重要★★★**　　$v = k\,[\text{A}]^a\,[\text{B}]^b$ ── パターン②の公式

$[\text{A}]^a\,[\text{B}]^b$ は，反応式の物質**A**のモル濃度を係数 ***a*** で累乗，物質**B**のモル濃度も係数 ***b*** で累乗，つまり**係数乗**しています。ここでは係数の累乗のことを係数乗ということにします。そして [ ] は**モル濃度を表す記号**です。

> **重要★★★**　　***k*は反応速度定数といい，温度一定では濃度に無関係に一定**

となります。*v* は**反応速度**です。

パターン①の公式と違うのは，データが何もなく，反応式だけが与えられて「反応速度は何ですか？」という問題を求める場合，この**パターン②**を用います。

1-4 反応速度を求めるパターン③の公式

パターン②では，実験データ（モル濃度と反応速度）が与えられている問題だと適応できないときがあります。パターン②で用いた**A のモル濃度の a 乗**とすると危ないときです。**A のモル濃度の x 乗**かもしれない。そういうとき，**累乗を x 乗，y 乗と未知数にする**んです。それが**パターン③**です。

> **重要 ★★★**　　$v = k[A]^x[B]^y$ ──── パターン③の公式

データから未知数の x と y を導く必要がある問題に対応するのが，**パターン③の公式**です。

■3つのパターンを使い分けるコツ

3つのパターンのうち，一番単純なのは**パターン②**です。反応式だけで，データがなくて「反応速度は何ですか」という問題だと，**パターン②の公式**を用いざるを得ない。ほかに何のスベもありません。

一方，問題に実験データ（モル濃度と反応速度）が与えられていて，x と y を導く問題。これは**パターン③**です。

また，例題のように，**時間ごとのモル濃度の変化がデータとしてある場合，パターン①から反応速度を求めます。**

つまり，**反応速度の問題は3タイプあって，3つのパターンのどれが当てはまるか判断すれば解ける**んだ，と知っておくと，試験会場ではずいぶん気が楽になります。

それでは実際に演習問題をやってみましょう。

単元 1　要点のまとめ①

●**反応速度を表す3つのパターン**

$$aA + bB \underset{逆反応}{\overset{正反応}{\rightleftarrows}} cC + dD$$

（A，B，C，D は物質の化学式，a，b，c，d は係数）

反応速度は3通りで表すことができる。

① **単位時間に反応した物質のモル濃度〔mol/L〕の変化量または単位時間に生成した物質のモル濃度の変化量を反応速度という。**例えば時間t_1からt_2の間にAがC_1〔mol/L〕からC_2〔mol/L〕になったときAの反応速度vは次の式で表される。

☆ $\boxed{v = \dfrac{|C_2 - C_1|}{t_2 - t_1}}$ ── パターン①の公式

※vは常に正の値である。

> **例** 物質Aの0秒と10秒のときのモル濃度を表に示す。
>
> | 時間 | 0s | 10s |
> |---|---|---|
> | 濃度 | 10mol/L | 2mol/L |
>
> 表2-1
>
> このときAの平均反応速度は
> $v = \dfrac{|2-10|〔mol/L〕}{(10-0)〔s〕} = 0.80$〔mol/(L·s)〕となる。

② 正反応の反応速度vとモル濃度〔mol/L〕は次の式で表すことができる。

☆ $\boxed{v = k[\mathrm{A}]^a[\mathrm{B}]^b}$ ── パターン②の公式

- [ ]はモル濃度を表す記号。
- kは**反応速度定数（速度定数）**といい，<u>温度一定では濃度に無関係に一定である。</u>

③ ただし，**パターン②の式は，実験データが与えられている問題に適応できない場合がある。**そのときは次の式を用い，xとyを実験データ（モル濃度と反応速度）から導くことが必要になる。

☆ $\boxed{v = k[\mathrm{A}]^x[\mathrm{B}]^y}$ ── パターン③の公式

演習問題で力をつける④
反応速度の問題で3つのパターンを使い分けよう！①

問 ある反応 A + B ⟶ X において，反応物A，Bの濃度[A]，[B]を変えて反応速度vを求める実験を行い，下表のような結果が得られた。次の(1)と(2)に答えよ。ただしv〔mol/(L·s)〕は毎秒v〔mol/L〕ずつ変化することを意味する。数値は有効数字2桁で求めよ。

表2-2

実験番号	[A]〔mol/L〕	[B]〔mol/L〕	v〔mol/(L·s)〕
1	0.30	0.40	0.036
2	0.10	0.40	0.012
3	0.30	0.20	0.0090

(1) この反応速度式は，次の(ア)～(オ)のどの式で表されるか。
 (ア) $v = k[A]$ 　　(イ) $v = k[A][B]$ 　　(ウ) $v = k[A]^2[B]$
 (エ) $v = k[A][B]^2$ 　　(オ) $v = k[A]^2[B]^2$

(2) この反応の反応速度定数kの値を求め，その単位とともに記せ。

さて、解いてみましょう。

どのパターンを当てはめるか判断する

(1) 式を選ぶ問題です。A + Bの係数は，**1**A + **1**Bですから，それぞれ係数乗すると$[A]^1$，$[B]^1$ですね。すると**パターン②**に当てはめて，
 $v = k[A]^1[B]^1$
答えは(イ)。と，やりたいところですが，**実は間違い**です。こういうふうに引っ掛けてくるので注意しましょう。

単元1 反応速度

> **岡野のこう解く** 問題に具体的な実験データが載っている場合，パターン②は**成り立たない**ことがあります。今回の問題はまさにその例です。
>
> **実験データ（モル濃度と反応速度）が与えられている場合**，xとyとして未知数を自分で計算しなさい，という問題なのです。つまり，(1)は**パターン③**
>
> ★ $\boxed{v = k[A]^x[B]^y}$ に代入して x と y を求める。
>
> というケースです。では，代入していきましょう。

実験データを当てはめる

$$v = k[A]^x[B]^y$$

「実験番号1」　$0.036\ = k \times 0.30^x \times 0.40^y$　……①
「実験番号2」　$0.012\ = k \times 0.10^x \times 0.40^y$　……②
「実験番号3」　$0.0090 = k \times 0.30^x \times 0.20^y$　……③

実験番号1から3を**パターン③の公式**に代入しました。

kは**反応速度定数**で，**温度一定なら値は常に一定**です（45ページ）。今回の問題は，**反応の温度に関して全く載ってない**ので温度一定で反応している，つまりkの値は全部一定です。

方程式からxを計算する

未知数はxとy，kの3つです。3本の式があれば，方程式は解けるはずです。

> **岡野のこう解く** では，どうやるかといいますと，**式を式で割る**んです。これよっぽど数学が得意な方は別として，一回やってないと，いきなりは思いつかないと思います。
>
> 大きい値にしたいので$\frac{①}{②}$とやってみようと思います。分母には②式の数値を代入し，分子には①式の数値を代入します。
>
> $\frac{①}{②}$より　$\dfrac{0.036}{0.012} = \dfrac{k \times 0.30^x \times 0.40^y}{k \times 0.10^x \times 0.40^y}$

約分してkや0.40^yが消えます。

$\dfrac{①}{②}$ より　$\dfrac{0.036}{0.012} = \dfrac{k \times 0.30^x \times 0.40^y}{k \times 0.10^x \times 0.40^y}$

$$3 = \dfrac{0.30^x}{0.10^x}$$

ここで，次の数学の公式を当てはめます。

$$\dfrac{b^n}{a^n} = \left(\dfrac{b}{a}\right)^n$$

$\dfrac{b^n}{a^n}$は，$\dfrac{b}{a}$全体のn乗としてかまわない。

$$3 = \boxed{\dfrac{0.30^x}{0.10^x} = \left(\dfrac{0.30}{0.10}\right)^x} = 3^x$$

$\dfrac{0.30}{0.10}$は3なので3のx乗となります。

$3 = 3^x$は$3^x = 3^1$，ですから**xは1**と決まりました。よろしいですね。

∴　$3^x = 3^1$　　∴　**$x = 1$**

方程式からyを計算する

今度はyを求めましょう。①〜③のうち，どの組み合わせにすると，何が消えるかを考えて選びます。すると①と③の0.30^xに注目できます。

$\dfrac{①}{③}$ より　$\dfrac{0.036}{0.0090} = \dfrac{k \times 0.30^x \times 0.40^y}{k \times 0.30^x \times 0.20^y}$

約分で単純に消すことができますね。計算しますと，yが求まります。

∴　$4 = \left(\dfrac{0.40}{0.20}\right)^y = 2^y$

∴　$2^2 = 2^y$　　∴　**$y = 2$**

以上でxとyが決まりました。**パターン③**に当てはめると，正解は(エ)だとわかります。

∴　$v = k[\mathrm{A}][\mathrm{B}]^2$　　∴　**(エ)**……(1)の【答え】

(イ)のように見えましたが，実際のデータを入れるとこのような結果になります。

単元1　反応速度　51

> **(1)の解答を用いてkを求める**

(2)　**岡野のこう解く**　(1)で求めた反応式$v = k[A][B]^2$に表の実験データを代入すればkが求められます。どの実験番号の数値を代入してもかまいません。

今回は実験番号1を代入しましょう。

$$0.036 = k \times 0.30 \times 0.40^2$$

$$\therefore\ k = \frac{0.036\,\mathrm{mol/(L\cdot s)}}{0.30\,\mathrm{mol/L} \times 0.40^2\,(\mathrm{mol/L})^2}$$

代入するとき，単位も入れて計算しますと，数値は0.75ぴったりになります。

$$= 0.75\,\mathrm{L^2/(mol^2\cdot s)}\ \cdots\cdots\ (2)の\ 【答え】$$
　　※有効数字は2桁です。

なお，単位は次のように計算します。

$$\frac{\mathrm{mol/(L\cdot s)}}{\left(\dfrac{\mathrm{mol}}{\mathrm{L}}\right)^3} = \frac{\dfrac{1}{\mathrm{s}}}{\left(\dfrac{\mathrm{mol}}{\mathrm{L}}\right)^2} = \frac{\mathrm{L^2}}{\mathrm{mol^2\cdot s}}$$

分母でmol/Lが3回かけられています。約分して，L^2は上の分子に上がり，秒(s)は下の分母に降りてくる。結果，単位は$L^2/(mol^2\cdot s)$になります。

単位は文字式の計算と同じですから，ゆっくりと計算なさってみてください。

演習問題で力をつける⑤
反応速度の問題で3つのパターンを使い分けよう！②

> **問** 化合物Xの溶液に触媒を導入しXの分解反応を行った。反応の開始直後および1分ごとのXの濃度[X]〔mol/L〕は下表のようであった。溶液の体積変化はないものとして以下の(1),(2)に有効数字2桁で答えよ。
>
> 表2-3
>
> | 時間〔min〕 | 0 | 1.0 | 2.0 | 3.0 |
> |---|---|---|---|---|
> | [X]〔mol/L〕 | 0.930 | 0.740 | 0.590 | 0.470 |
>
> (1) 1分間ごと（すなわち0〜1.0min, 1.0〜2.0min, 2.0〜3.0min）のXの平均濃度$[\overline{X}]$〔mol/L〕をそれぞれ求めよ。
> (2) 0〜1.0min, 1.0〜2.0min, 2.0〜3.0min間におけるXの反応速度v〔mol/(L·min)〕をそれぞれ求めよ。

さて、解いてみましょう。

今度は**パターン①**のタイプの問題です。[ ]は**モル濃度**を表す記号です。

(1) $[\overline{X}]$は**Xの平均濃度**を表し、$\overline{X}$をエックスバーと読みます。**平均濃度**は、一回でも授業でやってないと、何だかわからないでしょう。これから示しますね。

反応速度の平均値は**パターン①の公式**に当てはめれば求められます。ところが**モル濃度の平均値を求める公式**はどこにも書いていません。このような問題を通して理解していくんですね。ではやってみましょう。

モル濃度の平均値を求める

まず最初に**0〜1.0 min**の$[\overline{X}]$の平均値を求めましょう。考え方として、例えば中間テストがすごく良くて90点とりました。ところが、期末テストはちょっと難しくて70点でした。すると平均点は$\frac{90+70}{2}$で80点です。

> 岡野のこう解く　今回のモル濃度もこれと同じことなんです。0minから1.0minのモル濃度の平均だから，それぞれの時間のモル濃度を足して2で割ります。
>
> 0～1.0min
>
> $$[\overline{X}] = \frac{0.930 + 0.740}{2}$$
>
> この式を計算すると
>
> $= 0.835$
>
> $≒ \mathbf{0.84\,mol/L}$ ……(1) の【答え】(0～1.0min)
>
> （注：有効数字2桁です。）
>
> 1.0～2.0minと2.0～3.0minの平均も同じように求めます。
>
> 1.0～2.0min
>
> $$[\overline{X}] = \frac{0.740 + 0.590}{2} = 0.665 ≒ \mathbf{0.67\,mol/L} \text{ ……(1) の【答え】}$$
> $$(1.0～2.0min)$$
>
> 2.0～3.0min
>
> $$[\overline{X}] = \frac{0.590 + 0.470}{2} = 0.530 ≒ \mathbf{0.53\,mol/L} \text{ ……(1) の【答え】}$$
> $$(2.0～3.0min)$$

こういうふうに，ただ平均値を求めればいいということなんですね。

(2) 反応速度vを求めなさいという問題です。

パターン①に代入してvを求める

> 岡野のこう解く　**パターン①の公式**に代入して反応速度を解いていきましょう。0～1.0minのときを当てはめると次の式になります。
>
> 0～1.0min
>
> $$v = \frac{|0.740 - 0.930|\,mol/L}{1.0 - 0\,min}$$
>
> 時間とモル濃度の変化量は**後から前**を引きます。計算すると，次のようになります。
>
> $= 0.190 ≒ \mathbf{0.19\,mol/(L \cdot min)}$ ……(2) の【答え】(0～1.0min)
>
> ※有効数字は2桁です。

> **濃度が小さくなると反応速度も小さくなる**
>
> 　前に**濃度が大きくなると反応速度が大きくなる**といいました(39ページ)。この問題の場合，**最初のときが一番濃度が大きい状態**で，反応が進んでいくほど小さくなります。ということは，**反応速度は小さくなる**と予想できます。
>
> 　では，本当にそうなるか，1.0～2.0min，2.0～3.0minの間の反応速度を計算してみましょう。
>
> 　1.0～2.0min
> $$v = \frac{|0.590 - 0.740|\,\mathrm{mol/L}}{2.0 - 1.0\,\mathrm{min}} = 0.150 \fallingdotseq \mathbf{0.15\,mol/(L\cdot min)}$$
> 　　　　　　　　　　　　　……(2)の【答え】(1.0～2.0min)
>
> 　2.0～3.0min
> $$v = \frac{|0.470 - 0.590|\,\mathrm{mol/L}}{3.0 - 2.0\,\mathrm{min}} = 0.120 \fallingdotseq \mathbf{0.12\,mol/(L\cdot min)}$$
> 　　　　　　　　　　　　　……(2)の【答え】(2.0～3.0min)

確かに反応速度もだんだん小さい値になっていますね。

> **$v = k[\mathrm{X}]^x$ に代入してxを求める**

　問題文には，反応速度式vを求める問題はありませんでしたが，どんな式になるか検証してみましょう。「化合物Xの溶液に触媒を用いてXを分解した」とあります。つまり，**物質Xの濃度がx乗という形**になっているはずです。そこで**パターン③の公式**を利用して

　　　$v = k[\mathrm{X}]^x$

に「演習問題⑤(1)(2)」で求めた**反応速度vとモル濃度の平均値**を代入すれば，x乗を求めることができるはずです。

　まず，**反応速度v**は，**0.19**と**0.15**，**0.12**です。
　モル濃度の平均値$\overline{[\mathrm{X}]}$は**0.84**，**0.67**，**0.53**。
　これらを代入すると，次の3本の式が作れます。

　　　$0.19 = k \times 0.84^x$　……①
　　　$0.15 = k \times 0.67^x$　……②
　　　$0.12 = k \times 0.53^x$　……③

方程式を計算して，xを求めます。まずは$\dfrac{①}{②}$とします。

$$\dfrac{①}{②} \text{より} \quad \dfrac{0.19}{0.15} = \dfrac{k \times 0.84^x}{k \times 0.67^x}$$

約分して計算すると，次のようになります。

$$1.26 = \left(\dfrac{0.84}{0.67}\right)^x = 1.25^x \quad \therefore \quad x \fallingdotseq 1$$

1.26と1.25と少し差はありますが，xは約1と考えてかまいません。

ただ，たまたま①と②の関係で1になったのかもしれない。だから，今度は$\dfrac{①}{③}$でやってみようと思います。

$$\dfrac{①}{③} \text{より} \quad \dfrac{0.19}{0.12} = \dfrac{k \times 0.84^x}{k \times 0.53^x}$$

$$1.58 = \left(\dfrac{0.84}{0.53}\right)^x = 1.58^x \quad \therefore \quad x = 1$$

すると，やはり結果はxが1になったんです。

よって，「演習問題⑤」の反応速度式は$v = k\,[\mathrm{X}]$となります。

kの値は，どの実験データでもかまわないので，反応速度vと$[\mathrm{X}]$の値を代入してやれば求まります。

「演習問題④」の表ではモル濃度と反応速度を教えてくれていて，そこから反応速度式やkを求めました。

一方，「演習問題⑤」の表は時間ごとのモル濃度のみです。反応速度は教えてくれていません。そこで，「モル濃度の平均値」を使って，反応速度を計算すれば，**反応速度式$v = k\,[\mathrm{X}]$**が求められます。さらにkも代入して求められる。

このようにパターン①からパターン③の公式の使い方をしっかり押さえていただければ，おそらくはどんな問題でも対応していけると思います。

単元 2　平衡定数　化/Ⅱ

2-1　質量作用の法則（化学平衡の法則ともいう）

「ルシャトリエの原理」では，温度や濃度や圧力が変わると，逆の方向に平衡は移動していく，ということを学習しました（10ページ）。これはいわば性質的なもの，現象についてでした。しかし，もっと**数量的に何mol増えた，何mol減った**という，**具体的な計算をする方法**があります。それが「**質量作用の法則**」です（「**化学平衡の法則**」ともいいます）。

■ 数量的に導く「質量作用の法則」とは

「**質量作用の法則**」は，質量保存の法則とは全く関係ありませんのでご注意ください。まず，次の反応式を見てみましょう。

$$aA + bB \rightleftarrows cC + dD$$

「単元1　反応速度」でもやりましたが，**A，B，C，D は物質**（の化学式），***a*，*b*，*c*，*d* は係数**を表しています（42ページ参照）。

そして，$aA + bB \rightleftarrows cC + dD$ の可逆反応が**平衡状態のとき**，次の公式が成り立ちます。

!重要★★★　　$K = \dfrac{[C]^c [D]^d}{[A]^a [B]^b}$ ────［公式 19］

公式が成立するには，**必ず平衡状態**でなくてはいけません。また，分子と分母にはお約束の法則があります。**反応式の左辺は分母，右辺は分子**です。これは，人が決めた定義なので覚えてください。

重要 ★★★

$$aA + bB \rightleftarrows cC + dD$$
　　　　左辺　　　　　右辺

$$K = \frac{[C]^c [D]^d}{[A]^a [B]^b} \begin{array}{l}\Leftarrow 右辺は分子 \\ \Leftarrow 左辺は分母\end{array}$$

> **岡野流 ⑥ 必須ポイント**
>
> **平衡定数 K の公式**
>
> 　平衡定数 K の公式は，可逆反応の左辺が分母，右辺が分子にくる。

　[**公式19**]の[　]はモル濃度を表す記号です。化学ではよく使いますよ。例えば[H^+]といったとき，「理論化学①」(134ページ)では水素イオン濃度と呼んでいましたが，要するに**水素イオンのモル濃度**です。

　K は**平衡定数**といいます。この言葉は覚えてください。「**温度一定のとき，この値は一定値を示す**」ということも知っておきましょう。

　なお K は，詳しくは K_c と書いて**濃度平衡定数**ということもあります。K_c とするタイプの問題もありますが，K と同じだと思ってください。

　それでは演習問題をやってみましょう。

単元2　要点のまとめ①

● **質量作用の法則（化学平衡の法則ともいう）**

$$aA + bB \underset{逆反応}{\overset{正反応}{\rightleftarrows}} cC + dD$$

　　（A, B, C, D は物質の化学式，a, b, c, d は係数）

上の可逆反応が**平衡状態のとき**，次の式が成り立つ。

☆　$K = \dfrac{[C]^c [D]^d}{[A]^a [B]^b}$ $\begin{array}{l}\Leftarrow 右辺は分子 \\ \Leftarrow 左辺は分母\end{array}$　────[**公式19**]

　　（[　]はモル濃度を表す記号）

・K は**平衡定数**といい，**温度一定のとき，この値は一定値を示す**。
・K は K_c とも書き，詳しくは**濃度平衡定数**という。

演習問題で力をつける⑥
「質量作用の法則」と平衡定数を理解しよう！

問 (1) $H_2 + I_2 \rightleftarrows 2HI$ の反応が，450℃において平衡状態にある。このとき，$[H_2] = [I_2] = 0.11 \text{[mol/L]}$，$[HI]$ が 0.77[mol/L] であった。この温度における平衡定数 K の値を有効数字2桁で求めよ。

(2) 1.0Lの容器に H_2 を2.0mol，I_2 を2.0 mol入れて，ある温度に保って平衡に達した。生成した HI は何 mol か。ただし，この温度における $H_2 + I_2 \rightleftarrows 2HI$ の平衡定数を，$K = 64$ とし，有効数字2桁で求めよ。

さて，解いてみましょう。

(1) **岡野の着目ポイント** 問題には450℃としか書いてませんが，水素 H_2 とヨウ素 I_2 は気体です。なお，I_2 は**分子結晶**っていいまして，非金属同士の結晶で，共有結合結晶以外の結晶というやつです。詳しくは「理論化学①」68ページにありますが，共有結合結晶は C と Si と SiO_2 と SiC の4つを覚えて，残りの非金属どうしの結晶は全部**分子結晶**だと学習しました。

分子結晶の特徴は**昇華性**で，固体からいきなり気体になる，逆に気体から固体になる，つまり**液体を通らない**んです。だから450℃ですと，ヨウ素は昇華が起こって気体状態になっています。

気体のモル濃度と単位

問題には，450℃で**平衡状態**とあります。そして，[ ]はモル濃度を表す記号です。**物質とモル濃度の関係**を表すと次のようになります。

$$H_2 + I_2 \rightleftarrows 2HI$$

◎ **平衡時** 0.11mol/L 0.11mo/L 0.77mol/L

mol/L の L は 1 が省略されています。0.11mol/L とある場合，1L あたり 0.11mol 含んでいるということです。**溶液のモル濃度**については

単元 2　平衡定数

$\dfrac{\text{溶質のmol数}}{\text{溶液のL数}}$ と，「理論化学①」(121ページ) で学習しました。

でも今回は，**気体のモル濃度**です。これは，$\dfrac{\text{気体のmol数}}{\text{気体のL数}}$ で表されます。

平衡定数 K を求める

岡野のこう解く　それでは[公式19]に代入して**平衡定数 K** を求めます。単位も一緒に代入して計算していきましょう。なお，平衡定数の単位は，物質とその反応の反応式の係数に関係してきますから，その都度，変わっていきます。また，係数1は1乗だから省略します。

$$H_2 + I_2 \rightleftarrows 2HI$$

◎　平衡時　0.11mol/L　0.11mol/L　　　0.77mol/L

$$K = \dfrac{[HI]^2}{[H_2][I_2]}\quad \Leftarrow \text{右辺は分子}\\ \Leftarrow \text{左辺は分母}$$

左辺は分母，右辺は分子というのを忘れないでください。次に具体的な数値を入れていきます。平衡じゃないときの数値を入れても平衡定数にはなりません。必ず平衡状態のときの数値を代入してくださいね。

単位は約分します。そして，50ページでも登場した，$\dfrac{b^n}{a^n}=\left(\dfrac{b}{a}\right)^n$ を当てはめて計算します。

$$K = \dfrac{(0.77\,\text{mol/L})^2}{0.11\,\text{mol/L}\times 0.11\,\text{mol/L}} = \dfrac{0.77^2}{0.11^2} = \left(\dfrac{0.77}{0.11}\right)^2 = 7^2 = 49$$

単位は全部消えましたから，49のみが解答になります。

49 ……(1)の【答え】
※有効数字は2桁です。

(2) 岡野の着目ポイント 1.0Lの容器に水素H_2とヨウ素I_2を2.0molずつ入れました，とあります。**今度はモル濃度（mol/L）じゃありません。mol数です**。また，2.0molずつを入れた時点では，平衡状態ではない点にご注意ください。

それから，平衡定数は$K = 64$とあります。問題(1)のKは49でした。つまり**問題(2)は全く違う問題として考えてください**。

平衡時のmol数を計算する

まず，可逆反応の「$H_2 + I_2 \rightleftarrows 2HI$」の反応式について数量的に考えてみましょう。

「**初めにH_2とI_2を2.0mol加えました**」とあるので，それを「初」に書き込みましょう。加えたばかりなので，まだ反応は起きていません。だから右辺は0です。

平衡時のmol数の求め方　　　　　　　　　　　　　　　連続図2-1

①

	H_2	+	I_2	$\rightleftarrows$	$2HI$
初	2.0mol		2.0mol		0
変化量					
平衡時					

なお，「初」の下には**変化量**って書きましょう。教科書や参考書には「初」と「平衡時」のみ書いてあるものがありますが，「初」と「平衡時」だけだと，どういうふうになっているかわからない。「**変化量」は絶対に入れたほうがいい**です。

岡野流⑦ 可逆反応の関係式を書くときのポイント 必須ポイント

「初」「平衡時」の間に，「変化量」を絶対入れるべし。

反応が起こって変化します。次第に**左辺は消費**（−）されていき，0だった**右辺は増えていきます**（＋）。**−は消費，＋は生成**です。

連続図2-1 の続き

②
```
              H₂   +   I₂   ⇌   2HI
   初       2.0mol    2.0mol       0
   変化量     －         －         ＋     （－は消費，＋は生成）
   平衡時
```

ただ，H₂がいくら消費したかわからないんです。だから，H₂の**変化量を x mol**とします。

岡野の着目ポイント ここで**反応物質の係数に着目**してください。H₂とI₂は1，HIは2です。

$$1H_2 + 1I_2 \rightleftharpoons 2HI$$

だから，H₂が $1x$ mol消費したときは，I₂も $1x$ mol消費されます。逆にHIは，2倍の量，$2x$ molが生成することになります。それらを変化量の所に書くと次のようになります。

連続図2-1 の続き

③
```
              1H₂   +   1I₂   ⇌   2HI
   初       2.0mol    2.0mol       0
   変化量    －x mol   －x mol     ＋2x mol   （－は消費，＋は生成）
   平衡時
```

では，x mol変化したあと，平衡時の所はどう表すか？ 最初2.0molだったものが x mol引かれたんです。だから**平衡時のH₂は $2.0 - x$ mol**。I₂も $2.0 - x$ molです。2HIは0と $2x$ molを足してやります。以上で，**平衡時のそれぞれの物質のmol数**が求められました。

連続図2-1 の続き

④

$$\boxed{1}H_2 \;+\; \boxed{1}I_2 \;\rightleftharpoons\; \boxed{2}HI$$

初	2.0mol	2.0mol	0
変化量	$-x$ mol	$-x$ mol	$+2x$ mol （－は消費，＋は生成）
◎ **平衡時**	$2.0-x$ mol	$2.0-x$ mol	$2x$ mol

平衡時の値を使って公式に入れて x を計算する

[公式19]（56ページ）は，平衡時に成り立ちますので，これで公式に入れることができます。可逆反応の**左辺が分母，右辺が分子**ですから，**左辺は $[H_2]$ と $[I_2]$，右辺は $[HI]$** ですね。

$$K = \frac{[HI]^2}{[H_2][I_2]}$$

そして，**平衡時のmol数**がわかっています。ただし，**モル濃度に直さなくてはいけません**。

岡野のこう解く どうすればいいかっていうと，問題文の一番最初のところに「1.0Lの容器」と書いてあります。

つまり，気体のモル濃度は $\dfrac{\text{気体のmol数}}{\text{気体のL数}}$ で表されます。

ですから，$[H_2]$ を例にとれば，$[H_2] = \dfrac{2.0-x \text{ mol}}{1.0\text{L}}$ です。

以下，同じように代入すると，次のようになります。

$$K = \frac{\left(\dfrac{2x \text{ mol}}{1.0\text{L}}\right)^2}{\left(\dfrac{2.0-x \text{ mol}}{1.0\text{L}}\right)\left(\dfrac{2.0-x \text{ mol}}{1.0\text{L}}\right)}$$

アドバイス 1.0Lの容器に $2.0-x$ mol の H_2 と I_2，$2x$ mol の HI が入っています。「なんかおかしいぞ」って思われるかもしれませんが，混合気体の場合，容器が1.0Lであれば，H_2 の体積も I_2 の体積も HI の体積も，さらに混合気体の体積も共に1.0Lでしたね（「理論化学①」221ページ）。

そして，これが64だということが問題文に書いてあります。**$K = 64$** です。あとは x を2次方程式で求めればいい。まず約分します。

$$\frac{(2x)^2}{(2.0-x)^2} = 64$$

いちいち2乗の形でやっていくのは大変なんで,ちょっと裏ワザを使って,両辺のルートをとっちゃいます。

$$\therefore \sqrt{\frac{(2x)^2}{(2.0-x)^2}} = \sqrt{64}$$

$$\therefore \frac{2x}{2.0-x} = \pm 8$$

岡野の着目ポイント ＋8の場合と－8の場合でxの値が2つ出ます。そこでどちらを使うか吟味しましょう。**$2x$と$2.0-x$は正の値**。なぜ正の値か？ **最初2.0molがあったんです。で,$x$molが消費したんですから**,最高でも2.0molまでしか減りません。だから,例えば3.0mol消費することはない。どんなことがあっても0までで,**－になることは絶対ない**んです。

ということは**$2.0-x$は正の値**です。**xも正の値**です。

$$\therefore \frac{2x}{2.0-x} > 0$$

岡野のこう解く では,マイナスのときは切っちゃってもいいでしょう。±8を＋8にします。

$$\therefore \frac{2x}{2.0-x} = +8$$

で,これを計算しますと,

$2x = 8(2.0-x)$

$2x = 16 - 8x$

$10x = 16$　　　$\therefore\ \boldsymbol{x = 1.6}$

HIのmol数を求める

xの値が1.6だとわかりました。**でも,今日求めたいのはxの値じゃなくて,HIのmol数**なんです。

平衡状態のとき,いったい何molのHIが出来上がりましたかっていう問題です。HIは平衡時,**$2x$の値**なんです。よって,計算すると,

HIは$2x \Rightarrow 2 \times 1.6 =$ **3.2mol** ……(2)の【答え】

有効数字は2桁で，3.2molが解答というわけです。

ポイントは，**初，変化量，平衡時**の関係式が書けて，あとは**質量作用法則の公式に忠実に代入できるか**，そういう練習だったんです。

2-2 平衡定数 K の導き方

質量作用の法則，平衡定数Kの導き方を下記に示します。

Kの導き方

$$aA + bB \underset{v'}{\overset{v}{\rightleftarrows}} cC + dD$$

正反応の速さ　$v = k[A]^a[B]^b$

逆反応の速さ　$v' = k'[C]^c[D]^d$

平衡に達しているとき，$v = v'$なので

$$k[A]^a[B]^b = k'[C]^c[D]^d \qquad \therefore \quad K = \frac{k}{k'} = \frac{[C]^c[D]^d}{[A]^a[B]^b}$$

$\dfrac{k}{k'}$をKと決めて，これを平衡定数と呼ぶ。

では，詳しくご説明していきましょう。

$$\text{正反応の速さ} \quad v = k[A]^a[B]^b$$

vは**反応速度**です。反応速度を表す式には3つのパターンがあると**42ページ**で学習しました。この式は「単元1　反応速度」の**パターン②**を使っていることに気づかれたでしょうか？

単元2 平衡定数

> 反応速度とモル濃度〔mol/L〕は次の式で表すことができる。
>   正反応の反応速度
>   ☆ $v = k[A]^a[B]^b$ ──── パターン②の公式
> ・[ ]はモル濃度を表す記号。
> ・k は反応速度定数（速度定数も可）といい，温度一定では濃度に無関係に一定である。

　反応速度が，反応の式（$aA + bB \rightleftarrows cC + dD$）の係数乗（$a$乗$b$乗）になるタイプです。
　ここでは質量作用の法則を，係数乗になるタイプの式を使って導きます。なお，**パターン③**（46ページ）のようなx乗y乗のタイプであっても平衡状態になっていれば質量作用の法則は常に成り立つことを知っておいてください。

■ 質量作用の法則は「平衡状態」で成り立つ

　では，平衡定数Kの導き方に戻ります。

　　正反応の速さ　$v = k[A]^a[B]^b$
　　逆反応の速さ　$v' = k'[C]^c[D]^d$

vは正反応，v'は逆反応の反応速度です。そして，質量作用の法則とは，
　　$aA + bB \rightleftarrows cC + dD$
の可逆反応が**平衡状態に達してるときに**

☆ $K = \dfrac{[C]^c[D]^d}{[A]^a[B]^b}$ ──── [公式19]

が成り立つ，ということでした（56ページ）。反応式の右辺は分子，左辺は分母です。
　さらに，**平衡状態とは，正逆のそれぞれの反応速度が等しくなることです**（9ページ）。**つまりvとv'が等しくなる**ことをいってるわけです。ということは$v = v'$が平衡の状態です。そうしますと，次の計算が成立します。

$v = v'$のとき左辺どうしが等しいので、右辺どうしも等しい

$$\therefore k[A]^a[B]^b = k'[C]^c[D]^d$$

■ $\dfrac{k}{k'}$ を K と決めて，これを平衡定数と呼ぶ

これは人が決めた定義です。

重要★★★ $K = \dfrac{k}{k'}$

逆反応の反応速度定数k'分の正反応の反応速度定数kをKと決めて平衡定数と呼ぼうということになったんです。温度一定ではkもk'も一定値になるので，$\dfrac{k}{k'}$も一定値になります。したがって，平衡定数Kも温度一定のとき一定値なんですね。

■ Kは常に一定値

$$k[A]^a[B]^b = k'[C]^c[D]^d より$$

$$\dfrac{k}{k'} = \dfrac{[C]^c[D]^d}{[A]^a[B]^b}$$

例えば $\dfrac{1}{2} = \dfrac{2}{4}$ では，

$$\therefore 2 \times 2 = 1 \times 4$$

イコールになるでしょう。分数の性質から対角線の部分で掛け算されたところがイコールになるんです。

そして，繰り返しますが，$\dfrac{k}{k'} = K$と決め，Kを

平衡定数

と呼びます。これは人が決めたことで、いくら考えても理屈では出てこないところです。

　以上で、平衡定数Kを導くことができました。

■圧平衡定数

　参考までに平衡定数と似ている**圧平衡定数**について少し説明しておきます。

$$aA + bB \rightleftarrows cC + dD$$
（A，B，C，Dは気体物質の化学式，a，b，c，dは係数）

上の可逆反応が平衡状態のとき次の式が成り立つ。

☆ $$K_P = \frac{(P_C)^c (P_D)^d}{(P_A)^a (P_B)^b}$$

　・P_A，P_B，P_C，P_Dは，A，B，C，Dのそれぞれの分圧を表わす。
　・K_Pは**圧平衡定数**といい，温度一定のときこの値も一定となる。

――――［公式 20］

　これまでの平衡定数（濃度平衡定数）と似ていますが、各物質のモル濃度のところに各気体の分圧を代入するところが違っています。この公式も定義ですので、ぜひ覚えておいてください。これで平衡定数を終わります。

入試アドバイス

受験勉強は早い時期から始めよう

　受験では、どのような生徒が合格するのでしょうか。A男くんとB子さんの二人の例を挙げて説明してみます。
　下の表は、ある記述模試の成績です（マーク模試ではありません）。

	英語	数学	化学	合計点	合否
A男	70点	70点	30点	170点	否
B子	55点	55点	70点	180点	合

　A男くんは記述模試で英語と数学が70点もあり、大変優秀なので上位校に合格できるだろうと、本人も周りの人たちも思っていました。しかし、いざ受験に臨むと不合格でした。
　一方、B子さんは、模試で英語、数学が55点と、それほど目立つ存在ではありません。しかし受験で合格しました。
　標準的な入試問題を出題する大学は、多少前後はありますが、平均60点とれば、合格できると考えてよいです。
　A男くんの模試の平均点は60に達していません。つまり、選択科目を軽視したのです。9月からやりはじめれば間に合うと思っていました。
　一方B子さんは自分はそれほど英語、数学では得点できないと思い、まだ習っている年数の少ない化学に力を入れようと考えました。その結果、合格です。
　『受験は魔物よね。あのA男くんが不合格で、B子さんが合格なんて』といった話は結構あります。プロの目から見ますと当然、B子さんは合格するパターンです。どうぞB子さんタイプになって早い時期から選択科目に力を入れてください。

第 3 講

電離定数，緩衝液

単元1 電離定数 化/Ⅱ

単元2 緩衝液 化/Ⅱ

第 3 講のポイント

　第 3 講は「電離定数，緩衝液」というところをやっていきます。電離定数を理解するポイントは「一定値」です。計算問題を解くコツを岡野流でしっかりつかみましょう。緩衝液では 2 つのパターンと近似値を理解して，計算問題を攻略しましょう。

※スポーツドリンクには緩衝作用があります。

単元 1　電離定数　化/Ⅱ

今日は**電離定数**について見ていきます。酢酸やアンモニアを水に溶かすと，**電離して平衡状態**になります。ポイントはズバリ，化学反応式に**水（H_2O）を加える**ってことなんです。特に**アンモニアでは重要な役割を示**していきます。アンモニアが水に溶けるときには，水分子が無いと反応式が成り立ちません。まずは，酢酸から見ていきましょう。

1-1　酢酸の電離平衡

酢酸を水に溶かすと次のように電離して，平衡状態になります。

$$CH_3COOH + H_2O \rightleftarrows CH_3COO^- + H_3O^+$$

酢酸は正式にはこのように**電離する式を書くのが正しい**とされています。水分子が入ってますね。

でも，酢酸の式は普通，次のように書くんです。

$$CH_3COOH \rightleftarrows CH_3COO^- + H^+$$

だから水（H_2O）が入ってくるのが，おかしいですよね。ではこれら2つの式はなにが違うのか，以下でご説明します。

■ 水分子とオキソニウムイオン

例えば塩酸を反応させると，完全に100％電離します。

$$HCl \longrightarrow H^+ + Cl^-$$

アドバイス　強酸の場合はほぼ100％電離するので，矢印は一方方向。弱酸の場合は往復矢印。

この反応式は，本当はHClにH_2Oを加えた書き方のほうが正しいのです。なぜかといいますと，水溶液中には水があるから，出てきた水素イオン（H^+）は全部水分子と結びついて，**オキソニウムイオン**の形（H_3O^+）になるからです。

$$HCl + H_2O \longrightarrow H_3O^+ + Cl^-$$

一般的には，酸の場合，いちいち水分子を加える書き方はしません。簡

略した書き方になってます。でも，正式にはオキソニウムイオンが正しいんですよ。

水分子中の酸素原子には，最外殻に電子が6個あります。それで，最外殻電子が8個の安定な構造になろうとして，HとOがお互いに同じ数ずつ（ここでは1個ずつ）電子を貸し与えて共有結合します（「理論化学①」51ページ）。つまり 連続図3-1① の電子式になるわけです。水分子ですね。

この水分子の2つの非共有電子対のうち1つが，一方的に水素イオン（H^+）に電子を貸し与える（ 連続図3-1② の赤い部分）。これを**配位結合**って言いますね。一方的に電子を貸し与える結合です（「理論化学①」56ページ）。

で，H^+が入ってくると全体として＋の電荷を帯びて＋のイオンになるんです（ 連続図3-1③ ）。**できあがってしまうと，共有結合と配位結合の区別は無くなります。**これを**オキソニウムイオン**っていうんです。

つまり**全てのH^+は必ず水分子とくっつく**。例えば，酸から電離して，1molの水素イオンが出ました。この1molの水素イオンは全て水分子と結びつくんです。

それで実際は 連続図3-1③ の形になってる。だけど，一般的には 連続図3-1③ の形では書かずに，「H_3O^+」を「H^+」で置き換えるんです。普通はね。

オキソニウムイオン　連続図3-1

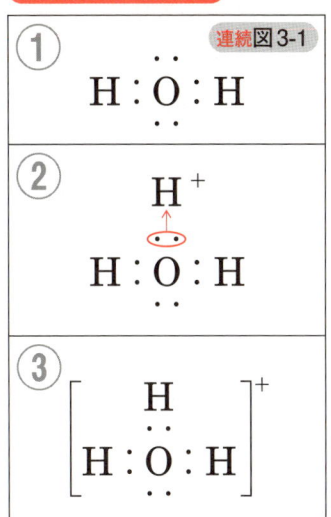

① $H:O:H$

② H^+ / $H:O:H$

③ $\left[\begin{array}{c} H \\ H:O:H \end{array} \right]^+$

■ 水のモル濃度は一定値

酢酸を水に溶かした場合の反応式は次のとおりです。

$$CH_3COOH + H_2O \rightleftarrows CH_3COO^- + H_3O^+$$

そして次の式を見てください。平衡定数はこうなります。

$$K = \frac{[CH_3COO^-][H_3O^+]}{[CH_3COOH][H_2O]} \quad \begin{array}{l} \Leftarrow 右辺は分子 \\ \Leftarrow 左辺は分母 \end{array} \quad (K:平衡定数)$$

お約束の**左辺は分母，右辺は分子**ですね。

ここで、**水分子のモル濃度**（[H_2O]のところ）についてご説明します。例えば、酢酸の薄い水溶液0.1mol/Lがあったとします。つまり1Lの水溶液中に0.1molの酢酸が溶けている。

酢酸って分子量が60なんです。1molは60g。じゃあ0.1molは？というと、10分の1倍ですから6gが溶けている。1Lの溶液に酢酸6gが溶けていた場合、0.1mol/Lの酢酸水溶液になります。

では、その酢酸水溶液1L中に水分子が何mol含まれているのか。

1Lはほぼ1000gですよね。1000gのうち6gが酢酸分子の溶けているものなら、1000から6を引いた994gが、水の重さになりますね。でも、こういう薄い溶液であれば、水は約1000gと考えてもいいです。

水の分子量は18です。mol数は1000gだと、$\frac{1000}{18}$ mol となります。

$$[H_2O] = \frac{\frac{1000}{18}\text{mol}}{1\text{L}}$$

これを計算すると55.55…で、約56。単位はmol/L。この**56mol/L**が**水のモル濃度**です。この56mol/Lという水のモル濃度は、薄い溶液ならほとんどいつでも一定値なんです。

■ 電離定数 K_a

平衡定数の式に戻ります。**平衡定数 K は一定値**です。そして**水のモル濃度も一定値**です（①）。

$$K = \frac{[CH_3COO^-][H_3O^+]}{[CH_3COOH][H_2O]} \quad \text{―― ①}$$

（一定値 ← K／一定値 ← [H_2O]）

だから一定値と一定値をかけても、一定値になる。

そこで、式の両辺に水のモル濃度（[H_2O]）をかけて、新たな一定値と考えるんです（②）。この新たな一定値を K_a と決めます（③）。

単元1 電離定数

$$K[H_2O] = \frac{[CH_3COO^-][H_3O^+]\cancel{[H_2O]}}{[CH_3COOH]\cancel{[H_2O]}} \quad ──②$$

（両辺に[H₂O]をかける）

新たな一定値を K_a とする

$$\therefore K[H_2O] = K_a = \frac{[CH_3COO^-][H_3O^+]}{[CH_3COOH]} \quad ──③$$

さらにオキソニウムイオンのモル濃度（$[H_3O^+]$）は$[H^+]$と考えてかまわない。

$$\therefore K[H_2O] = K_a = \frac{[CH_3COO^-]\overset{=[H^+]}{[H_3O^+]}}{[CH_3COOH]}$$

なぜなら，出てきたその水素イオンは必ず全部，水分子に結び付くからです。水素イオンのmol数と，オキソニウムイオンが出来たときのmol数は同じ値なんですね。ということはモル濃度も同じだから，$[H^+]$で置き換えられます。

最終的に，$K_a =$ として，次のようになります。この K_a のことを**電離定数**って言ってるわけです。

❗重要★★★　　$\therefore \boxed{K_a = \dfrac{[CH_3COO^-][H^+]}{[CH_3COOH]}}$　（K_a：電離定数）

単元1 要点のまとめ①

● **酢酸の電離平衡**

酢酸を水に溶かすと次のように電離して平衡状態になる。

$$CH_3COOH + H_2O \rightleftarrows CH_3COO^- + \underline{H_3O^+}$$

（オキソニウムイオン）

$$K = \frac{[CH_3COO^-][H_3O^+]}{[CH_3COOH][H_2O]} \quad (K：平衡定数)$$

両辺に$[H_2O]$をかける。

$$\therefore K[H_2O] = K_a = \frac{[CH_3COO^-]\overbrace{[H_3O^+]}^{=[H^+]}}{[CH_3COOH]} \quad (K_a：電離定数)$$

☆ $$\boxed{K_a = \frac{[CH_3COO^-][H^+]}{[CH_3COOH]}}$$

■ 酢酸の電離平衡のまとめ

Kは平衡定数，K_aは電離定数で，この2つは違います。違うんだけれども，酢酸の場合，電離定数K_aが，たまたま結果的に下の反応式（H_2Oを記入しない簡略した反応式）の平衡定数Kすなわち**左辺は分母，右辺は分子**のパターンと同じになるんです。

$$CH_3COOH \rightleftarrows CH_3COO^- + H^+ \quad ── 反応式$$

☆ $$\boxed{K_a = \frac{[CH_3COO^-][H^+]}{[CH_3COOH]}} \quad ── 電離定数$$

$$K = \frac{[CH_3COO^-][H^+]}{[CH_3COOH]} \quad ── 平衡定数$$

だから平衡定数の式と電離定数の式は，結果としては同じだと言ってかまわないけれど，中身は**K_aのほうがKに対して56倍大きい値**というわけです。

なお，入試では弱酸（CH_3COOHなど）は電離定数の値で出題されてきます。けっして平衡定数の値（56倍されていない値）を示してくることは

ありません。

また、K_aのaはacid（アシッド）といって酸を表す言葉です。**酸の電離定数**といっております。

（K_a：電離定数）
acid＝酸

1-2 アンモニアの電離平衡

今度はアンモニアの電離平衡をご説明します。アンモニアを水に溶かすと、次のように電離して、平衡状態になります。

$$NH_3 + H_2O \rightleftarrows NH_4^+ + OH^-$$

アンモニアの場合は水がどうしても必要です。で、アンモニアの平衡定数は、反応式の**左辺は分母、右辺は分子**です。係数はすべて1なので、指数もすべて1乗ですね。

$$K = \frac{[NH_4^+][OH^-]}{[NH_3][H_2O]} \quad (K：平衡定数)$$

また、先ほどの酢酸同様、薄いアンモニア水であれば、1L（＝1000g）のほとんどが水分子の重さだと考えて、$[H_2O]$は約56と考えます。両辺に水$[H_2O]$をかけ算して、新たにK_bと置きました。K_bは電離定数です。

$$K[H_2O] = K_b = \frac{[NH_4^+][OH^-]}{[NH_3]} \quad (K_b：電離定数)$$

そして、$[H_2O]$が消えて、下記の式がアンモニアの電離定数を表します。

重要★★★

$$K_b = \frac{[NH_4^+][OH^-]}{[NH_3]}$$

なお、K_bのbはbase、ベースボールのベースといいまして、塩基を表す英語です。K_aは酸の電離定数、K_bは塩基の電離定数を表しているとご理解ください。

（K_b：電離定数）
base＝塩基

単元1 要点のまとめ②

● **アンモニアの電離平衡**

アンモニアを水に溶かすと次のように電離して平衡状態になる。

$$NH_3 + H_2O \rightleftarrows NH_4^+ + OH^-$$

$$K = \frac{[NH_4^+][OH^-]}{[NH_3][H_2O]} \quad (K：平衡定数)$$

両辺に $[H_2O]$ をかける。

$$K[H_2O] = K_b = \frac{[NH_4^+][OH^-]}{[NH_3]} \quad (K_b：電離定数)$$

☆ $\boxed{K_b = \dfrac{[NH_4^+][OH^-]}{[NH_3]}}$

　これまでのポイントをまとめますと，$[H_2O]$を両辺にかけ算をした考え方。そして$[H_2O]$が約56で定数，Kも温度が一定ならば定数。定数と定数をかけ算しても定数だから，新たな定数をK_aやK_bと置きました。それを電離定数という，ということです。

　はい，じゃあそんなところで，問題を解いてまいりましょう。

単元1 電離定数

演習問題で力をつける⑦
電離定数または解離度の関係式を理解しよう！

問 A 次の空欄に適する式，化学式を入れよ。

酢酸を水に溶かすと，その一部が電離して次のような電離平衡が成立する。

$$CH_3COOH \rightleftarrows \boxed{(ア)}$$

水に溶かしたときの酢酸の濃度を c [mol/L]，電離度を α とすると，電離していない $[CH_3COOH]$ は $\boxed{(イ)}$ [mol/L] であり，電離した $[H^+]$ は $\boxed{(ウ)}$ [mol/L]，$[CH_3COO^-]$ は $\boxed{(エ)}$ [mol/L] である。したがって，この酢酸の電離定数 $K_a = \dfrac{[CH_3COO^-][H^+]}{[CH_3COOH]}$ は $\boxed{(オ)}$ [mol/L] となる。酢酸は弱酸であり，電離度 α は1に比べてきわめて小さいので，$1-\alpha \fallingdotseq 1$ とみなしてよい。

したがって，$K_a = \boxed{(カ)}$ [mol/L] となり，$\alpha = \boxed{(キ)}$ [mol/L] と表すことができる。

B 酢酸の電離定数が 1.8×10^{-5} mol/L であるならば，1.0mol/L の酢酸水溶液のpHはいくらか。ただし，数値は小数第2位まで求めよ。($\log 1.8 = 0.26$)

さて，解いてみましょう。

A $\boxed{(ア)}$ は電離の式を書けばいいんです。酢酸が，酢酸イオンと水素イオンに分かれるときの反応式です。だから以下が解答です。

$$CH_3COO^- + H^+ \quad \cdots\cdots A\boxed{(ア)} \text{の【答え】}$$

電離度・解離度を含む問題のポイント1

次に行きます。○をつけたところに注目してください。

水に溶かしたとき酢酸の濃度を ⓒ mol/L，電離度を ⓐ

電離度という言葉が問題文に載っていた場合，**解離度**でも同じだと思っていいです。解離度は分子が分子に分解すること，電離度はイオンに

分かれていくような場合ですが，何でも解離度っていうふうに，同じように扱ってる入試問題もあります。

> **岡野の着目ポイント** ここは関係式を作って平衡時を求めます。とても大事なポイントは，**電離度または解離度を含む問題では初めのmol数またはモル濃度を1とおく**ということです（ 連続図3-2① ）。
>
> **関係式から平衡時を求める**　　　　　　　　　　　　　　　　連続図3-2
>
> ① 　　　　$CH_3COOH \rightleftarrows CH_3COO^- + H^+$　　（電離度をαとする。αは小数で表した値。）
> 　　　　初　　　　　　1
> 　　　　変化量　　　　　　　　　　　　　　　　　　　　　　　（−は消費 ＋は生成）
> 　　　　平衡時

　解離度・電離度っていう言葉があった場合，**初めのmol数を1と置くやり方が絶対に楽です**。そうしませんと，非常に分かりにくくなります。公式みたいに，ただ覚えるようになっちゃうんですね。こういう問題を解くとき，私は必ず心がけています。

　60ページの可逆反応の反応式のときは，「初」に2.0molと2.0molが反応したと書いていました。あのときには解離度，電離度という言葉はありませんでした。でも，今回は解離度，電離度っていう言葉が載ってますね。こういうタイプのときには**初めのmol数を1と置く**。これがポイントなんです。

　なぜ1かといいますと，「**電離度（解離度）をαとする**」というところに着目してください。例えば20％電離したというのは，酢酸分子が100個あって，20個分が電離，80個はそのまま残っている状態をいいます。また，「**αは小数で表した値**」なので，20という数字を使うと間違いです。20％電離という場合は，**電離度αは0.2**となります。

　そして関係式の反応をみてください 連続図3-2② 。

単元1 電離定数

連続図3-2 の続き

②
$$CH_3COOH \rightleftharpoons CH_3COO^- + H^+$$

	CH_3COOH	CH_3COO^-	H^+	
初	1	0	0	（電離度をαとする。αは小数で表した値。）
変化量	−	+	+	（−は消費 +は生成）
平衡時				

　左辺の酢酸分子（CH_3COOH）の初めのmol数を1molと置きました。これが電離するので，酢酸分子は消費されるので変化量はマイナスです。一方，右辺の酢酸イオン（CH_3COO^-）と水素イオン（H^+）は初めは0ですが，生成するので変化量はだんだん増えてきますのでプラスです。

　初めのmol数が1molで，その20％は何molですか？　というと，皆さん0.2molだって言われますよね。だから例えば電離度αが20％（0.2）の場合，1molのうち0.2molを消費するわけです。でも，もし最初のmol数を1じゃなくて，もっと違う値，例えば2molなんてすると，2molの20％は0.4molです。0.4だと，αの0.2という数字から外れてしまいますよね。これではαという文字を生かせていない。このαを生かすためには，初めのmol数を1と置くしかないんです。

**　初めのmol数を1と置けば，電離度は，そのままα mol電離するというふうに言ってしまってかまわない。**

ということです。結局，最初のmol数を1と置いたときには，常にα mol電離します。だから，初めを2とかにしないんです。

　関係式でいいますと，初めのmol数を1と置いてやると，**変化量**では左辺の酢酸分子α molが電離するので**−α**，右辺は共にα molが生じて**+α，+α**となります。αは電離度と同じ数値です 連続図3-2③ 。

連続図3-2 の続き

③
$$CH_3COOH \rightleftharpoons CH_3COO^- + H^+$$

	CH_3COOH	CH_3COO^-	H^+	
初	1	0	0	（電離度をαとする。αは小数で表した値。）
変化量	$-\alpha$	$+\alpha$	$+\alpha$	（−は消費 +は生成）
平衡時				

これで平衡時を求められます。左辺が $1-\alpha$，右辺がそれぞれ α です 連続図3-2 ④。

連続図3-2 の続き

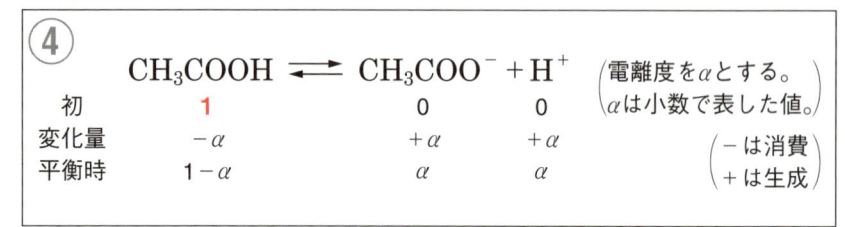

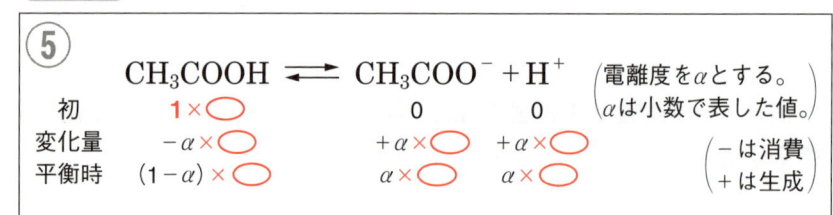

④
$$CH_3COOH \rightleftharpoons CH_3COO^- + H^+$$

	CH_3COOH	CH_3COO^-	H^+	
初	1	0	0	電離度を α とする。α は小数で表した値。
変化量	$-\alpha$	$+\alpha$	$+\alpha$	$-$ は消費 $+$ は生成
平衡時	$1-\alpha$	α	α	

電離度・解離度を含む問題のポイント2

岡野の着目ポイント　初めのmol数を1と置きましたが，もし，実際の問題での数値が1じゃない場合，例えば初め2molだったとしたら，どうなるか。ここで**第2のポイント**です。

連続図3-2 の続き

⑤
$$CH_3COOH \rightleftharpoons CH_3COO^- + H^+$$

	CH_3COOH	CH_3COO^-	H^+	
初	$1\times\bigcirc$	0	0	電離度を α とする。α は小数で表した値。
変化量	$-\alpha\times\bigcirc$	$+\alpha\times\bigcirc$	$+\alpha\times\bigcirc$	$-$ は消費 $+$ は生成
平衡時	$(1-\alpha)\times\bigcirc$	$\alpha\times\bigcirc$	$\alpha\times\bigcirc$	

◯に初めのmol数またはモル濃度をかけてもこの関係は成り立つ。

これが第2のポイントです。電離度（解離度）が出てた問題では，初めのmol数を1と置く。そして，もし実際は2molだったら全部2倍，3molだったら全部3倍してやればいい。7個の◯の間で全部比例関係が成り立ってるんです。

今回の問題は，初めのモル濃度が $c\,mol/L$ です。だから◯は全部 c 倍してやればいい。単位は全部 mol/L です。

連続図3-2 の続き

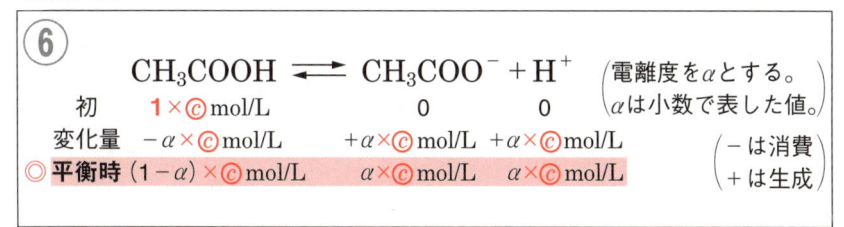

⑥
$$CH_3COOH \rightleftharpoons CH_3COO^- + H^+$$

	CH_3COOH	CH_3COO^-	H^+
初	$1 \times ⓒ$ mol/L	0	0
変化量	$-\alpha \times ⓒ$ mol/L	$+\alpha \times ⓒ$ mol/L	$+\alpha \times ⓒ$ mol/L
◎ 平衡時	$(1-\alpha) \times ⓒ$ mol/L	$\alpha \times ⓒ$ mol/L	$\alpha \times ⓒ$ mol/L

（電離度をαとする。αは小数で表した値。）
（－は消費　＋は生成）

1をまず基準において，αを使って式を立て，それぞれの問題に対応するために初めのmol数倍（またはモル濃度倍）する。

これで関係式が成り立ちます。

そして，この関係式で一番欲しかったのは，平衡時のところです。あとはどんどん問題を解いていくことができます。

$$CH_3COOH \rightleftharpoons CH_3COO^- + H^+$$
◎ 平衡時　$(1-\alpha) \times ⓒ$ mol/L　$\alpha \times ⓒ$ mol/L　$\alpha \times ⓒ$ mol/L

この「平衡時」を求めるために必要な，2つの大事なポイントがありました。**これは岡野流の極意ですから，しっかりと押さえてください。**

岡野流 ⑧ 必須ポイント

電離度・解離度を含む問題を解く2つのポイント

● ポイント1
電離度または解離度を含む問題では初めのmol数またはモル濃度を1とおく。

● ポイント2
○に初めのmol数またはモル濃度をかけてもこの関係は成り立つ。

平衡時の関係と電離定数を使って問題を解く

岡野のこう解く 平衡時の数量的な関係がわかりましたので，問題を解いていきましょう。(イ) の解答ですが，**電離していない酢酸**というのは，要するに平衡状態でイオンに分かれていない，**残っている状態の酢酸**です。

$$CH_3COOH \rightleftarrows CH_3COO^- + H^+$$

◎ **平衡時** $(1-\alpha) \times c$ mol/L　　$\alpha \times c$ mol/L　　$\alpha \times c$ mol/L

↑
電離していない酢酸
(イオンに分かれていない酢酸)

平衡時を見ますと，$(1-\alpha) \times c$ 。だから，$c(1-\alpha)$ mol/L が解答になります。

$$c(1-\alpha) \cdots\cdots A\ \boxed{(イ)}\ の【答え】$$

酢酸が電離して水素イオン(H^+)と酢酸イオン(CH_3COO^-)になりますが，これらの平衡時における濃度はどうなりますか？というのが，(ウ) と (エ) です。

これらも平衡時を見るとわかります。どちらも $c\alpha$ ですね。ということで以下が解答です。

$$c\alpha \cdots\cdots A\ \boxed{(ウ)}\ の【答え】$$
$$c\alpha \cdots\cdots A\ \boxed{(エ)}\ の【答え】$$

次は (オ) の電離定数です。

岡野の着目ポイント ここでポイントです。K は平衡定数，K_a は電離定数という区別が正式にはありますが，**入試問題では，平衡定数の値で出ることはありません**。だから平衡定数って書かれていても，電離定数と同じに扱ってください。

アドバイス 問題文には平衡定数と書いてあっても電離定数を意味しています。要するに74ページでやったように，平衡定数より約56倍大きい数値として与えてくれます。だから必ず電離定数で出てくるんだとご理解いただいて，平衡定数の言葉は一切無視して考えてください。

> **岡野のこう解く**　はい，じゃあやっていきます。K_a は，左辺は分母，右辺は分子ですね。そのまま入れます。
>
> そして，酢酸の濃度 $[CH_3COOH]$ が $c(1-\alpha)$，水素イオン濃度 $[H^+]$ と酢酸イオンの濃度 $[CH_3COO^-]$ がそれぞれ $c\alpha$ ですね。
>
> $$K_a = \frac{[CH_3COO^-][H^+]}{[CH_3COOH]} = \frac{c\alpha \times c\alpha}{c(1-\alpha)} \quad (\text{mol/L})$$
>
> これを計算しますと，分子と分母の c が1個ずつ消えます。だから，
>
> $$\frac{\cancel{c}\alpha \times c\alpha}{\cancel{c}(1-\alpha)} = \frac{c\alpha^2}{1-\alpha}$$
>
> これが解答になります。単位は mol/L。なぜなら，分子に2つ，分母に1つの mol/L があって，分子と分母から1個ずつ消えると，mol/L が1個残るからです。

$\dfrac{c\alpha^2}{1-\alpha}$ ……A ［(オ)］の【答え】

［(カ)］です。「酢酸は弱酸であり，α は1に比べてきわめて小さいので，$1-\alpha$ を約1とみなしてよい」。

$1-\alpha \fallingdotseq 1 \ (1 \gg \alpha)$

例えば，酢酸の電離度 α はほぼ1%なんです。つまり0.01。$1-0.01 = 0.99$ ですよ。0.99って言ったら，**約1だから，1と同じに扱ってしまってかまわない**。だから，$1-\alpha$ を1として，［(カ)］の解答は $c\alpha^2$ になります。

$$K_a = \frac{c\alpha^2}{\underset{\fallingdotseq 1}{1-\alpha}} = c\alpha^2 \text{ mol/L}$$

$c\alpha^2$ ……A ［(カ)］の【答え】

次は［(キ)］です。「$K_a = c\alpha^2$ となり，α を［(キ)］と表すことができる」とあります。$K_a = c\alpha^2$ を α^2 で解いた形にしてみましょう。

$$\alpha^2 = \frac{K_a}{c}$$

両辺にルートをつけまして，下記が解答となります。

$$\therefore \alpha = \sqrt{\frac{K_a}{c}} \quad \cdots\cdots A \boxed{\text{(キ)}} \text{ の【答え】}$$

> **電離度αと2つのポイントを使って問題を解く**

B Aは全部文字式で出す問題でした。Bは具体的な数字で出していく問題ですね。

77ページと全く同じです。問題文には特に電離度という言葉は載ってませんが，私は今までの流れから**電離度αを使って考えてみよう**と思います。そうすると，まず「初」を1molと置きます 連続図3-3①。CH_3COO^-とH^+はまだなにも起きていないので初めは0です。

> **平衡時を求める** 連続図3-3

①
	CH_3COOH	$\rightleftharpoons$	CH_3COO^-	$+$	H^+
初	1		0		0
変化量					
平衡時					

変化量は，電離度と考えれば，左辺が消費するので$-\alpha$，右辺はそれぞれ生成するので$+\alpha$，$+\alpha$となります 連続図3-3②。そうすると，平衡時が求められます。先ほどと同じですね。

> 連続図3-3 の続き

②
	CH_3COOH	$\rightleftharpoons$	CH_3COO^-	$+$	H^+
初	1		0		0
変化量	$-\alpha$		$+\alpha$		$+\alpha$
平衡時	$1-\alpha$		α		α

さらに，先ほど同様に×◯を書き込んで，「初」のモル濃度を代入します 連続図3-3③。今回の問題では1.0mol/Lと書いてありますから，1.0をかけ算するんです。単位はmol/Lです。そうして，欲しかった平衡時の所が求められました。

> 単元1 電離定数 85

連続 図3-3 の続き

③
$$CH_3COOH \rightleftharpoons CH_3COO^- + H^+$$

	CH_3COOH	CH_3COO^-	H^+
初	$1 \times \textcircled{1.0}$ mol/L	0	0
変化量	$-\alpha \times \textcircled{1.0}$ mol/L	$+\alpha \times \textcircled{1.0}$ mol/L	$+\alpha \times \textcircled{1.0}$ mol/L
◎ 平衡時	$(1-\alpha) \times \textcircled{1.0}$ mol/L	$\alpha \times \textcircled{1.0}$ mol/L	$\alpha \times \textcircled{1.0}$ mol/L

続きも先ほどのようにやっていきます。電離定数K_aは，左辺は分母，右辺は分子。そして問題文で「電離定数が1.8×10^{-5}」と書いてますので，次の式になります。

$$K_a = \frac{[CH_3COO^-][H^+]}{[CH_3COOH]} = \frac{\alpha \times \alpha}{1-\alpha} = 1.8 \times 10^{-5}$$

こういう問題では必ず$1-\alpha \fallingdotseq 1$って置いていいです。

∴ $\alpha^2 = 1.8 \times 10^{-5}$

αを求めるため，$\sqrt{}$をつけると，次の式になります。

$\alpha = \sqrt{1.8 \times 10^{-5}}$

水素イオン濃度$[H^+]$はαに1.0をかけ算します（ 連続 図3-3 ③ の平衡時の$[H^+]$を参照）。

∴ $[H^+] = 1.0\alpha = 1.0 \times \sqrt{1.8 \times 10^{-5}} = \sqrt{1.8 \times 10^{-5}}$ **mol/L**

したがって，上記が**水素イオン濃度$[H^+]$**になります。ここからpHを求めていきます。

アドバイス $1-\alpha \fallingdotseq 1$の近似値が使えない場合について少し説明しておきます。Aの問題の (キ) の式$\alpha = \sqrt{\frac{K_a}{c}}$より$\alpha$は$c$が非常に小さい値になると$\alpha$が大きい値になるため，近似値は使えません。分数の性質から，分母のcが非常に小さい値で，分子のK_aは定数であるため，αは大きな値になります。

別の方法で $[H^+]$ を求める

ちなみに、今やったこの関係は、Aの問題の (キ) から、**いきなり α の値が出てくる**んです。Bの問題のモル濃度1.0mol/Lと、電離定数 K_a が 1.8×10^{-5} を (キ) の式に当てはめますと、次のように求められるんです。

$$\alpha = \sqrt{\frac{K_a}{c}} \text{ より}$$

$$\alpha = \sqrt{\frac{1.8 \times 10^{-5}}{1.0}} = \sqrt{1.8 \times 10^{-5}}$$

今回、Aの問題がなかったとしてBの問題を解きましたが、Aがあって $\alpha = \sqrt{\frac{K_a}{c}}$ の式が求まっていたならば、この式に代入したほうが速く解けます。

pHを求める

では、pHを求めていきましょう。

はじめにlogの公式を確認しておきます。

岡野流 ⑨ 必須ポイント

化学で使うlogの公式はこれだけ!!

$\log AB = \log A + \log B$ $\log \dfrac{A}{B} = \log A - \log B$

$\log A^n = n \log A$ $\log 10 = 1$

$\log 1 = 0$

注:化学で使う対数は常に常用対数ですので、底の10は省略して示しています。

! 重要★★★ $\mathrm{pH} = -\log [H^+]$ ────── [公式6]

pHの定義ですので、公式として覚えておきましょう(「理論化学①」134ページ)。

ちょっとテクニックがいるんだけれども、前ページで

$$[H^+] = \sqrt{1.8 \times 10^{-5}}$$

が計算されました。数学の公式に $\sqrt{a} = a^{\frac{1}{2}}$ があります。これを使うと,

$$[H^+] = \sqrt{1.8 \times 10^{-5}} = (1.8 \times 10^{-5})^{\frac{1}{2}}$$

$$\therefore \ pH = -\log[H^+] = -\{\log(1.8 \times 10^{-5})^{\frac{1}{2}}\}$$

ここから, $\log A^n = n\log A$ と $\log AB = \log A + \log B$ を利用して計算できます。

$$= -\frac{1}{2}\{\log(1.8 \times 10^{-5})\} = -\frac{1}{2}(\log 1.8 - 5\log 10)$$

$\log 1.8 = 0.26$, $\log 10 = 1$ です。ということで計算しますと, 2.37という結果が出ます。

$$= -\frac{1}{2}(0.26 - 5 \times 1) = \frac{5}{2} - \frac{0.26}{2} = 2.5 - 0.13 = \mathbf{2.37}$$

……Bの【答え】

こんな感じで今日は電離定数についてやってみました。

じゃあ, また次回お会いいたしましょう。

単元 2　緩衝液

化 / Ⅱ

これから**緩衝液**（緩衝溶液ともいいます）を説明します。読み方は「カンショウエキ」です。**衝撃を緩める溶液**ということです。

2-1　緩衝液とは

■衝撃を緩める溶液

衝撃ってなんでしょう？　ビーカーの中に水を入れて，ゲンコツを握ってたたくという，力の衝撃じゃありません。ここでいう**衝撃とは酸を加えたり，塩基を加えたりすること**です。

普通の溶液は，酸や塩基を加えると，pHの変化がモロにボーンと出てきます。ところが，**酸や塩基を加えても，pH変化があまり起こらない，衝撃を緩める溶液**があるんです。

つまり，**緩衝液とは，少量の酸や塩基を加えてもpHはあまり変わらない溶液**をいいます。

■緩衝液の2つのパターン

この緩衝液には主に次の2つのパターンがあります。

　　　パターン①　酢酸と酢酸ナトリウムの混合溶液
　　　パターン②　アンモニアと塩化アンモニウムの混合溶液

入試で出るのは，ほとんどがこれら2つです。なかでも**頻出なのは①**です。

重要★★★

パターン① $\begin{cases} CH_3COOH \rightleftarrows CH_3COO^- + H^+ \\ CH_3COONa \xrightarrow{\alpha=1} CH_3COO^- + Na^+ \end{cases}$

パターン② $\begin{cases} NH_3 + H_2O \rightleftarrows NH_4^+ + OH^- \\ NH_4Cl \xrightarrow{\alpha=1} NH_4^+ + Cl^- \end{cases}$

単元2 緩衝液

ここでは，まずパターン①を詳しく見ていこうと思います。

2-2 緩衝液のパターン①

■混合溶液の特徴

パターン①は酢酸と酢酸ナトリウムの混合溶液です。

パターン① $\begin{cases} CH_3COOH \rightleftharpoons CH_3COO^- + H^+ \\ CH_3COONa \xrightarrow{\alpha=1} CH_3COO^- + Na^+ \end{cases}$

上側の反応式は，往復矢印ですから**可逆反応**，**平衡状態**です。もし，矢印が一本の場合，酢酸 CH_3COOH はずっと反応し続けて，どんどん減っていきます。しかし①は平衡の状態ですから，むしろ**酢酸はたくさん残っています**。

電離度は，約1%といわれています。1%とは，例えば100個酢酸分子があって，そのうち1個だけが酢酸イオン CH_3COO^- と水素イオン H^+ にわかれる割合です。99個は酢酸分子のまま存在しています。

$$\underline{CH_3COOH} \rightleftharpoons \underline{CH_3COO^- + H^+}$$

多い　　　　　　　　とても少ない
99%　　　　　　　　　1%

それに対して下側の反応式は $\alpha=1$ とあります。電離度1，つまり100%電離します。そして，CH_3COONa は酸 CH_3COOH の水素原子Hが金属Naに置き換わっているから，これ，塩なんです。

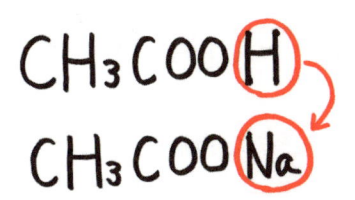

$CH_3COO(H)$
$CH_3COO(Na)$

緩衝液で出てくる塩は必ず100%電離します。だから，酢酸ナトリウム CH_3COONa は全部酢酸イオン CH_3COO^- とナトリウムイオン Na^+ になります。

これらパターン①の上下の反応式を合わせた混合溶液が**緩衝液**になっているのです。**入試では結構，「緩衝液」（緩衝溶液も可）っていう言葉を書かされるので，漢字で書けるようにしておいてください。**

緩衝液は，塩基または酸を加えても，pH変化がほとんど起きません。なぜ起きないのか，パターン①に塩基と酸それぞれを加えた場合を考えてみたいと思います。まず性質的な話をして，そのあと量的な話をしますよ。

■塩基（OH^-）を加えた場合

塩基からやってみます。塩基を加えるってことは，塩基から生じる OH^-（水酸化物イオン）が，H^+（水素イオン）にくっついて H_2O ができ，中和反応が起きると思ってください。

$$\text{パターン①}\begin{cases} CH_3COOH \rightleftharpoons CH_3COO^- + H^+ \\ CH_3COONa \xrightarrow{\alpha=1} CH_3COO^- + Na^+ \end{cases}$$

（H^+ に OH^- が付く）

OH^- と H^+ が結び付くと水ができる反応は，$H^+ + OH^- \longrightarrow H_2O$ です。で，パチンと水ができて，それで終わり，ではありません。

例えば**酢酸分子100個のうちの1個しかイオンに分かれていない**とすると，水素イオンは1個しかないんだから，わずかしか結び付かない。結び付くと水になって無くなっちゃいますね。ということは**ルシャトリエの原理の濃度の関係**（16ページ）です。僕は前に**あまのじゃくの原理**って言いました。濃度が少なくなると，その濃度を増やそうとして，**平衡が右側に移っていく**わけです。

$$CH_3COOH \rightleftharpoons CH_3COO^- + \boxed{H^+ \xleftarrow{OH^-} 水}$$

この移っていくときに，また1個 H^+ が生じてきます。すると生じた H^+ と OH^- がまたボンとくっつくんです。H^+ が無くなるたびにどんどん出てきます。

そういうことが起こって，**酢酸（CH_3COOH）が存在する限り，H^+ を出し続け，OH^- と結び付いていきます**。その結果，OH^- を加えたにもかかわらず，H^+ で吸収されていく形になるんですね。

塩基を加えると OH^- と H^+ が結びつき水となり，OH^- の増加を防ぐ。

だから OH^- がそんなに増えず，pH が大きくなるってことがあまりないんです。水溶液の中で OH^- が吸収されてしまう。そういうからくりなんですね。

■ **酸（H^+）を加えた場合**

じゃあ酸を加えるとどうなるか。酸から生じる H^+ が次のように反応します。

$$\begin{cases} CH_3COOH \rightleftarrows CH_3COO^- + H^+ \\ CH_3COONa \xrightarrow{\alpha=1} CH_3COO^- + Na^+ \end{cases}$$

$\uparrow H^+$

下の赤線のついた酢酸イオン CH_3COO^- に，H^+ がくっついて酢酸分子（$CH_3COO^- + H^+ \longrightarrow CH_3COOH$）になります。

上の赤線のついてない酢酸イオン CH_3COO^- は，酢酸100個のうち，電離度が約 0.01 なので酢酸イオンが1個しか生じてませんから，くっついたとしても非常に少ない。

100個の H^+ が CH_3COO^- と結びつき，100個の酢酸分子になったとしても，電離度が約 0.01 なので，わずか1個分しかイオンに分かれていきません。だから H^+ の99個は蓄えられます。つまり，大部分の H^+ が吸収されているんです。結局 H^+ が増えることは少ない。

酸を加えると H^+ と CH_3COO^- が結びつき CH_3COOH となり，H^+ の増加を防ぐ。

だから H^+ があまり増えず，pH がそんなに下がらないんです。

以上のようなからくりが，混合溶液の中で起こってるわけですね。で，これを**緩衝液**といっているわけです。よろしいでしょうか。

■緩衝液と中和

ちょっと話が飛ぶんですが,「理論化学①」の「中和滴定」のところで,**酸が出すH^+のmol数と塩基が出すOH^-のmol数がイコールになると,中和が完了します**と,話したことがあるんですね(「理論化学①」144ページ)。本格的なテストになったとき,いちいち反応式を書かずにポンと解答を出せる公式があるので,覚えちゃいましょうと言いました。それが下記です。

> 酸が出すH^+のmol数 = 塩基が出すOH^-のmol数
> ↓   ↓
> **酸のmol数×価数**   **塩基のmol数×価数**
>
> 酸または塩基の価数…酸または塩基が1mol電離したときに生じるH^+またはOH^-のmol数

水素イオンH^+のmol数を計算するときの公式は**酸のmol数×価数**,**OH^-のmol数の公式は塩基のmol数×価数**だと言ったんです。

実はそのとき,酢酸という弱酸と,水酸化ナトリウムという強塩基があって,何で電離度が関係無いのか? と疑問に思われた方もいたかと思います。水素イオンH^+のmol数は電離度かけないでいいんですか? っていう質問もあったんですよ。

電離度をかける必要は無いんです。たしかに

> !重要★★★　**水素イオン濃度…$[H^+] = CZ\alpha$** ── [公式10]

という公式がありました。ここには間違いなく電離度αがかけられています(Cは酸のモル濃度,Zは酸の価数)。この公式は,**酸が単独で存在している時の水素イオン濃度$[H^+]$を求めなさい**っていう場合です。その時点でそこに存在しているモル濃度ですね。

緩衝液パターン①では,**OH^-を加えると中和反応が起きてルシャトリエの原理が働いて,酢酸分子が最終的には全部酢酸イオンと水素イオンに分かれていく,**という話をしました。

中和反応が起こっている場合は,反応が始まって,どんどん水素イオン

が出てくる，無くなれば出てくる，つまり**水素イオンは最終的には100%電離します**。

電離度が関係するときと関係しないときの違いは，単独で存在しているか，中和反応が起きているかの違いです。

したがって，中和滴定の問題を解くときには，**電離度は不要**で，必ず上記の式（酸のmol数×価数＝塩基のmol数×価数）で計算を機械的にやってかまわない，ということです。

2-3 緩衝液のパターン②

■ パターン②の混合溶液に酸や塩基を加えた場合

次は緩衝液パターン②についてご説明します。
アンモニア水 $NH_3 + H_2O$ と塩化アンモニウム NH_4Cl の混合溶液ですね。

$$\text{パターン②} \begin{cases} NH_3 + H_2O \rightleftharpoons NH_4^+ + OH^- \\ NH_4Cl \xrightarrow{\alpha=1} NH_4^+ + Cl^- \end{cases}$$

上の式は**アンモニア水**です。パターン①の酢酸同様，**1%くらい，わずかに電離**します。**下の式も同様に $\alpha = 1$ で，100%電離**します。

水素イオン H^+，つまり酸が加わりますと，さきほどと同じく，OH^- と結び付いて水を作ります。

$$NH_3 + H_2O \rightleftharpoons NH_4^+ + \boxed{OH^- \xleftarrow{H^+}} \text{水}$$

OH^- が無くなると，ルシャトリエの原理が働いて，OH^- の濃度を上げようとして平衡は右側に移っていきます。OH^- が出て H^+ とくっついて，また出てって…，そういう感じで H^+ の増加を防ぎます。

一方，**塩基を加えた場合は OH^- がアンモニウムイオン NH_4^+ と結び付きます**。

$$NH_4Cl \xrightarrow{\alpha=1} NH_4^+ + Cl^-$$

(NH$_4^+$ に OH$^-$ が結びつく)

　するとアンモニア＋水（$NH_4^+ + OH^- \longrightarrow NH_3 + H_2O$）に変わります。そして100個のOH$^-$がNH$_4^+$と結びつき，100個のアンモニア＋水（アンモニアNH$_3$と水H$_2$Oが100個ずつ）になっても，わずか1個分しかイオンに分かれません。すなわちOH$^-$は99個が吸収されたことになります。つまり，**OH$^-$の増加が防げました**。①も②も考え方は同じですね。

　それでは，これから**演習問題**で，パターン①を詳しくやってまいりましょう。

単元2 要点のまとめ①

●**緩衝液とは**

　少量の酸や塩基を加えてもpHはあまり変わらない溶液をいう。
　緩衝液には主に次の2つのパターンがある。

パターン①

$$\begin{cases} CH_3COOH \rightleftharpoons CH_3COO^- + H^+ \\ CH_3COONa \xrightarrow{\alpha=1} CH_3COO^- + Na^+ \end{cases}$$

　塩基を加えるとOH$^-$とH$^+$が結びつき水となり，OH$^-$の増加を防ぐ。

　酸を加えるとH$^+$とCH$_3$COO$^-$が結びつきCH$_3$COOHとなり，H$^+$の増加を防ぐ。

パターン②

$$\begin{cases} NH_3 + H_2O \rightleftharpoons NH_4^+ + OH^- \\ NH_4Cl \xrightarrow{\alpha=1} NH_4^+ + Cl^- \end{cases}$$

　酸を加えるとH$^+$とOH$^-$が結びつき水となり，H$^+$の増加を防ぐ。

　塩基を加えるとOH$^-$とNH$_4^+$が結びつきNH$_3$＋H$_2$Oとなり，OH$^-$の増加を防ぐ。

単元2 緩衝液

演習問題で力をつける⑧
緩衝液パターン①を解く

問 次の記述の____の中に適当な語句，数値，または化学式を記入せよ。

　純粋な水のpHは，25℃で (ア) であるが，その1000mLに1mol/Lの塩酸0.10mLを加えるとpHは約 (イ) に変わり，1mol/Lの水酸化ナトリウム水溶液0.10mLを加えると約 (ウ) に変わる。このように水にはpHの変化に抵抗する能力はない。ところが酢酸と酢酸ナトリウムの混合溶液は少量の酸やアルカリを加えてもそのpHはあまり変わらない。このような溶液のことを (エ) という。酢酸の水溶液中では次の平衡が成立している。

$$CH_3COOH \rightleftarrows CH_3COO^- + H^+$$

$$\frac{\boxed{(オ)}\boxed{(カ)}}{\boxed{(キ)}} = K_a$$

K_a を (ク) という。酢酸のK_aは小さく，混合溶液中の酢酸イオンの濃度は大きい。混合溶液中に少量の酸を加えれば，上式の平衡は (ケ) 方へ移動してH^+は除かれ，少量のアルカリを加えれば (コ) 方へ移動してOH^-は除かれ，pHはほぼ一定に保たれる。

さて，解いてみましょう。

(ア) 解答は7です。計算する問題じゃありません。ここは確実に点をとりましょう。

　　　7 …… (ア) の【答え】

(イ) **岡野の着目ポイント** この問題は何を言いたいかといいますと，水1000mLに1mol/Lの塩酸を0.10mL加える，とあります。**0.10mLは目薬1滴か2滴くらいのわずかな量**です。それを加えると今まで7だったpHが，ガーンと下がります。で，どのぐらい下がるのか計算してください，という問題です。

水素イオンのモル濃度＝塩酸のモル濃度

pHを求めるには水素イオンのモル濃度が必要になりますが，まず，強酸である塩酸のモル濃度[HCl]を求めましょう。反応式は次のようになります。

$$HCl \longrightarrow H^+ + Cl^-$$

HCl 1molあれば完全に水素イオンと塩化物イオン1molずつに分かれます。 電離度1で100％電離しますので**塩酸のモル濃度は，水素イオンのモル濃度と同じである**と言ってかまいません。

$$[HCl] = [H^+]$$

なお，[**公式10**] $\boxed{[H^+] = CZ\alpha}$ で水素イオンのモル濃度[H^+]を求めことができますが，この問題はHClとH^+が同じmol数で，溶液の体積も同じなので[HCl]と[H^+]は同じモル濃度であると，簡単に考えていきましょう。

塩酸の濃度を求める

塩酸のモル濃度を出してみます。水1000mLに塩酸0.10mLが加わった。そうすると1000.1mLです。ここで （イ） には「約」って書いてあります。これは約1Lでいいですよ，という意味合いなので，1Lとします。溶液1L分の溶質のmol数で，これからモル濃度を求めます。

岡野のこう解く ☆ $\boxed{モル濃度 (mol/L) = \dfrac{溶質のmol数}{溶液のL数}}$

―――― [**公式4**]

$$[HCl] = [H^+] = \frac{\boxed{}\,mol}{1L}$$

溶質のmol数 $\boxed{}$ は[**公式11**]を使います。

☆ $\boxed{溶質のmol数 = \dfrac{CV}{1000}\,(mol)}$ $\begin{pmatrix}C:モル濃度\\V:溶液のmL数\end{pmatrix}$

―――― [**公式11**]

問題文の値を代入すると，次のようになります。[HCl]が1mol/L

で0.10mLを加えたときの値ですね。

$$\frac{1 \times 0.10}{1000} \text{mol}$$

これを当てはめて計算します。

$$[\text{HCl}] = [\text{H}^+] = \frac{\frac{1 \times 0.10}{1000}\text{mol}}{1\text{L}} = 10^{-4}\text{mol/L}$$

10^{-4}mol/Lが塩酸のモル濃度です。これは水素イオンのモル濃度でもあります。

pHを求める

さてこれを，pHを求める式に代入します。[**公式6**]ですね。

☆ $$\text{pH} = -\log[\text{H}^+]$$ ——[公式6]
$[\text{H}^+]$は水素イオン濃度を表し，単位はmol/Lである。

∴ $\text{pH} = -\log[\text{H}^+] = -\log 10^{-4} = \mathbf{4}$

はい，pHは4になりました。

　　4 …… (イ) の【答え】

すごいと思いません？　元の真水はpH7だったのが，たった1mol/Lの塩酸を1滴か2滴たらしたらpHが一気に4までガーンと下がったわけです。衝撃をもろにくらったんですね。

[OH⁻]を求める

(ウ)　じゃあ次，水1Lに1mol/Lの水酸化ナトリウム水溶液を0.10mL加えるとpHはどうなりますか，という問題。これも (イ) と同じです。

完全に電離するんで，水酸化物イオンと水酸化ナトリウム水溶液のモル濃度は先ほどと同様で同じになります。モル濃度も先ほどと同じです。

$$[\text{NaOH}] = [\text{OH}^-] = \frac{\frac{1 \times 0.10}{1000}\text{mol}}{1\text{L}} = 10^{-4}\text{mol/L}$$

上記のように結局 **$[\text{OH}^-] = 10^{-4}$ mol/L** になります。

pOHを求める

そうすると今度は，pOHを求める[公式8]を使います。

☆ $$pOH = -\log[OH^-]$$
$[OH^-]$は水酸化物イオン濃度を表し，単位はmol/Lである。

――――[公式8]

この公式に代入すると，

$$\therefore \quad pOH = -\log[OH^-] = -\log 10^{-4} = 4$$

pOHが**4**となります。

pHを求める

欲しい答えはpHです。pOHとpHの関係は「理論化学①」135ページでやりました。

☆ $$pH + pOH = 14$$ ――――[公式9]

$$\therefore \quad pH = 14 - pOH$$
$$= 14 - 4 = 10$$

(ウ) の解答は10です。

10 …… (ウ) の【答え】

これもすごいと思いませんか？ わずかな水酸化ナトリウム水溶液でpHが7から10にポーンとかけ上がったんです。

アドバイス ここで[公式9]の証明をしておきましょう。水のイオン積$[H^+][OH^-] = 10^{-14}$[公式7]の両辺に対数をとります。

$$-\log[H^+] \times [OH^-] = -\log 10^{-14}$$
$$-(\log[H^+] + \log[OH^-]) = 14$$
$$\therefore \quad -\log[H^+] + (-\log[OH^-]) = 14$$
$$\therefore \quad pH + pOH = 14$$

「緩衝液」の漢字は覚える

(エ) 緩衝液です。漢字で書けるようにしておきましょう。平衡の「衡」と似ていて間違えやすいので，ご注意ください。

緩衝液または緩衝溶液 …… (エ) の【答え】

電離定数は反応式の左辺は分母，右辺は分子

(オ)(カ)(キ)　問題文に平衡の式が出ています。K_aですから電離定数だと思ってください。73ページで[H_2O]を加えたオキソニウムイオンのところです。ここの反応式は[H_2O]を簡略した形なんです。

そして，お約束，**反応式の左辺は分母，右辺は分子**です。

$$CH_3COOH \rightleftarrows CH_3COO^- + H^+$$

$$K_a = \frac{{}_{オ}[CH_3COO^-]\,{}_{カ}[H^+]}{{}_{キ}[CH_3COOH]} \quad \Leftarrow 右辺は分子 \\ \Leftarrow 左辺は分母$$

なお，(オ)と(カ)はどっちを先に書いてもかまわないです。

[CH_3COO^-] …… (オ) の【答え】
[H^+] …… (カ) の【答え】　((オ)(カ)順不同)
[CH_3COOH] …… (キ) の【答え】

(ク)　K_aは電離定数といいます。解答は電離定数。

電離定数 …… (ク) の【答え】

K_aを**平衡定数って書くと，間違いなくバツです**から注意してください。それから，82ページでも言いましたが，入試問題で酢酸を例にした場合，たとえKと書いてあっても**電離定数と答えてください**。平衡定数って書くとバツになりますよ。

ルシャトリエの原理で解答しよう

(ケ)　問題文の上式の平衡とは，$CH_3COOH \rightleftarrows CH_3COO^- + H^+$のことです。そして少量の酸とは，ここに水素イオン$H^+$を加えるということなんですね。当然，$H^+$が増加するので，平衡は$H^+$が減る方向，すなわち左側に移動していくわけです。したがって，解答は左です。

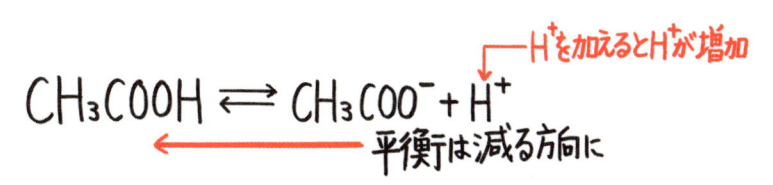

$$CH_3COOH \rightleftarrows CH_3COO^- + H^+$$

← H^+を加えるとH^+が増加
← 平衡は減る方向に

増えるから減る方向に，これはルシャトリエの原理の考え方ですね。

左 …… (ケ) の【答え】

(コ) 少量のアルカリ，OH^- を加えようとしてるんですね。そうしたら，H^+ と結びついて水 H_2O になります。すると H^+ が無くなりますから，それを補おうとして，今度は増える方向，つまり右に平衡は移動していきます。したがって，解答は右。

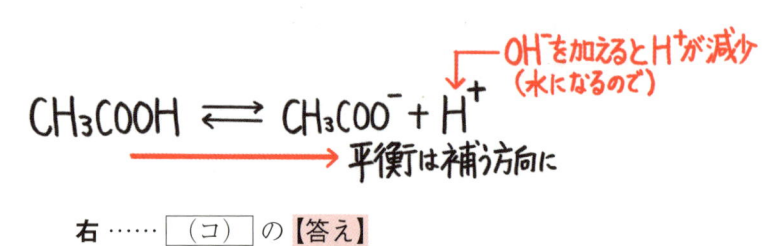

$$CH_3COOH \rightleftarrows CH_3COO^- + H^+$$

　　　　　　　　　　　　↑ OH^- を加えると H^+ が減少
　　　　　　　　　　　　　（水になるので）
　　　　→ 平衡は補う方向に

右 …… (コ) の【答え】

2-4 緩衝液の pH の求め方

■ 緩衝液の計算問題での重要ポイント

!重要★★★ 　緩衝液のpHを求める計算問題では，近似値を使ってかまいません。

教科書では緩衝液の公式があるから覚えなさい，とあります。たしかに，ほとんどは公式に代入して解けますが，ちょっと条件を変えられた問題だと，分からなくなってしまうんです。

　緩衝液のpHを求める計算問題を解くには，近似値を用いた次の2つのポイントがとても重要です。

　　㋑　弱酸（または弱塩基）の濃度は，電離してないものとみなした濃度としてよい。
　　㋺　弱酸の陰イオン（または弱塩基の陽イオン）の濃度は，塩から生成したイオンのみとみなした濃度としてよい。ただし，緩衝液の塩は完全に電離する。

　㋑の**弱酸**，㋺の**弱酸の陰イオン**とは，**緩衝液のパターン①のタイプ**（89ページ）で，それぞれ酢酸 CH_3COOH，酢酸イオン CH_3COO^- に対応しま

す。一方，カッコ内の**弱塩基，弱塩基の陽イオンは緩衝液のパターン②の**タイプ（93ページ）です。

■ ㋑のポイント

緩衝液パターン①を例にご説明します。まず㋑からいきましょう。次の▨▨のところに注目してください。

- パターン① $\begin{cases} CH_3COOH \rightleftharpoons CH_3COO^- + H^+ \\ CH_3COONa \xrightarrow{\alpha=1} CH_3COO^- + Na^+ \end{cases}$

- ㋑ 弱酸の濃度 は…

- $K_a = \dfrac{[CH_3COO^-][H^+]}{[CH_3COOH]}$

これら▨▨▨の3箇所はすべて同じことを表しています。

㋑の**弱酸の濃度**とは，パターン①の酢酸CH_3COOHのことです。CH_3COOHがイオンにわかれる際，実際は電離していますが，酢酸分子100個のうち，1個がイオンに分かれたとしても，**ほんのわずかなので，近似値**を使って，「**弱酸の濃度は電離してないもの**」，**最初と同じ状態とみなします。**

それから電離定数K_aの式の分母$[CH_3COOH]$も「弱酸の濃度」を表しています。

■ ㋺のポイント

今度は㋺です。ここでも▨▨▨の3点セットが全て同じことを意味しています。

- パターン① $\begin{cases} CH_3COOH \rightleftharpoons CH_3COO^- + H^+ \\ CH_3COONa \xrightarrow{\alpha=1} CH_3COO^- + Na^+ \end{cases}$

- ㋺ 弱酸の陰イオンの濃度は，塩から生成したイオンのみ…

- $K_a = \dfrac{[CH_3COO^-][H^+]}{[CH_3COOH]}$

㋺の**弱酸の陰イオンの濃度**とは，パターン①の酢酸イオンCH_3COO^-のことです。上にもCH_3COO^-がありますが，㋺には**塩（CH_3COONa）から生成したものだけでよい**，とあります。

もし，正確な値を使うなら，上下のCH_3COO^-を足した合計のモル濃度になるのですが，上のCH_3COO^-はほんのわずかな値なので，**無視して近似値を使う**，ということです。

電離定数K_aの式は分子の[CH_3COO^-]が弱酸の陰イオンの濃度を表しています。

いいですか，一般にはただ公式を暗記して代入するやり方になっちゃうんですが，ここが理解できれば，公式を使わないで，いつでも必ず解答が出せます。

> **岡野流 必須ポイント⑩ 緩衝液のpHを求める計算**
> 緩衝液のpHを求める計算では近似値が大事。

■ 電離定数の公式に代入してpHを求める

上記④と回の値（酢酸と酢酸イオンのモル濃度）を電離定数K_aの公式に代入して，[H^+]を求めることで，最終的にpHを算出できます。

$$K_a = \frac{[CH_3COO^-][H^+]}{[CH_3COOH]}$$

電離定数K_aの公式には4つの要素

K_a，[CH_3COO^-]，[H^+]，[CH_3COOH]が含まれます。

これらのうち，**電離定数K_aは，温度が一定であれば常に一定値**，つまり決まった値です。また，[CH_3COOH]と[CH_3COO^-]は④と回から求められます。したがって，**水素イオン濃度[H^+]だけが分からない**。だから[H^+]を②マークとして求める式を作るんです。

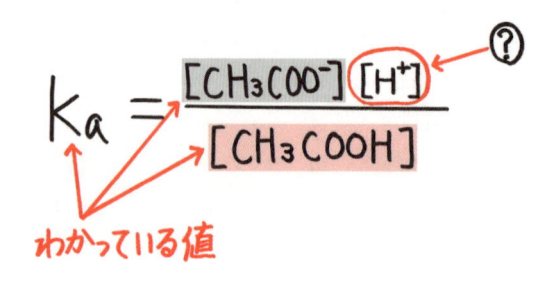

$$K_a = \frac{[CH_3COO^-]\underset{?}{[H^+]}}{[CH_3COOH]}$$

わかっている値

例えばビーカーに緩衝液が入っています（連続図3-4①）。

酢酸が酢酸イオンと水素イオンに分かれています。酢酸ナトリウムの方からは電離した酢酸イオンとナトリウムイオンが加わる。

ここに例えば，マグネシウムイオンMg^{2+}が入ってきても，反応を起こさず何の影響もなくて，全然意味ないんです（連続図3-4②）。じゃあ，ガバッとH^+が入ってきたとすると，ちょっと平衡がずれたりするんですよ。

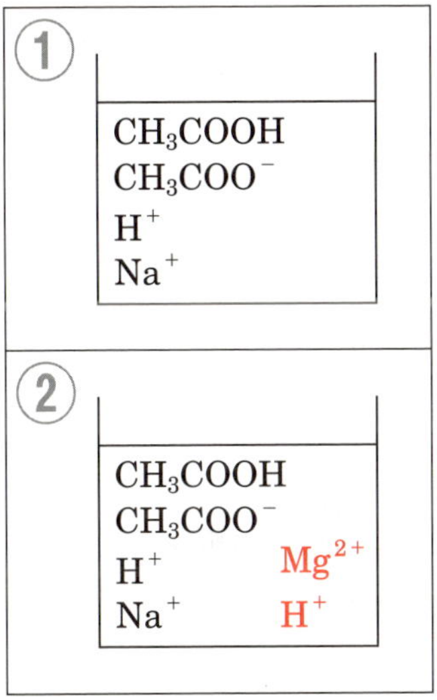

でも結局，**電離定数K_aは，温度が一定であれば一定**です。つまり下の3つの○のイオンと酢酸の割合が，常に一定になるように，自然界ってのは動いてるんです。

$$K_a = \frac{[CH_3COO^-][H^+]}{[CH_3COOH]}$$

だから，連続図3-4②で水素イオンが入ってきて，H^+の割合が大きくなりました（連続図3-5①）。

でも，大きくなると自然界って，それを減らす方向に，ルシャトリエの原理が成り立ちますから，左に平衡は移動して行こうとします。するとCH_3COO^-は小さい値，CH_3COOHは大きい値になる（連続図3-5②）。

この関係を電離定数の式で表しますと，次のようになるんです。

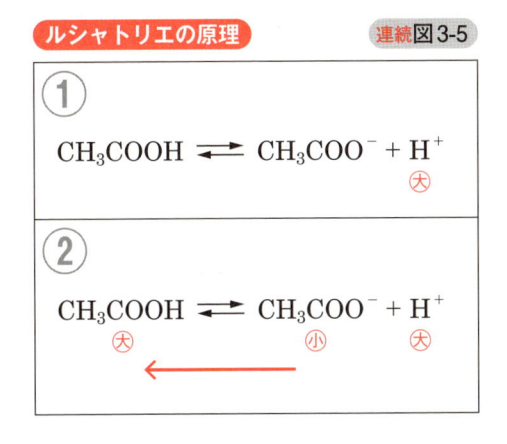

$$K_a = \frac{[\text{CH}_3\text{COO}^-]_{小}\,[\text{H}^+]_{大}}{[\text{CH}_3\text{COOH}]_{大}}$$

　自然界は不思議で，結局K_aの値が常に一定になるように動いています。つまり，今回は水素イオンを増やしたのですが，緩衝液中にいろんな物質やイオンが入ってきても，最終的にはK_aと3つの値の割合がいつでもイコールになります。これは緩衝液中でも成り立っていたのです。このことを利用して$[\text{H}^+]$を求められれば，pHも求められるということです。

　緩衝液の計算では，結局は電離定数を活用しているわけです。緩衝液ではイとロ（100ページ）の近似値を使うという原則が分かっていれば，公式もなにも必要ありません。電離定数の式に $[\text{CH}_3\text{COOH}]$（または$[\text{NH}_3]$）や $[\text{CH}_3\text{COO}^-]$（または$[\text{NH}_4^+]$）の近似値を代入し，$[\text{H}^+]$または$[\text{OH}^-]$を求めれば，緩衝液の計算問題ができるんです。

単元2 要点のまとめ②

● **緩衝液のpHの求め方**

　緩衝液では次の2点に注意して解く。

イ　弱酸（または弱塩基）の濃度は電離してないものとみなした濃度としてよい。

ロ　弱酸の陰イオン（または弱塩基の陽イオン）の濃度は，塩から生成したイオンのみとみなした濃度としてよい。ただし，緩衝液の塩は完全に電離する。

　このように**近似値**を用いて計算を行う。

イ，ロの値を

$$K_a = \frac{[\text{CH}_3\text{COO}^-][\text{H}^+]}{[\text{CH}_3\text{COOH}]} \quad \text{または}$$

$$K_b = \frac{[\text{NH}_4^+][\text{OH}^-]}{[\text{NH}_3]} \quad \text{に代入して}$$

$[\text{H}^+]$または$[\text{OH}^-]$を求めてからpHを算出する。

緩衝液の計算問題

演習問題で力をつける ⑨

問 酢酸1molと酢酸ナトリウム1molを水に溶かして1Lとした溶液について、次の問に答えよ。ただし酢酸の $K_a = 1.8 \times 10^{-5}$ mol/L、$\log 1.8 = 0.26$、$\log 1.5 = 0.18$ とする。

(ア) この溶液のpHはいくらか。小数第2位まで求めよ。

(イ) この溶液に水酸化ナトリウム4.0gを加えるとpHはどれだけ変化するか。小数第2位まで求めよ。原子量は Na = 23.0、O = 16.0、H = 1.0 とする。

さて、解いてみましょう。

(ア) 酢酸と酢酸ナトリウムの混合溶液ですから、緩衝液です。

pHを求めるためには、先ほどやったように、④回のところの近似値を電離定数に代入して、[H⁺]を求め、pHを算出します。

酢酸の濃度を調べる

はい、ではまず電離するまえの**酢酸の濃度**から調べてみましょう。混合溶液の体積は1Lで、酢酸が1mol存在します。合わせると1mol/L。つまり酢酸のモル濃度は1mol/Lです。

$$[CH_3COOH] = \frac{1 \text{mol}}{1 \text{L}} = \mathbf{1 \text{mol/L}}$$

酢酸イオンの濃度を調べる

次は酢酸ナトリウムから生成される**酢酸イオン CH_3COO^- の濃度**を調べます。酢酸ナトリウム(CH_3COONa)が1mol入ってます。ということは酢酸イオン(CH_3COO^-)も確実に同じmol数入っています。

$$[CH_3COONa] = [CH_3COO^-]$$

なぜ同じかというと、**電離度 $\alpha = 1$** だからです。1molが完全に電離するということです。**CH_3COONa が 1mol あれば、CH_3COO^- も完全に 1mol 生じる**。

$$CH_3COONa \xrightarrow{\alpha=1} \boxed{CH_3COO^-} + Na^+$$

$1\,mol \qquad\qquad 1\,mol$

だから，CH_3COO^- も **1mol** あるということで，やっぱり**モル濃度は 1mol/L** です。

$$\therefore \quad [CH_3COONa]=[CH_3COO^-]=\frac{1\,mol}{1\,L}=1\,mol/L$$

電離定数 K_a の公式に代入して $[H^+]$ を求める

これらの値を $K_a=\dfrac{[CH_3COO^-][H^+]}{[CH_3COOH]}$ に代入します。ここで①⓪の**ポイント**を思い出してください。混合溶液中の**酢酸 CH_3COOH も酢酸イオン CH_3COO^- も近似値**でかまいません。**酢酸がわずかにイオンに分かれていたとしても，最初にあったモル濃度と同じ値で計算します。**酢酸イオンも，塩のみから生じたイオンで考えてかまいません。

$$K_a=\frac{[CH_3COO^-][H^+]}{[CH_3COOH]} \text{ より } 1.8\times10^{-5}=\frac{\cancel{1mol/L}\times[H^+]}{\cancel{1mol/L}}$$

K_a は，温度が一定であれば決まった値なので，1.8×10^{-5} です。$[CH_3COOH]$ と $[CH_3COO^-]$ は同じ値なので消えます。結局，

$$[H^+]=1.8\times10^{-5}\,mol/L$$

となり，**水素イオン濃度 $[H^+]$ は，電離定数と同じ値**となります。

pH を求める

pH を求めていきましょう。

$$\therefore \quad pH=-\log(1.8\times10^{-5})=-(\log 1.8+\log 10^{-5})$$
$$=-(\log 1.8-5\log 10)$$

問題文で $\log 1.8$ は 0.26 と教えてくれています。$\log 10^{-5}$ は -5 が前に出てきて -5。ということで

$$=-(0.26-5)=(5-0.26)=\mathbf{4.74}$$

これが（ア）の解答です。

4.74 ……（ア）の【答え】
（※小数第2位）

(イ) 水酸化ナトリウム4.0gは固体です。それを緩衝液に加えるとpHはどうなりますか？　という問題です。

これは**反応式**が関係します。水酸化ナトリウムが反応するのは，酢酸の方です。**酢酸ナトリウムは何にも変化しません**。反応式は次のようになります。

$$CH_3COOH + NaOH \longrightarrow CH_3COONa + H_2O$$

そして，「初」，「変化量」，「後」の状態と書いてやってみます。

「初」の状態を書く

まず「初」の状態です 連続図3-6①。酢酸が1mol，水酸化ナトリウムが4.0g，ということは式量40ですから $\frac{4.0}{40}$ で0.1molです。また，酢酸ナトリウムはこの緩衝液中には最初から1mol存在します。

反応後の状態を求める

連続図3-6

①

	$1CH_3COOH$	+	$1NaOH$	$\longrightarrow$	$1CH_3COONa$	+	$1H_2O$
初	1mol		$\frac{4.0}{40}=0.1mol$		1mol		0

「変化量」を書く

次に変化量です 連続図3-6②。CH₃COOH 1molとNaOH 0.1molが反応して消費されるのは共に**0.1molずつ**です。係数は全部1なので，少ない方の**NaOH 0.1molが全部使われる**からです。生成してくるのはCH₃COONaとH₂Oで共に0.1molずつです。ということで，左辺はそれぞれ0.1molずつ減って，右辺は0.1molずつ増えます。

連続図3-6 の続き

②

	$1CH_3COOH$	+	$1NaOH$	$\longrightarrow$	$1CH_3COONa$	+	$1H_2O$
初	1mol		$\frac{4.0}{40}=0.1mol$		1mol		0
変化量	−0.1mol		−0.1mol		+0.1mol		+0.1mol

「後」の状態を書く

水酸化ナトリウムは全部無くなりました（連続図3-6③）。こういった化学変化が起きた，ということです。

連続図3-6 の続き

③

	$1CH_3COOH$	$+$	$1NaOH$	$\longrightarrow$	$1CH_3COONa$	$+$	$1H_2O$
初	1mol		$\dfrac{4.0}{40}=0.1\text{mol}$		1mol		0
変化量	-0.1mol		-0.1mol		$+0.1$mol		$+0.1$mol
◎ 後	0.9mol		0mol		1.1mol		0.1mol

酢酸と酢酸ナトリウムのモル濃度を求める

ここから酢酸と酢酸ナトリウムのモル濃度を計算します。なお，4.0gの粒子が，1Lの緩衝液に入ったとしても，**体積変化は無い**と思ってください。また，

酢酸ナトリウムは酢酸イオンと同じモル濃度です。

よって

$$[CH_3COOH] = \frac{0.9\text{mol}}{1\text{L}} = \mathbf{0.9\text{mol/L}}$$

$$[CH_3COONa] = [CH_3COO^-] = \frac{1.1\text{mol}}{1\text{L}} = \mathbf{1.1\text{mol/L}}$$

K_a の式に代入して $[H^+]$ を求める

酢酸と酢酸イオンのモル濃度を K_a の式に当てはめます。
よって

$$K_a = \frac{[CH_3COO^-][H^+]}{[CH_3COOH]} = \frac{1.1\text{mol/L} \times [H^+]}{0.9\text{mol/L}} = 1.8 \times 10^{-5}$$

となりまして，ここから $[H^+]$ を求めます。

$$\therefore \quad [H^+] = 1.8 \times 10^{-5} \times \frac{0.9}{1.1} = 1.47 \times 10^{-5} \fallingdotseq \mathbf{1.5 \times 10^{-5}}$$

$[H^+]$ の値がでました。

pHを求める

[H$^+$]を[**公式6**]に代入して,pHの値を求めていきます。

$$\therefore \mathrm{pH} = -\log(1.5 \times 10^{-5}) = -(\log 1.5 + \log 10^{-5})$$
$$= -(\log 1.5 - 5\log 10) = -(0.18 - 5 \times 1)$$
$$= 5 - 0.18 = \mathbf{4.82}$$

4.82はまだ解答ではありません。

前に比べて**変化した値が解答**です。だから(ア)を引きます。

$\therefore\quad 4.82 - 4.74 = \mathbf{0.08}$

0.08 ……(イ)の【答え】
(※小数第2位)

97ページと比較して,水酸化ナトリウム4.0gも加えたのに,今回はこれだけしか増加していないということです。

入試アドバイス

どうすれば合格点の60〜70点をとれるか

　私は，受験化学では無機・有機分野で得点を安定させて，理論分野で高得点にするものと考えています。一般に化学の入試問題では，次のような配点になっています。

理論	無機＋有機
50点	50点

　そして，上位校や難しい問題を出題する大学では，理論の配点が上がってくる傾向にあります。

　理論は正直なかなか得点できないのですが50％を必ずとり，無機・有機は80％をとる。という目標をもってください。そうすると

$$50 \times \frac{50}{100} + 50 \times \frac{80}{100} = 65 点$$

　これだけ得点できれば，60点以上なので合格です。さらに高得点をめざすなら，理論で70％，無機・有機で90％を目標としてください。すると

$$50 \times \frac{70}{100} + 50 \times \frac{90}{100} = 80 点$$

となりますね。

　これから無機・有機の得点を上げるために，化学の勉強に使う時間を，理論から無機・有機に少し回してもらえば点数は上がってきます。

　「岡野の化学　無機化学＋有機化学①」と本書「有機化学②」にノウハウ，重要なまとめは全て書いてあります。教科書に比べて，かなり暗記する量をおさえてありますが，入試に必ず出る内容だけをまとめたので，ぜひ勉強してみてください。

　初めに述べました理論50％，無機・有機80％の目標ラインが到達できますよ。

第4講

塩の加水分解，溶解度積

単元1 塩の加水分解 化/Ⅱ

単元2 溶解度積 化/Ⅱ

第4講のポイント

　第4講は「塩の加水分解，溶解度積」をやっていきます。塩の加水分解につきましては「理論化学①」でも触れましたが，本書では緩衝液との違いを理解し，計算問題を解いていきます。岡野流公式をぜひ覚えてください。溶解度積は3つのタイプの問題で、どんな問題でもできるようになります。

単元1 塩の加水分解 化/Ⅱ

1-1 塩の加水分解とは

塩の加水分解については,「理論化学①」136ページでやりました。簡単にまとめると,次のようになります。

> ### 単元1 要点のまとめ①
>
> ● **塩の加水分解**
> 　電離した塩が水と反応し,塩の一部が元の酸と塩基にもどって塩基性や酸性を示す現象を**塩の加水分解**という。
>
> **塩**…酸と塩基は「中和反応」を起こして「塩」と水を生じる。また,**塩は,酸の水素原子が,金属原子やNH_4^+と一部または全部が,置き換わった化合物である。**
> **中和反応**…酸と塩基から塩と水を生じる反応,または酸から生じる水素イオンH^+と,塩基から生じる水酸化物イオンOH^-から,水が生じる反応。
>
> ● **代表的なイオン反応式**
> 　塩の加水分解を表す代表的な2つのイオン反応式を次に示す。
>
> **例1:酢酸ナトリウム**
> 　CH_3COONa(塩)と$NaOH$(強塩基)は完全に電離。
> 　H_2OとCH_3COOH(弱酸)は電離しない。
> 　　　$CH_3COONa + H_2O \rightleftarrows CH_3COOH + NaOH$
> 　∴　$CH_3COO^- + \cancel{Na^+} + H_2O \rightleftarrows CH_3COOH + \cancel{Na^+} + OH^-$
> 　∴　$\mathbf{CH_3COO^- + H_2O \rightleftarrows CH_3COOH + \underline{OH^-}}$
> 　　　　　　　　　　　　　　　　　　　　　　　塩基性

単元1　塩の加水分解

例2：**塩化アンモニウム**
　NH_4Cl（塩）と HCl（強酸）は完全に電離。
　H_2O と NH_4OH（弱塩基）は電離しない。
　　$NH_4Cl + H_2O \rightleftarrows NH_4OH + HCl$
　∴　$NH_4^+ + \cancel{Cl^-} + H_2O \rightleftarrows NH_3 + H_2O + H^+ + \cancel{Cl^-}$
　∴　**$NH_4^+ + H_2O \rightleftarrows NH_3 + H_3O^+$**　　（$H_3O^+$ オキソニウムイオン）
　　　　　　　　　　　　　　　　　　　酸性

● **水に溶解させたときの塩の液性**
　① **強酸**と**強塩基**からできた塩（$NaCl$ など）…**中性**
　　　　　　　　　　　（例外として <u>$NaHSO_4$ は酸性</u>）
　② **弱酸**と**弱塩基**からできた塩（$(NH_4)_2CO_3$ など）…**ほぼ中性**
　③ **強酸**と**弱塩基**からできた塩（NH_4Cl など）…**酸性**
　④ **弱酸**と**強塩基**からできた塩（CH_3COONa など）…**塩基性**

■ 塩の加水分解と緩衝液の違い

　塩の加水分解は，緩衝液と似ているのですが，ちょっと違います。緩衝液は，

**弱酸が多くて強塩基が少ない，または
弱塩基が多くて強酸が少ない。**

といったように**酸と塩基の量が偏った状態で中和が終了した溶液**です。
　例えば，弱酸の酢酸 CH_3COOH と強塩基の水酸化ナトリウム $NaOH$ が反応を起して，**強塩基の $NaOH$ のほうが量が少ない状態で中和が終わる**と，水酸化ナトリウムがすべてなくなり，酢酸が残ります。そして酢酸ナトリウムができます。
　すると，1つの溶液の中に2つの物質が混じった状態，つまり**酢酸と酢酸ナトリウムの混合溶液（＝緩衝液）**になります。

酢酸がたくさん入った三角フラスコに水酸化ナトリウムをバ～ッと入れるんだけども，中和点に達する手前で終わった，ちょうど中和滴定の実験を半分でやめてしまうような，そのときの溶液が緩衝液なんです。

$$\begin{cases} CH_3COOH \rightleftarrows CH_3COO^- + H^+ \\ CH_3COONa \xrightarrow{\alpha=1} CH_3COO^- + Na^+ \end{cases}$$

しかし，これからやる塩の加水分解の演習問題は，

弱酸と強塩基または強酸と弱塩基が，過不足なくちょうど中和した場合のpHを求める。

という問題です。

酢酸CH_3COOHと水酸化ナトリウム$NaOH$がピッタリ全部反応を起こして，酢酸ナトリウムCH_3COONaと水H_2Oだけが残った状態です。**中和が全部完了**したときって，酢酸ナトリウムCH_3COONaという**塩しか残らない**んです。

$$CH_3COOH + NaOH \longrightarrow CH_3COONa + H_2O$$

そのときのpHを求めよというのが，これからやる**塩の加水分解**の計算問題なんですよ。これははっきり言いまして少し難しいです。これから**演習問題**を解きながら，ご説明します。

演習問題で力をつける⑩
塩の加水分解の計算問題に挑戦！

問 次の文章を読んで，(1)〜(4)に答えよ。

酢酸と酢酸ナトリウムの水溶液のそれぞれのpHは，次のように求めることができる。なお，水溶液中の物質Aの濃度は[A] mol/Lと表すことにする。

酢酸は水溶液中でその一部だけが電離して，電離していない分子と，電離によって生じたイオンの間に次の電離平衡が成り立っている。

$$CH_3COOH \rightleftarrows CH_3COO^- + H^+ \quad \cdots\cdots ①$$

この平衡定数K_aは電離定数と呼ばれ，$[CH_3COOH]$，$[CH_3COO^-]$，$[H^+]$を用いて，

$$K_a = \boxed{1} \quad \cdots\cdots ②$$

と定義されている。

酢酸の濃度をc [mol/L]，電離度をαとすると，K_aは式③となる。

$$K_a = \boxed{2} \quad \cdots\cdots ③$$

一般に，弱酸の電離度は1に比べて極めて小さいので，$1-\alpha ≒ 1$と近似すると，電離度αと水素イオン濃度は，cおよびK_aを用いて，それぞれ，

$$\alpha = \boxed{3} \quad \cdots\cdots ④$$

$$[H^+] = \boxed{4} \quad \cdots\cdots ⑤$$

と表すことができる。酢酸のpHは⑤式の$[H^+]$から求められる。

一方，酢酸と水酸化ナトリウムが反応して生成する塩である酢酸ナトリウムは，水溶液中で⑥式に従い完全に電離している。

$$CH_3COONa \longrightarrow CH_3COO^- + Na^+ \quad \cdots\cdots ⑥$$

しかし，電離によって生じたCH_3COO^-の一部は水と反応して次の平衡が成り立っている。

$$CH_3COO^- + H_2O \rightleftarrows CH_3COOH + OH^- \quad \cdots\cdots ⑦$$

この結果OH^-が生じて水溶液は塩基性を呈する。この現象は$\boxed{ア}$と呼ばれる。

さて，⑦式に対する平衡定数Kは，

$$K = \frac{[CH_3COOH][OH^-]}{[CH_3COO^-][H_2O]} \quad \cdots\cdots ⑧$$

と表すことができる。また,水のイオン積K_wは,$[H^+]$,$[OH^-]$を用いて,

$$K_w = \boxed{\;5\;} \quad \cdots\cdots ⑨$$

である。⑧式の両辺に$[H_2O]$を掛けると

$$K[H_2O] = K_h = \frac{[CH_3COOH][OH^-]}{[CH_3COO^-]} \quad \cdots\cdots ⑩$$

Kは温度一定のとき一定値,$[H_2O]$も薄い水溶液では約56〔mol/L〕で一定値,掛け算した値$K[H_2O]$も一定値になる。このときのK_hを**加水分解定数**と呼ぶ。K_hは酢酸の電離定数K_aと水のイオン積K_wを用いると次式で表される。

$$K_h = \boxed{\;6\;} \quad \cdots\cdots ⑪$$

ここで,⑦式の平衡状態では,

$$[CH_3COOH] = [\;\boxed{\;イ\;}\;] \quad \cdots\cdots ⑫$$

であり,さらに,⑦式の平衡は左に大きく偏っているので,

$$[CH_3COO^-] ≒ [CH_3COONa]$$

と考えることができる。したがって,CH_3COONaの濃度をc'〔mol/L〕とすると,K_a,K_wおよびc'を用いて

$$[OH^-] = \boxed{\;7\;} \quad \cdots\cdots ⑬$$

となる。よって水素イオン濃度は⑭式で求めることができる。

$$[H^+] = \boxed{\;8\;} \quad \cdots\cdots ⑭$$

酢酸ナトリウムの水溶液のpHはこの$[H^+]$から求められる。

(1) 空欄 $\boxed{\;1\;}$ ~ $\boxed{\;8\;}$ に,適切な式を入れよ。
(2) 空欄 $\boxed{\;ア\;}$ に,適切な語句を入れよ。
(3) 空欄 $\boxed{\;イ\;}$ に,適切なイオン式を入れよ。
(4) 25℃における$1.0 × 10^{-2}$ mol/Lの酢酸ナトリウム水溶液のpHを求め,小数点以下第1位まで答えよ。ただし,25℃における酢酸の電離定数K_aを$1.8 × 10^{-5}$ mol/L,水のイオン積K_wを$1.0 × 10^{-14}$〔mol/L〕^{2}とし,必要なら,$\log 2 = 0.30$,$\log 3 = 0.48$を用いよ。

単元1　塩の加水分解　117

🖋 さて，解いてみましょう。

(1)(2)(3)　(1)(2)(3)の問題を最初からやっていきます。
まず，| 1 |から見ていきましょう。

酢酸の電離定数K_aの式を求める

| 1 |の解答は①**式の左辺は分母，右辺は分子**です。

$$CH_3COOH \rightleftharpoons CH_3COO^- + H^+ \quad \cdots\cdots ①$$

$$K_a = \frac{[CH_3COO^-][H^+]}{[CH_3COOH]} \quad \cdots\cdots ②$$

$$\mathbf{\frac{[CH_3COO^-][H^+]}{[CH_3COOH]}} \cdots\cdots | 1 |の【答え】$$

| 2 |は酢酸のモル濃度がc〔mol/L〕，電離度αのときの電離定数K_aの式を完成させます。まず，①式より平衡時の関係を求めます。**初めのmol数は1と置きます**（78ページ参照）。

$$CH_3COOH \rightleftharpoons CH_3COO^- + H^+$$

	CH$_3$COOH	CH$_3$COO$^-$	H$^+$
初	$1 \times c$ mol/L	0	0
変化量	$-\alpha \times c$ mol/L	$+\alpha \times c$ mol/L	$+\alpha \times c$ mol/L
◎ 平衡時	$(1-\alpha) \times c$ mol/L	$\alpha \times c$ mol/L	$\alpha \times c$ mol/L

平衡時を求めたら，②式に代入します。

$$K_a = \frac{[CH_3COO^-][H^+]}{[CH_3COOH]} = \frac{\cancel{c}\alpha \times c\alpha}{\cancel{c}(1-\alpha)} = \frac{c\alpha^2}{1-\alpha} \quad \cdots\cdots ③$$

$$\mathbf{\frac{c\alpha^2}{1-\alpha}} \cdots\cdots | 2 |の【答え】$$

電離度αと水素イオン濃度$[H^+]$の式を求める

| 3 |はαを求める問題です。近似値を使って，$1-\alpha \fallingdotseq 1$とするので，③式は$K_a = \frac{c\alpha^2}{1-\alpha} \fallingdotseq c\alpha^2$となります。ここから$\alpha$を求めると，下記のようになります。

$$\therefore \ K_a = c\alpha^2$$

$$\therefore \ \alpha^2 = \frac{K_a}{c} \quad \therefore \ \alpha = \sqrt{\frac{K_a}{c}} \quad \cdots\cdots ④$$

なお，有理化する必要はありません。そのまま解答にしてください。

$\sqrt{\dfrac{K_a}{c}}$ …… ③ の【答え】

④ は水素イオン濃度 $[H^+]$ を求める問題です。

> **岡野の着目ポイント** ② で求めた平衡時の $[H^+]$ のところに着目してください。$[H^+]$ は $c\alpha$ です。
>
> $$CH_3COOH \rightleftarrows CH_3COO^- + H^+$$
> ◎ 平衡時　$(1-\alpha)\times c\,\text{mol/L}$　$\alpha \times c\,\text{mol/L}$　$\boxed{\alpha \times c\,\text{mol/L}}$

要は $c\alpha$ を計算していけばいいんです。

$$[H^+] = c\alpha = c \times \sqrt{\dfrac{K_a}{c}} = \sqrt{\dfrac{c^2 K_a}{c}} = \sqrt{cK_a} \quad \cdots\cdots ⑤$$

これが解答になります。

$\sqrt{cK_a}$ …… ④ の【答え】

ここまでは，77ページの復習でしたね。

酢酸ナトリウムが加水分解した水溶液

次，塩である酢酸ナトリウム CH_3COONa が，完全に電離して，酢酸イオンとナトリウムイオンに分かれているのが次の⑥式です。

$$CH_3COONa \longrightarrow CH_3COO^- + Na^+ \quad \cdots\cdots ⑥$$

しかし，電離で生じた酢酸イオン CH_3COO^- の一部が水と反応して，次の⑦式が成り立っています。

！重要★★★

$$CH_3COO^- + H_2O \rightleftarrows CH_3COOH + OH^- \quad \cdots\cdots ⑦$$

⑦式の結果，OH^- が生じて水溶液は塩基性を呈します。

この現象は**塩の加水分解**と呼ばれます。ア の解答ですね。

塩の加水分解 ……(2) ア の【答え】

なお，⑦式は必ず書けるようにしておいてください。ここを問うような問題が出てきてわからないと，以降全部が解けなくなります。

例えば「酢酸ナトリウムが水に溶けたとき，なぜ塩基性を示すか，加

水分解の反応をイオン反応式を使って，その理由を書きなさい」というふうに出題して⑦式を書かせるんです。「OH^-が残るから塩基性を示す」ことを証明するような問題のときです。**⑦式の反応式は必ず書けるようにしておきましょう**（112ページを参照）。

平衡定数 K

次にいきます。塩である酢酸ナトリウムが加水分解した⑦式に対する**平衡定数K**が⑧式です。Kは新しい式ですが，よく見ると⑦式の**左辺は分母，右辺は分子**という関係になっています。

$$K = \frac{[CH_3COOH][OH^-]}{[CH_3COO^-][H_2O]} \quad \Leftarrow 右辺は分子 \atop \Leftarrow 左辺は分母 \quad \cdots\cdots ⑧$$

水のイオン積

⑨式のK_wは[**公式7**]，水のイオン積です（「理論化学①」134ページ）。

$$K_w = [H^+][OH^-] \quad \cdots\cdots ⑨$$

解答は$[H^+][OH^-]$です。wはWater，水を表します。

$[H^+][OH^-]$ …… ⎿ 5 ⏌ の【答え】

加水分解定数 K_h を K_a，K_w で表す

⎿ 6 ⏌ です。

> **岡野のこう解く** 加水分解定数K_hは，⑩式の分母・分子に同じものをかけても値は変わらないので，**分母・分子両方に$[H^+]$を掛け算します。**

$$K_h = \frac{[CH_3COOH]\boxed{[OH^-] \times [H^+]}}{\underbrace{[CH_3COO^-]}_{\frac{1}{K_a}} \times [H^+]}{}^{K_w} \quad \cdots\cdots ⑩$$

すると，赤い囲みのところは水のイオン積K_w（⑨式）の関係が成り立っています。そして黒い囲みのかかったところはK_a（②式）の逆数になっていますね。したがって，

$$K_h = \frac{[CH_3COOH]\boxed{[OH^-] \times [H^+]}}{[CH_3COO^-] \times [H^+]} = \frac{K_w}{K_a} \quad \cdots\cdots ⑪$$

$$\frac{K_w}{K_a} \quad \cdots\cdots \boxed{6} \text{ の【答え】}$$

この $\boxed{6}$ の計算はいくら数学が達者でも，初めての方はやっぱり苦戦すると思います。**分母・分子に $[H^+]$ を掛けるのがポイントです。**

> 塩の加水分解が行われたとき，酢酸と OH^- は同じモル濃度

次は $\boxed{イ}$ です。

> **岡野の着目ポイント** ここで着目したいのは，塩の加水分解の反応式(⑦)の右辺の係数です。
>
> $$CH_3COO^- + H_2O \rightleftarrows \underline{1}CH_3COOH + \underline{1}OH^- \quad \cdots\cdots ⑦$$
>
> これは，左辺で**塩の加水分解が行われたときに，右辺の酢酸 CH_3COOH と水酸化物イオン OH^- が同じmol数なんだ**，ということを表します。

したがって，mol数が同じなのでモル濃度も同じになり，

$$[CH_3COOH] = [OH^-] \quad \cdots\cdots ⑫$$

で OH^- が $\boxed{イ}$ の解答です。

$$OH^- \quad \cdots\cdots (3) \boxed{イ} \text{ の【答え】}$$

> 塩のモル濃度 c' の証明

$[CH_3COOH] = [OH^-]$ を利用して，⑩式の $[CH_3COOH][OH^-]$ を $[OH^-]^2$ に変形します。つまり，$[OH^-]$ の一方にまとめたんですね。

$$K_h = \frac{[CH_3COOH][OH^-]}{[CH_3COO^-]} = \frac{[OH^-]^2}{[CH_3COO^-]} \quad \cdots\cdots ⑩'$$

そして，この問題文で「⑦式の平衡は左に大きく偏っている」とあります。つまり，**ほとんど右に分かれていかない**ってことね。

$$\underbrace{CH_3COO^- + H_2O}_{\text{多い}} \rightleftarrows \underbrace{1CH_3COOH + 1OH^-}_{\text{少ない}} \quad \cdots\cdots ⑦$$

反応しても，ほとんど左辺の酢酸イオン CH_3COO^- と水 H_2O の量は変わらないんです。酢酸イオンが例えば100個あって，それで1個しか酢酸に分かれていきませんっていうのと同じです。

さらに酢酸イオン(CH_3COO^-)と酢酸ナトリウム(CH_3COONa)は同

じ濃度，と問題文にもあります。

$$CH_3COO^- + H_2O \rightleftarrows 1\,CH_3COOH + 1\,OH^- \quad \cdots\cdots ⑦$$

$\doteqdot CH_3COONa$

なぜかというと，酢酸ナトリウムは電離度1（100％）なので，**ほとんどは酢酸イオンとナトリウムイオンになっている**んです。酢酸イオンが反応するのはわずかだから，「酢酸イオンのモル濃度≒酢酸ナトリウムのモル濃度」と考えて構いません。そして，**このモル濃度はc' mol/L**です。

$$[CH_3COO^-] \doteqdot [CH_3COONa] = c'\,\text{mol/L}$$

c'は**塩のモル濃度**です。単位はmol/L。

> 弱酸（CH_3COOH）と強塩基（$NaOH$）からできた塩（酢酸ナトリウム）が加水分解したとき生じるOH^-のモル濃度を求める公式

$\boxed{7}$ です。

ここで注意することは，K_hの式が2通りで表されたことです。⑪と⑩'の式です。

$$K_h = \frac{K_w}{K_a} \quad \cdots\cdots ⑪$$

$$K_h = \frac{[OH^-]^2}{[CH_3COO^-]} \quad \cdots\cdots ⑩'$$

左辺どうしが等しいので右辺どうしも等しい。

$$\therefore \quad \frac{K_w}{K_a} = \frac{[OH^-]^2}{[CH_3COO^-]}$$

$[CH_3COO^-]$をc'とすると$[OH^-]$は次のように導けます。

$$\therefore \quad \frac{K_w}{K_a} = \frac{[OH^-]^2}{c'}$$

$$\therefore \quad [OH^-]^2 = \frac{K_w c'}{K_a}$$

$$\therefore \quad [OH^-] = \sqrt{\frac{K_w c'}{K_a}} \quad \cdots\cdots ⑬$$

$$\sqrt{\frac{K_w c'}{K_a}} \quad \cdots\cdots \boxed{7} \text{ の【答え】}$$

$\boxed{8}$ は $[OH^-]$ ではなくて，水素イオン濃度 $[H^+]$ に直そうというだけの話です。

普通 K_w は 10^{-14} を使いますが，今回は数字ではなくて，K_w の文字を使います（⑨式）。計算しますと，次のようになります。

$$K_w = [H^+][OH^-] \text{ より} \quad \cdots\cdots ⑨$$

$$[H^+] = \frac{K_w}{[OH^-]} = \frac{K_w}{\sqrt{\frac{K_w c'}{K_a}}} = \sqrt{\frac{K_a K_w^2}{K_w c'}} = \sqrt{\frac{K_a K_w}{c'}} \quad \cdots\cdots ⑭$$

$$\sqrt{\frac{K_a K_w}{c'}} \quad \cdots\cdots \boxed{8} \text{ の【答え】}$$

もう最終的には，この式を覚えちゃうんです。そうするとpHを求める問題は割とすんなりと解答が出てきますよ。

よろしいでしょうか。

酢酸ナトリウム（塩）のpHを求める

(4) 酢酸ナトリウム（塩）の場合です。⑭式を使って $[H^+]$ を求めて，pHを答えます。

!重要★★★
$$[H^+] = \sqrt{\frac{K_a K_w}{c'}}$$

c' は**塩のモル濃度**でした。問題文には 1.0×10^{-2} mol/L と書いてあります。K_a は 1.8×10^{-5}，K_w は 10^{-14} ですから，代入すると，

$$[H^+] = \sqrt{\frac{K_a K_w}{c'}} = \sqrt{\frac{1.8 \times 10^{-5} \times 10^{-14}}{1.0 \times 10^{-2}}} = \sqrt{1.8 \times 10^{-17}}$$

$\sqrt{}$ を開くためには10の累乗を偶数にしたいので，1.8を10倍して 10^{-17} を10で割ります。水素イオン濃度は次の値になります。

$$\sqrt{18 \times 10^{-18}} = \sqrt{2 \times 3^2 \times 10^{-18}} = 3\sqrt{2} \times 10^{-9} \text{ mol/L}$$

pHは公式に当てはめて計算します。$\sqrt{2}$ は $2^{\frac{1}{2}}$ になることに注意しましょう。

$$\mathrm{pH} = -\log[\mathrm{H}^+] = -\log(3\sqrt{2} \times 10^{-9}) = -\log(3 \times 2^{\frac{1}{2}} \times 10^{-9})$$

$$= -(\log 3 + \log 2^{\frac{1}{2}} + \log 10^{-9}) = -(\log 3 + \frac{1}{2}\log 2 - 9\log 10)$$

$$= -(0.48 + \frac{1}{2} \times 0.30 - 9) = 9 - 0.48 - \frac{1}{2} \times 0.30 = 8.37$$

$$\fallingdotseq 8.4$$

8.4 ……(4)の【答え】

　最高に難しい問題だと思います。でも，公式を知っていれば簡単にできますよね。だから，ここはぜひこの公式を暗記してください。

岡野流⑪ 必須ポイント

塩の加水分解では公式を覚えることがカギ

・弱酸と強塩基からできる塩（CH_3COONa など）の
  [H^+] を求める公式

  ☆ $[\mathrm{H}^+] = \sqrt{\dfrac{K_a K_w}{c'}}$ 　$\begin{pmatrix} K_a：弱酸の電離定数 \\ K_w：水のイオン積 \\ c'：塩のモル濃度 \end{pmatrix}$

・強酸と弱塩基からできる塩（NH_4Cl など）の
  [OH^-] を求める公式

  ☆ $[\mathrm{OH}^-] = \sqrt{\dfrac{K_b K_w}{c'}}$ 　$\begin{pmatrix} K_b：弱塩基の電離定数 \\ K_w：水のイオン積 \\ c'：塩のモル濃度 \end{pmatrix}$

  （または $[\mathrm{H}^+] = \sqrt{\dfrac{K_w c'}{K_b}}$ ）

公式を使いこなすコツ

　今回の塩の加水分解の問題，酢酸ナトリウム（CH_3COONa）と違う塩化アンモニウム（NH_4Cl）タイプの問題をご説明しておきましょう。例えばアンモニア（弱塩基）と塩酸（強酸）のmol数が，同じmol数でぴったり中和が起こったときのpHを求めなさいという問題が出た場合にも「岡野流⑪の公式」を使えばいい。

　その場合の公式ですが，僕はc'の位置が分母にある[OH^-]のほうを使います。式の形が酢酸ナトリウムのほうと同じで，K_aとK_bの違いだ

けなので，覚えやすいからです。

　［H⁺］に直すのは簡単にできますし，［OH⁻］からpHを求めたかったら[**公式8**]と[**公式9**]ですぐに解答が出るんですよ。［OH⁻］のモル濃度でやっても全然，この辺は難しさはないんですね。

　この辺は上手くご自分のできる範囲でやってください。

アドバイス ［OH⁻］からpHを求める方法を紹介しておきましょう。例えば［OH⁻］＝ 1.0 × 10^{-4} mol/Lの水溶液のpHは次のように求めます。

　まず，☆ $\boxed{\text{pOH} = -\log[\text{OH}^-]}$ ─── [**公式8**]に代入します。
　　　　　pOH ＝ − log1.0 × 10^{-4} ＝ 4
　次に ☆ $\boxed{\text{pH} + \text{pOH} = 14}$ ─── [**公式9**]に代入します。
　　∴ pH ＝ 14 − pOH ＝ 14 − 4 ＝ **10**【答え】

いかがですか。よろしいでしょうか(第3講97, 98ページを参照)。

アドバイス 塩のモル濃度c'を代入する場合の注意

　今回の問(4)ではc'(塩のモル濃度)が素直に1.0 × 10^{-2} mol/Lと書いてありました。この場合，ただ代入すればいいので割と簡単なんです。

　しかし，問題が1mol/Lで1Lの酢酸と，1mol/Lで1Lの水酸化ナトリウム水溶液を中和した，となっていた場合，溶液の合計体積は1L ＋ 1L ＝ 2Lですから，1mol/Lの酢酸と水酸化ナトリウム水溶液の濃度は半分の0.5mol/Lになります。するとそこからできる酢酸ナトリウムの塩の濃度は0.5mol/Lです。この辺は問題の中で計算できるようにしてくださいね。

単元 2 溶解度積

化/Ⅱ

2-1 溶解度積

溶解度積という言葉は，初めての人にはちょっと難しく聞こえるかもしれませんが，**平衡定数**や**電離定数**がわかっていれば，さほどでもありません。

■溶解度積とは

水に溶けにくい塩の飽和溶液があります。その塩からわずかに溶け出した**陽イオンと陰イオンのモル濃度の積**のことを**溶解度積**といいます。この値は**温度一定では，一定値**を示します。この関係はあくまでも飽和溶液になっていないと成り立ちません。

■塩化銀AgClの反応式と平衡定数Kの関係

例を言いますと，塩化銀AgClは水に溶けない代表的な塩で，白色沈殿です。そのAgClがわずかながら溶けて銀イオンAg^+と塩化物イオンCl^-になっています（連続図4-1①②）。

AgClの例 　　連続図4-1

$$AgCl(固) \rightleftarrows Ag^+ + Cl^-$$

そのときの平衡定数Kは，平衡の反応式の**左辺は分母，右辺は分子**で表します。

$$K = \frac{[Ag^+][Cl^-]}{[AgCl(固)]} \quad \Leftarrow 右辺は分子 \\ \Leftarrow 左辺は分母$$

[ ]（カッコ）はモル濃度を表す記号です。Kは温度一定では一定となります。

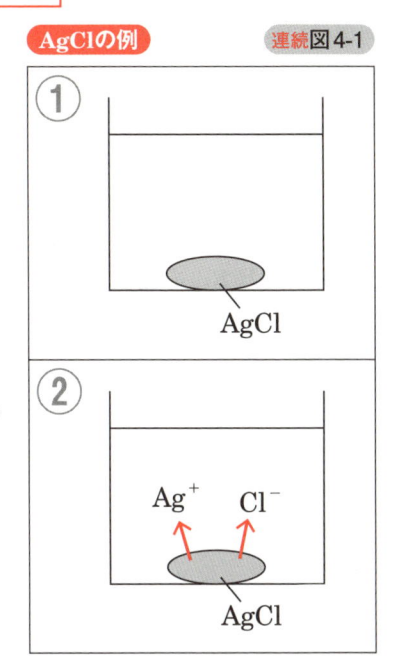

アドバイス 高校課程の質量作用の法則を適用すると，このように表せます。さらに学業が進んでいきますと，熱力学という分野があり，そこではまた違った方法で説明がされます。参考文献を巻末に載せておきますので，必要であれば参照してください。

■ [AgCl（固体）] の値は一定値

下に溜まっている塩化銀[AgCl（固）]の値は，[Ag$^+$]と[Cl$^-$]の積に比べて非常に大きく，かつ一定です。ここで[AgCl（固）]はAgClの固体のモル濃度です。これを 図4-2 で示してみましょう。

固体のモル濃度は $\dfrac{\text{固体の mol 数}}{\text{固体の L 数}}$ で表します。

AgClの固体の1L（1000cm^3）中に含むAgClのmol数ですね。

AgClの固体の密度を5.56g/cm^{3}としますと，1000cm^3 は

$1\text{cm}^3 : 5.56\text{g} = 1000\text{cm}^3 : x\text{g}$

$x = 5.56 \times 1000 = 5560\text{g}$

これより固体のモル濃度を計算すると，AgClの式量が143.5なので

$$\dfrac{\dfrac{5560}{143.5}\text{mol}}{1\text{L}} = 38.74$$

$$\fallingdotseq 38.7\text{mol/L}$$

AgCl（固） 図4-2

10cm×10cm×10cm＝1000cm^3
AgCl の式量　143.5
密度　5.56g/cm^3

だから，下に溜まっている固体の濃度は常に一定値なんです。

■ 溶解度積K_{sp}の証明：定数×定数は定数

平衡定数Kは一定値つまり定数ですね。そして[AgCl（固）]も一定値で定数とみなせます（①）。

$$K = \dfrac{[\text{Ag}^+][\text{Cl}^-]}{[\text{AgCl（固）}]} \quad ─ ①$$

←一定値　　　←一定値

すると，式の両辺に[AgCl（固）]をかけて新たな一定値を考えるんです（②）。この新たな一定値をK_{sp}と決めます（③）。

両辺に[AgCl(固)]をかける

$$\therefore \ K[\text{AgCl(固)}] = \frac{[\text{Ag}^+][\text{Cl}^-][\text{AgCl(固)}]}{[\text{AgCl(固)}]} \quad \text{②}$$

新たな一定値をK_{sp}とする

$$\therefore \ K[\text{AgCl(固)}] = K_{sp} = [\text{Ag}^+][\text{Cl}^-] \quad \text{③}$$

これは電離定数K_aでやったのと同じ考え方です（第3講73ページ）。

そして，K_{sp}を**溶解度積**と呼ぶんです。飽和溶液中では温度一定で常に一定値というところがポイントです。

> **！重要★★★** ☆ $K_{sp} = [\text{Ag}^+][\text{Cl}^-]$

■ 溶解度積の意味

溶解度積は，飽和溶液中（「理論化学①」124ページ参照）での**陽イオンと陰イオン濃度の積**です。このとき陽イオンと陰イオンは共存できる**最大の濃度**を表しています。

したがって，陽イオンと陰イオンの濃度の積が溶解度積より大きいときは沈殿を生じており，小さい時は沈殿を生じていない，といえます。

> 陽イオンの濃度×陰イオンの濃度 ＞ 溶解度積 … 沈殿を生じている
> 陽イオンの濃度×陰イオンの濃度 ＜ 溶解度積 … 沈殿を生じていない
> 　　　　　　　　　　　　　　　　　　　　（まだ溶ける余地がある）

溶解度積の意味は以上です。では，それが分かると，どんな問題をどう解いていくのか。演習問題をやってみましょう。

単元2 要点のまとめ①

●溶解度積

溶解度積とは、沈殿している難溶性の塩が少量溶けるときに生じる陽イオンと陰イオンのモル濃度の積をいい、この値は温度一定では一定値を示す。

例：塩化銀の溶解度積

$$AgCl(固) \rightleftarrows Ag^+ + Cl^-$$

$$K = \frac{[Ag^+][Cl^-]}{[AgCl(固)]} \quad (K：平衡定数)$$

温度一定では K は一定となる。また、$[AgCl(固)]$ は $[Ag^+][Cl^-]$ に比べて非常に大きく、かつ一定です。

両辺に $[AgCl(固)]$ をかける。

$$\therefore \quad K[AgCl(固)] = K_{sp} = [Ag^+][Cl^-] \quad (K_{sp}：溶解度積)$$

$$\therefore \quad ☆ \quad \boxed{K_{sp} = [Ag^+][Cl^-]}$$

●溶解度積の意味

溶解度積は飽和溶液中の陽イオンと陰イオンの濃度の積なので、共存できる陽イオンと陰イオンの最大濃度を示している。したがって、共存している陽イオンと陰イオンの濃度の積が、溶解度積より大きいときは沈殿を生じており、小さいときは沈殿を生じない。

アドバイス 係数が1でないときの例を示してみましょう。例えば Ag_2CrO_4 のような場合、次のように $2Ag^+$ の係数は2なので $[Ag^+]$ の指数は2になります（「平衡定数」56ページ参照）。

$$Ag_2CrO_4(固) \rightleftarrows ②Ag^+ + CrO_4^{2-}$$

$$K = \frac{[Ag^+]^2[CrO_4^{2-}]}{[Ag_2CrO_4(固)]}$$

$$K[Ag_2Cr_4(固)] = K_{sp} = [Ag^+]^{②}[CrO_4^{2-}]$$

このように2乗になることもありますので気をつけてください。

単元2 溶解度積

演習問題で力をつける⑪
溶解度積の3タイプの問題を知ろう！

問 (1) 25℃におけるAgClの溶解度積は1.6×10^{-10} (mol/L)^{2}である。HClを0.001mol含む水溶液1LにはAgClが何mol溶けるか。

(A) 4.0×10^{-2} (B) 4.0×10^{-5} (C) 1.6×10^{-6}
(D) 1.6×10^{-7} (E) 4.0×10^{-13}

(2) CaSO$_4$の溶解度積を6.1×10^{-5} (mol/L)^{2}として，次の問に答えよ。ただし，$\sqrt{61} = 7.8$とする。

① 500mLの水にCaSO$_4$は何g溶けるか。CaSO$_4$ = 136とする。（答えは有効数字2桁とする）

② 0.010mol/LのCaCl$_2$水溶液200mLと，0.010mol/LのMgSO$_4$水溶液800mLとを混合すると，沈殿を生じるか。

さて，解いてみましょう。

溶解度積の問題は，3つのタイプが分かれば，どんな問題でもできるようになります。それが，今回の(1)，(2)①，(2)②の3タイプです。では(1)からやっていきます。

(1) **岡野のこう解く** 水溶液1LにはAgClが**何mol**溶けるか？ のところをx **mol**溶けると置いて，方程式で解いていきましょう。

$$K_{sp} = [Ag^+][Cl^-] = 1.6 \times 10^{-10}$$

溶けるAgClをx molとする。

$$AgCl \longrightarrow Ag^+ + Cl^- \quad \begin{pmatrix} -は消費 \\ +は生成 \end{pmatrix}$$

変化量 $-x$ mol $+x$ mol $+x$ mol

$[Ag^+][Cl^-]$は溶解度積K_{sp}です。1.6×10^{-10}という値まで溶けることができるわけです。

> **岡野の着目ポイント** AgClが溶けるときの反応式は
>
> $$AgCl \longrightarrow Ag^+ + Cl^-$$
>
> です。では，AgClがx mol溶けた場合の変化量はというと，
>
> $$1AgCl \longrightarrow 1Ag^+ + 1Cl^-$$
>
> のように係数が全部1になるので，消費するAgClが$-x$ molだと，生成するAg$^+$とCl$^-$は$+x$ molずつ生じます。**「変化量」だけを取り出して考えるのがポイントですよ。**

銀イオンの変化後の値

　そうすると，変化したあとのAg$^+$は，次のようなモル濃度として表せます。問題文には水溶液1Lと書いてあるので，1L中にAg$^+$がx mol存在するということです。

$$[Ag^+] = \frac{x \text{ mol}}{1 \text{L}} = x \text{ mol/L}$$

塩化物イオンの変化後の値

> **岡野のこう解く** 塩化物イオンCl$^-$の場合ですが，Ag$^+$同様でx mol生成します。それに加えて問題文にはHClを0.001mol含むとあります。
>
> 　塩酸HClは，「$1HCl \longrightarrow H^+ + 1Cl^-$」と反応し，必ず同じmol数のイオンに分かれ，完全に電離します。
>
> 　だから，最初にHClが0.001molあるなら，絶対Cl$^-$も0.001mol存在するということで，合計のCl$^-$は$(x+0.001)$存在しています。

$$\underset{0.001\,\text{mol}}{1\text{HCl}} \longrightarrow H^+ + \underset{0.001\,\text{mol}}{1\text{Cl}^-}$$

$$[\text{Cl}^-] = \frac{(x+0.001)\,\text{mol}}{1\,\text{L}} = (x+0.001)\,\text{mol/L}$$

（↑ HClから生じるCl⁻）

すると，水溶液中に残っているCl⁻のモル濃度は上記のようになるわけです。

溶解度積の式に当てはめる

変化後は飽和溶液になっていますから，$[\text{Ag}^+][\text{Cl}^-]$の積が溶解度積になるはずです。次の式に表せます。

$$\therefore\ K_{sp} = [\text{Ag}^+][\text{Cl}^-] = x(x+0.001) = 1.6\times 10^{-10}$$

ここからxの値を方程式で解いていくんですが，2タイプのやり方があります。ひとつは緩衝液でやった近似値をつかう方法です。

$x+0.001 \fallingdotseq 0.001\,\text{mol/L}$とみなすことができます。AgClはわずかしか溶けないのでxは非常に小さい値になるからです。すると次のようになります。

$$\therefore\ x\underset{\fallingdotseq 0.001}{(x+0.001)} = 1.6\times 10^{-10}$$

$$\therefore\ x\times 0.001 = 1.6\times 10^{-10}$$

$$\therefore\ x = \frac{1.6\times 10^{-10}}{0.001} = 1.6\times 10^{-7}\,\text{mol/L}$$

よって1L中に$1.6\times 10^{-7}\,\text{mol}$のAgClが溶ける。

$$\therefore\ (\text{D})$$

(D) ……(1)の【答え】

溶解度積の式に当てはめる（別解）

もうひとつのやり方は，物理でよく使うやり方です。素直に x を書いていきます。

$$x(x + 0.001) = 1.6 \times 10^{-10}$$
$$x^2 + 0.001x = 1.6 \times 10^{-10}$$

ここで，x は非常に小さい値なので，x^2 はもっと小さい値と考えます。だから x^2 を0とみなします。

∴ $0.001x = 1.6 \times 10^{-10}$　　∴ $x = 1.6 \times 10^{-7}$ mol/L

(D) …… (1) の【答え】

---

(2)① 　岡野の着目ポイント　$CaSO_4$ は「硫ちゃんはバカなやつ」というのがありました（「無機化学＋有機化学①」118ページ）。$BaSO_4$，$CaSO_4$，$PbSO_4$。「バカな」Ba^{2+}，Ca^{2+}，Pb^{2+}ね。それが硫酸イオン SO_4^{2-} と結びつくと，全部白色沈殿を生じると。その中でも一番溶けにくいのは，$BaSO_4$ です。

$CaSO_4$ の溶けた変化量を x mol とする

$K_{sp} = [Ca^{2+}][SO_4^{2-}] = 6.1 \times 10^{-5}$ ← $CaSO_4$ の溶解度積

500mLの水に $CaSO_4$ が x mol 溶けるとする。このときの変化量の関係は次のようになります。

$$CaSO_4 \longrightarrow Ca^{2+} + SO_4^{2-}$$
変化量　$-x$ mol　　$+x$ mol　　$+x$ mol

岡野流⑫ 溶解度積の量的関係を考えるコツ

変化量だけを書いてシンプルに考えること！

単元2 溶解度積

溶けた $[Ca^{2+}]$ $[SO_4^{2-}]$ のモル濃度

変化量の関係をみると，$CaSO_4$ が $x\,mol$ 溶け出したことで，生成された Ca^{2+} と SO_4^{2-} は共に $x\,mol$ になります。$[Ca^{2+}]$ と $[SO_4^{2-}]$ のモル濃度はそれぞれ次の式で表されます。

$$[Ca^{2+}] = \frac{x\,mol}{0.5\,L} \qquad [SO_4^{2-}] = \frac{x\,mol}{0.5\,L}$$

> **岡野の着目ポイント** L数に注意してください。今回は500mLです。ここで水500mLに $CaSO_4$ を少し溶かしても体積変化はなかったと考えます。つまり水溶液も500mLだったと考えてかまわないのです。

溶解度積の式に当てはめる

溶解度積の式にして計算を進めます。

$$\therefore\ K_{sp} = [Ca^{2+}][SO_4^{2-}] = \left(\frac{x\,mol}{0.5\,L}\right)^2 = 6.1 \times 10^{-5}$$

$$\therefore\ x^2 = 0.5^2 \times 6.1 \times 10^{-5} = 0.5^2 \times 61 \times 10^{-6}$$

　　　　　　　　　　$\sqrt{}$ を開きたいので 61×10^{-6} にする

$$\therefore\ x = \sqrt{0.5^2 \times 61 \times 10^{-6}} = 0.5 \times 7.8 \times 10^{-3} = 3.9 \times 10^{-3}\,mol$$

（x は必ず正の値であるので負の値はカットしました。）

500mLの水に $3.9 \times 10^{-3}\,mol$ の $CaSO_4$ が溶けることがわかりました。

mol数をg数に直す

今回は何gですか？　という問題なので，[公式2]の $\boxed{w = nM}$ を使います（「理論化学①」100ページ）。式量は136とあります。有効数字2桁です。

$\boxed{w = nM}$ より　$3.9 \times 10^{-3} \times 136 = 0.5304 ≒ 0.53\,g$ （$CaSO_4 = 136$）

0.53gが解答になります。

0.53g ……(2)①の【答え】

(2)② 塩化カルシウム $CaCl_2$ と硫酸マグネシウム $MgSO_4$ は水に溶ける物質です。アルカリ土類金属の陽イオンと硫酸イオンが結びつくと沈殿するんだけど，マグネシウムの場合はアルカリ土類金属ではありませんので水に溶けます。

　で，**溶けるものと溶けるものを加えたら，今度は溶けない**。「硫ちゃんはバカなやつ」の $CaSO_4$ という沈殿が生じてくるんです。

　そのときに，本当に沈殿を生じているのか，生じていないのか，細かく調べなくちゃいけないんですよ。それがこの問題です。本来，溶解度積は，物質と物質を混ぜたときに沈殿が生じるかを調べるために使われたんです。

混合溶液の濃度を求める

岡野のこう解く まず，混合溶液中の Ca^{2+} と SO_4^{2-} の濃度を求めます。$CaCl_2$ 200mL と $MgSO_4$ 800mL を混合すると 1000mL（1L）になります。溶質の mol 数は [**公式11**] の $\dfrac{CV}{1000}$ を使います。

　$[CaCl_2]$ と $[Ca^{2+}]$ のモル濃度は同じ値です。それは次の反応式により $CaCl_2$ と Ca^{2+} の係数が同じだからです。

$$\underline{1}CaCl_2 \longrightarrow \underline{1}Ca^{2+} + 2Cl^-$$

$$[CaCl_2]=[Ca^{2+}]=\dfrac{\dfrac{0.010\times 200}{1000}\text{mol}}{1\text{L}}=2\times 10^{-3}\text{mol/L}$$

（$\dfrac{CV}{1000}$ [公式11]）
（200 + 800 = 1000mL ⇒ 1L）

　C は塩化カルシウム $CaCl_2$ のモル濃度 0.010mol/L，V は溶液の mL 数 200mL です。計算すると，濃度は 2×10^{-3} mol/L となります。硫酸イオンも同じように計算します。

　ここでも $[MgSO_4]$ と $[SO_4^{2-}]$ は同じ mol 数になります。

$$[MgSO_4]=[SO_4^{2-}]=\dfrac{\dfrac{0.010\times 800}{1000}\text{mol}}{1\text{L}}=8\times 10^{-3}\text{mol/L}$$

よってイオン濃度の積（陰イオンと陽イオンの濃度の積）は

$$[Ca^{2+}][SO_4^{2-}] = 2 \times 10^{-3} \times 8 \times 10^{-3} = 16 \times 10^{-6} = \mathbf{1.6 \times 10^{-5}}$$

となります。

溶解度積とイオン濃度の積は違う

　でも，これはまだ溶解度積といってはいけません。溶解度積は必ず飽和溶液でなければ成り立ちません。確かめる段階では，あえて言葉を変えて

イオン濃度の積

または

陽イオンと陰イオンの濃度の積

という言い方をします。

　そして，溶解度積の値 6.1×10^{-5} とイオン濃度の積の値 1.6×10^{-5} を比べます。

この値は溶解度積 6.1×10^{-5} より小さいため，沈殿は生じない。

　結論は，沈殿は生じないが解答です。

　　沈殿は生じない ……(2)②の【答え】

　気をつけてください。溶解度積は 6.1×10^{-5} で，この値までは溶けていくことができる。超えることはできませんが。ここではイオン濃度の積は 1.6×10^{-5} なので，まだ溶ける余地があるんですよ。もし，超えてしまう計算値が出たら，それは超えた分だけ下に沈殿していたということなのです。

　はい。じゃあ，そんなところです。

溶解度積を使うと，物質が沈殿するのか，沈殿しないのか，簡単に調べることができるんですね。今回の演習問題の3タイプを理解しておけば，入試問題でたいへんよく役立つかと思います。

第5講

中和滴定(二段中和), 物質の三態, 理想気体と実在気体, 固体の溶解度(応用), 浸透圧(応用)

- **単元1** 中和滴定 (二段中和) 基/Ⅰ
- **単元2** 物質の三態 基 化/Ⅱ
- **単元3** 理想気体と実在気体 化/Ⅱ
- **単元4** 固体の溶解度 (応用) 基/Ⅰ
- **単元5** 浸透圧 (応用) 化/Ⅱ

第5講のポイント

　中和滴定(二段中和)は「理論化学①」の応用です。計算問題を解くコツをつかめます。物質の三態は用語と「水の状態図」を理解しましょう。理想気体と実在気体は「理論化学①」には入っていなかった演習問題、固体の溶解度(応用)と浸透圧では応用となる演習問題をやっていきます。

単元 1 中和滴定(二段中和) 基/Ⅰ

「理論化学①」では指示薬と中和滴定(138ページ),強酸+強塩基,弱酸+強塩基,強酸+弱塩基の滴定曲線(151ページ)について学びました。ここでは中和滴定のうち,試験でよく出る「**炭酸ナトリウムの二段中和**」について学習します。

1-1 炭酸ナトリウムの二段中和

二段中和は,中和滴定が得意な人でも,今まで通りでは解けません。私もこの問題を初めて見たとき,鉛筆が止まっちゃいました。なぜか? **変化(反応式)** を知ってないと,絶対できないからです。

■ 二段中和とは

炭酸ナトリウムと水酸化ナトリウムの混合溶液をHClで中和したときの滴定曲線(pH曲線) が 図5-1 です。これは「**炭酸ナトリウムの二段中和**」といって,薬学系の入試でよく出題されます。大学の一般教養では日常茶飯時に行われる実験なので,先生が問題に出しやすいんです。

二段というのは,グラフの**2箇所の垂直な部分**を指しています。

垂直部分の最初を**第1中和点**(または**第1当量点**),次を**第2中和点**と呼びます。

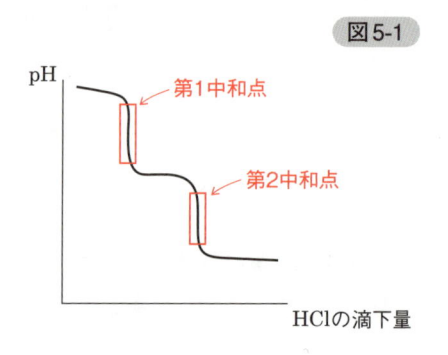

図5-1

■ 実験でわかること

水酸化ナトリウムには**潮解性**という水を吸着する性質があって,固体をしばらく空気中に置いておくとベトベトしてきます。そして,ここに二酸化炭素が吸収されて,反応が起き,一部が炭酸ナトリウムに変わります(「無機化学+有機化学①」(78ページ))。

単元1 中和滴定（二段中和）

$$2NaOH + CO_2 \longrightarrow Na_2CO_3 + H_2O$$

このとき，何%くらい炭酸ナトリウムになったのかを調べるために，今回のような実験を行うんです。

■ 指示薬を決める

では，指示薬を決めていきます。

第1中和点の垂直部分に入る指示薬は，pHが約8から10で変色する**フェノールフタレイン**が使われます。第2中和点の垂直部分は，約3から4で変色する**メチルオレンジ**が使われます。指示薬を決めた後に滴定を行っていきます。

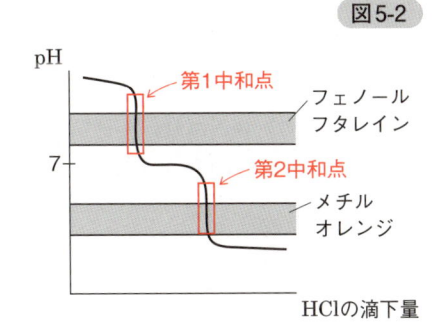

図5-2

■ 指示薬を入れる

2つの指示薬を一度に入れると，色が混ざってしまうので，まず**最初はフェノールフタレイン**のみを入れます。始まりの色は，水酸化ナトリウムと炭酸ナトリウムだから塩基性です。フェノールフタレインの塩基性側というと，**赤から始まります**。

約pH8になったところで**赤から無色**になります。すると，今度は**メチルオレンジ**を入れます。**黄色**から始まって**赤で終わります**。

結局，**赤から始まって赤で終わる**んですね。この色の変化は試験で書かされますので，どうぞ知っておいてください（試薬の詳細は「理論化学①」（140ページ））。

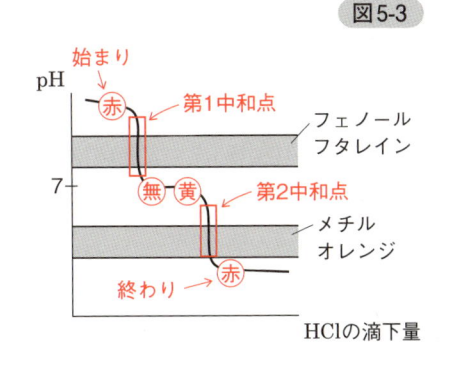

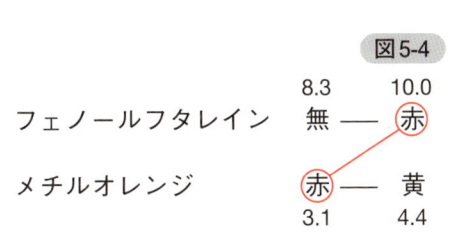

図5-3

図5-4

	8.3	10.0
フェノールフタレイン	無 ──	赤
メチルオレンジ	赤 ──	黄
	3.1	4.4

■中和点での変化を知る

第1中和点と第2中和点までに，どんな変化が起こっているのか？ 2つの☆印を覚えるのが，今回の一番のポイントです。

単元1 要点のまとめ①

● **二段中和**

炭酸ナトリウム Na_2CO_3 と水酸化ナトリウム $NaOH$ の混合溶液を塩酸 HCl で中和したときの滴定曲線は次の通り。

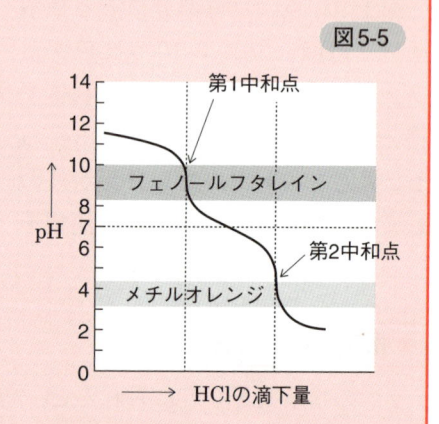

図5-5

（滴定曲線のグラフ：縦軸 pH、横軸 HClの滴下量、第1中和点付近にフェノールフタレイン、第2中和点付近にメチルオレンジの変色域）

・初めから第1中和点（当量点）までに起こった変化

☆ $\begin{cases} NaOH + HCl \longrightarrow NaCl + H_2O \\ Na_2CO_3 + HCl \longrightarrow NaHCO_3 + NaCl \end{cases}$

・第1～第2中和点（当量点）までに起こった変化

☆ $NaHCO_3 + HCl \longrightarrow NaCl + H_2O + CO_2$

■初めから第1中和点までに起こった変化

最初の☆印は，炭酸ナトリウムと水酸化ナトリウムが塩酸と反応する式です。

反応の順番は，水酸化ナトリウムと塩酸が「強酸－強塩基」で，H^+ と OH^- は両方完全に電離するので，まず**第1中和点の前に**，

> **重要★★★** $NaOH + HCl \longrightarrow NaCl + H_2O$

が速くポンッと反応を起こします。そして，徐々に

> **重要★★★** $Na_2CO_3 + HCl \longrightarrow NaHCO_3 + NaCl$

が起こっていくんです。☆印の2つの反応式は丸暗記して書けるようにしてください。

■第1～第2中和点までに起こった変化

　第1～第2中和点というと，**フェノールフタレインが無色になった後**からの反応です。
　$NaHCO_3$が第2段階で**もう1回塩酸と反応**を起こすんです。

> **重要★★★** $NaHCO_3 + HCl \longrightarrow NaCl + H_2O + CO_2$

　よろしいでしょうか。この式も含め，**☆印の式はすべて丸暗記**してください。☆印の式が書けないと，二段中和の問題はできません。大事なポイントですよ。
　それでは問題をやってみましょう。

> **岡野流 必須ポイント⑬　「炭酸ナトリウムの二段中和」のポイント**
> 　第1中和点と第2中和点までに起こった変化（反応式）を丸暗記すること！　実は丸暗記しなくてもすむ方法を144ページに載せました!!

演習問題で力をつける⑫
二段中和の問題を攻略しよう！

問 炭酸ナトリウムと水酸化ナトリウムの混合物がある。この2成分の含有量を決定するために次の滴定を行った。炭酸ナトリウムと水酸化ナトリウムとの混合物を蒸留水に溶かし，1Lの試料溶液とした。試料溶液20.0mLをとり，0.100mol/Lの塩酸で滴定した。㋑まず，(A)を指示薬として用い，中和点まで塩酸を加えると15.0mLを要した。㋺これに(B)を指示薬として，同じ塩酸で滴定を続けたら2.5mLを加えたところで中和点となった。

(1) (A)と(B)に適当な指示薬の名称を記せ。
(2) 下線㋑，㋺の滴定実験における反応液中の指示薬の色の変化を記せ。
(3) 下線㋑の滴定実験で起こった反応を化学反応式で記せ。
(4) 下線㋺の滴定実験で起こった反応を化学反応式で記せ。
(5) 炭酸ナトリウムと水酸化ナトリウムは，1Lの試料溶液中にそれぞれ何g含まれていたか。数値は有効数字2桁で求めよ。
 (Na = 23.0, H = 1.0, C = 12.0, O = 16.0)

さて，解いてみましょう。

(1) 【岡野のこう解く】 指示薬の変色域が，**中和の垂直部分の領域に入っているかどうかで判断**します。

(A)は「pH8付近で変色するもの」すなわち「フェノールフタレイン」です。(B)はpH3付近で変色する「メチルオレンジ」が解答です。

フェノールフタレイン ……(1)(A)の【答え】
メチルオレンジ ……(1)(B)の【答え】

単元1 中和滴定（二段中和） 143

岡野流：2つの指示薬を覚えよう

岡野の着目ポイント 指示薬は，メチルレッド，ブロモチモールブルーなどいろいろありますが，入試では**フェノールフタレイン**と**メチルオレンジ**だけ覚えておけばいいです。それ以外のものが出題されるときは，必ずpHがいくつからいくつの間で変色します，という変色域を教えてくれます。

問題に何も書いてない場合は，フェノールフタレインかメチルオレンジを解答してください。大学の先生はそう考えておられますからね。

岡野流 必須ポイント ⑭ 入試で問われる指示薬

指示薬は**フェノールフタレイン**と**メチルオレンジ**を確実に覚えよう。

(2) 下線㋑の指示薬はフェノールフタレインで「赤色から無色」。下線㋺の指示薬はメチルオレンジで「黄色から赤色」です。さきほども言いましたが，色の変化は書かされますので，必ず覚えてくださいね（図5-4）。

赤色から無色 ……(2)㋑の【答え】
黄色から赤色 ……(2)㋺の【答え】

(3)(4) 下線㋑と下線㋺の反応は，それぞれ第1中和点，第2中和点の変化です。☆印で丸覚えしてくださいといった反応式が解答となります。

☆ $\begin{cases} NaOH + HCl \longrightarrow NaCl + H_2O \\ Na_2CO_3 + HCl \longrightarrow NaHCO_3 + NaCl \end{cases}$ ……(3)の【答え】

☆ $NaHCO_3 + HCl \longrightarrow NaCl + H_2O + CO_2$ …(4)の【答え】

岡野流：☆印の反応式を覚えるポイント

岡野の着目ポイント ☆印の反応式は丸暗記だって言いましたが，実は丸暗記じゃないんですよ。**酸と塩基の中和反応って，結局Hと金属原子やNH$_4^+$が置き換わる反応**なんです（「理論化学①」136ページ）。

反応式をよく見てみると，**酸の水素原子Hと金属Naが置き換わってますね**。NaはClと結び付いてNaCl，HはOHと結びついてH$_2$Oになってます。

☆ $NaOH + HCl \longrightarrow NaCl + H_2O$

次の式も同様にNa 1個とHが1個，置き換わっていますよ。

☆ $Na_2CO_3 + HCl \longrightarrow NaHCO_3 + NaCl$

NaはClと結びついてNaCl，Hは2つあるNaのうち，1つと置き換わってNaHCO$_3$です。

3つめの式も同様に，HとNaが置き換わってるでしょう。

☆ $NaHCO_3 + HCl \longrightarrow NaCl + H_2O + CO_2$

NaとClが結びついてNaCl，HはHCO$_3$と結びついてH$_2$O + CO$_2$。この炭酸はH$_2$CO$_3$って書くとバツですよ。炭酸は実際にはH$_2$OとCO$_2$の混合物だからです。

☆印の丸覚えは大変ですが，こういうふうに**HとNaが置き換わるんだ**と知っておくと，この反応式は必ず書けます。今日のポイントですよ。

単元1 中和滴定（二段中和）　145

> **岡野流 必須ポイント ⑮**　「炭酸ナトリウムの二段中和」の反応式
> 「炭酸ナトリウムの二段中和」の反応式は**H**と**Na**が置き換わると知れば覚えやすい！

溶液の反応を x mol, y mol で表す

(5) **岡野のこう解く**　溶液20mL中の**NaOH**をx**mol**, **Na$_2$CO$_3$**をy**mol**と置いたとして考えます。なお，○と□は**塩酸のmol数**を示します。

☆ $\begin{cases} \text{NaOH} + \text{HCl} \longrightarrow \text{NaCl} + \text{H}_2\text{O} \\ \quad x\,\text{mol} \quad ⓧ\,\text{mol} \qquad x\,\text{mol} \quad x\,\text{mol} \\ \text{Na}_2\text{CO}_3 + \text{HCl} \longrightarrow \text{NaHCO}_3 + \text{NaCl} \\ \quad y\,\text{mol} \quad ⓨ\,\text{mol} \qquad y\,\text{mol} \quad y\,\text{mol} \end{cases}$ 　第1中和点まで

　最初の式を見てください。**NaOHとHClの係数は1**なので，NaOHが$x$mol反応すると，塩酸HClも同じ$x$mol反応を起こします。反応し終えると，左辺は全部ゼロになって，新たに右辺にNaClとH$_2$Oが$x$molずつ生じてきます。

　次の式です。**Na$_2$CO$_3$とHClの係数も1**。Na$_2$CO$_3$が$y$mol反応すると，HClも同じ$y$mol反応します。反応が終わると，左辺はゼロになって，新たにNaHCO$_3$とNaClが$y$molずつ生じてきます。

　この新たにy**mol**生じた**NaHCO$_3$**は，次の第2中和点でさらにもう1回，塩酸HClと反応を起こすんです。

☆ $\begin{cases} \text{NaOH} + \text{HCl} \longrightarrow \text{NaCl} + \text{H}_2\text{O} \\ \quad x\,\text{mol} \quad ⓧ\,\text{mol} \qquad x\,\text{mol} \quad x\,\text{mol} \\ \text{Na}_2\text{CO}_3 + \text{HCl} \longrightarrow \textbf{NaHCO}_3 + \text{NaCl} \\ \quad y\,\text{mol} \quad ⓨ\,\text{mol} \qquad \boldsymbol{y\,\text{mol}} \quad y\,\text{mol} \end{cases}$

☆　$\text{NaHCO}_3 + \text{HCl} \longrightarrow \text{NaCl} + \text{H}_2\text{O} + \text{CO}_2$
　　　$y\,\text{mol}$　　$ⓨ\,\text{mol}$　　$y\,\text{mol}$　$y\,\text{mol}$　$y\,\text{mol}$

　NaHCO$_3$とHClはともに**係数1**なので，HClは同じ$y$mol反応します。全部反応すると左辺はゼロになり，新たに右辺に3つの物質が$y$molずつ生じます。3つ目の反応式の塩酸HClは⬡（六角形）とします。

加えた塩酸のmol数を求める

問題文の下線④では，「**第1中和点までに15.0mL使った**」とあります。これは実は**塩酸xとyを足したmol数が15.0mLの中に入っている**ということです。

そして，下線回「**同じ塩酸で滴定を続けて2.5mL使った**」というのは，塩酸y molが，2.5mL中に入っていることになります。

問題文に0.100mol/Lの塩酸HClと書かれていましたので，それを式に表すと，次のようになります。

$$\begin{cases} x + y = \dfrac{0.100 \times 15}{1000} \text{ mol} \quad\text{―― ①} & \begin{pmatrix}\text{初めから第1中和点まで}\\ \text{に使用したHClのmol数}\end{pmatrix} \\ y = \dfrac{0.100 \times 2.5}{1000} \text{ mol} \quad\text{―― ②} & \begin{pmatrix}\text{第1から第2中和点まで}\\ \text{に使用したHClのmol数}\end{pmatrix} \end{cases}$$

$\boxed{\dfrac{CV}{1000}}$　[公式11]

本当は水酸化ナトリウムのmol数を求めたいんだけれども，いきなりは求められないので，**塩酸のmol数からとりあえず求めていく**んです。

[公式11] $\boxed{\text{溶質のmol数} = \dfrac{CV}{1000} \text{mol}}$ に代入しましょう。すると，初めから**第1中和点までに使用した塩酸のmol数**が①式で求められます。②式は**第1から第2中和点までに使用した塩酸のmol数**です。

あとは要するに，xとyの2つの未知数ですから連立方程式で①式と②式を解けばいいんです。

$$\therefore \begin{cases} x = 1.25 \times 10^{-3} \text{ mol} \\ y = 2.50 \times 10^{-4} \text{ mol} \end{cases}$$

水酸化ナトリウムと炭酸ナトリウムのg数を求める

実はこのxは，元をたどれば水酸化ナトリウム**NaOHのmol数**，yは**炭酸ナトリウムNa$_2$CO$_3$のmol数**です。

しかし，求めたいのは，g数です。さらに，もう1点注意したいのは「炭酸ナトリウムと水酸化ナトリウムは，**1L中の**」とあるところです。

単元1 中和滴定（二段中和） 147

今計算したのは，20mL中のmol数です。まずは20mL中のg数を求めるため，$\boxed{w = nM}$ [公式2] を使います。

　水酸化ナトリウムNaOHの式量は40，炭酸ナトリウムNa_2CO_3は式量106ですから，代入して計算しますと次の値になります。

$$\begin{cases} x = 1.25 \times 10^{-3}\,\text{mol} \xrightarrow{w=nM} 1.25 \times 10^{-3} \times 40 = 0.0500\,\text{g} \\ \hspace{16em} (\text{NaOH} = 40) \\ y = 2.50 \times 10^{-4}\,\text{mol} \xrightarrow{w=nM} 2.50 \times 10^{-4} \times 106 = 0.0265\,\text{g} \\ \hspace{16em} (Na_2CO_3 = 106) \end{cases}$$

1Lあたりに直して解答を求める

　今度はこれらを**1Lあたりに直します。1Lは20mLの50倍**だから，50倍溶けています。つまり，

　　水酸化ナトリウムNaOH　　$0.0500\,\text{g} \times \mathbf{50倍} = 2.50 \fallingdotseq 2.5\,\text{g}$
　　炭酸ナトリウムNa_2CO_3　　$0.0265\,\text{g} \times \mathbf{50倍} = 1.325 \fallingdotseq 1.3\,\text{g}$

が溶けている，これが解答になります。（有効数字2桁）

　　2.5g ……(5)水酸化ナトリウムの【答え】
　　1.3g ……(5)炭酸ナトリウムの【答え】

　最後に，もし水酸化ナトリウムを含んでない問題が出たらどうするか？　つまり炭酸ナトリウムだけの場合です。そのときは，**反応式の一番上の式を全部消して**ください。

☆ $\begin{cases} \cancel{\text{NaOH} + \text{HCl} \longrightarrow \text{NaCl} + H_2O} \\ \hspace{1em} \cancel{x\,\text{mol}} \hspace{1em} \cancel{x\,\text{mol}} \hspace{2em} \cancel{x\,\text{mol}} \hspace{1em} \cancel{x\,\text{mol}} \\ Na_2CO_3 + \text{HCl} \longrightarrow \text{NaHCO}_3 + \text{NaCl} \\ \hspace{1em} y\,\text{mol} \hspace{1.5em} \boxed{y}\,\text{mol} \hspace{2em} \mathbf{y\,\text{mol}} \hspace{2em} y\,\text{mol} \end{cases}$

☆　$\text{NaHCO}_3 + \text{HCl} \longrightarrow \text{NaCl} + H_2O + CO_2$
　　　$y\,\text{mol}$　　$\boxed{y}\,\text{mol}$　　　$y\,\text{mol}$　$y\,\text{mol}$　$y\,\text{mol}$

　あとは2番めの式が第1中和点，3番めの式が第2中和点で起こる反応として，同じように計算できます。じゃあ，二段中和はこれで終わりにいたします。

単元 2　物質の三態　　基 化/Ⅱ

これから，**物質の三態**について説明いたします。

2-1　三態とは何か？

「**三態**」とは，物質の「**固体**」「**液体**」「**気体**」の**三つの状態**をいいます。

これら三つの状態は，温度や圧力によって変化します。その三態変化の関係と名称は，図5-6のとおりです。

これらの変化の名称は必ず覚えましょう！

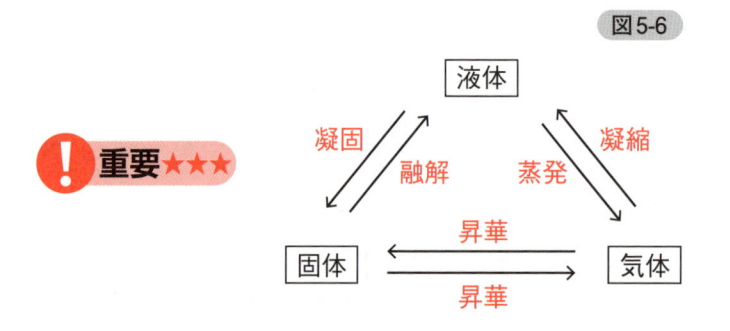

!重要★★★

図5-6

```
           液体
        ↗↙   ↘↖
     凝固     凝縮
      融解   蒸発
   固体  ← 昇華 →  気体
          昇華
```

■ **固体と液体の変化**

「固体」から「液体」になる変化を「**融解**」といいます。「液体」から「固体」になる変化を「**凝固**」といいます。どちらも漢字で書けるようにしてね。

ところで前にAl_2O_3の融解塩電解を勉強しましたが，覚えていますか？（「無機化学＋有機化学①」93ページ）。熱を加えてAl_2O_3を溶かすとき約2000℃なんだけど，氷晶石Na_3AlF_6を加えると凝固点降下が起きて，半分の約1000℃になる。加えるエネルギーが少なくてすむぶん得するという話です。融解塩電解の融解がまさにこの変化を表しています。どうぞ，もう一度復習なさっておいてください。

■固体と気体の変化

「固体」から「気体」、「気体」から「固体」の変化は、両方とも「**昇華**」といいます。「中華」の「華」。「華やか」って字ね。「化ける」の「化」じゃないですよ。よく間違えますから、注意してください。

■気体と液体の変化

「気体」から「液体」になることを「**凝縮**」といいます。

逆に、「液体」から「気体」になることは「**蒸発**」です。「気体に化ける」だから、昔は「気化」って言ってたんですよ。そうすると「液体」から「気体」も、「固体」から「気体」も「気化」になっちゃいます。

それじゃあまずい、ということで「気化」という言葉は使わなくなりました。

単元2 要点のまとめ①

●**物質の三態**

物質は一般に温度や圧力により固体、液体、気体のいずれかの状態になる。これらの三つの状態を三態という。三態変化を右に示す。これらの変化の名称は覚えておこう。

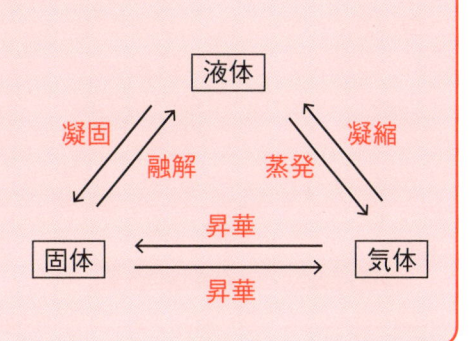

液体　凝固／融解　蒸発／凝縮　固体　昇華　気体　昇華

演習問題で力をつける⑬
物質の三態変化を理解しよう！

問 一般に物質は，温度と圧力の変化により，固体，液体，気体の3つの状態に変化する。図5-7 は水の3つの状態の変化を示したものである。

(1) (ア)，(イ)，(ウ)の各領域の状態を示せ。

(2) AT，BT，CTの各曲線は，この曲線を境にしてある状態から別の状態に変化することを表している。そのような状態の変化は，それぞれ何と呼ばれるか。

(3) 圧力が $1.0 \times 10^5\,\mathrm{Pa}$ のもとで温度を上昇させていったときに，固体の水がたどる経路を定性的に図中に示せ。

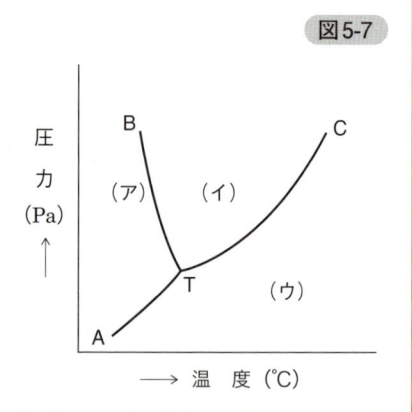

図5-7

さて，解いてみましょう。

岡野のこう解く (ア)の領域と(ウ)の領域は，Aに近いところが両方とも低い温度です。だから，問題(1)は，図を見ただけでは，どちらの領域が固体なのか判断しにくくなっています。そこで，まず**(3)からやるのがポイント**です。

(3) 図5-7 は「**水の状態図**」といいます。

 $1.0 \times 10^5\,\mathrm{Pa}$ のもとでは，温度の変化にともない水は必ず**固体，液体，気体**という3つの状態になります。

連続図5-8① では $1.0 \times 10^5\,\mathrm{Pa}$ がどこだかわかりませんが，固体，液体，

単元2 物質の三態

気体3つの状態すべてを含むのは，**Tよりも上**のところです。だから，Tより上ならどこでもいいので**好きなところに横線を引いて**ください。

連続図5-8②では，赤い横線上に（ア），（イ），（ウ）3つの状態が全部入っていますね。そして，赤い横線に沿って温度の一番低い領域の**（ア）が固体，（イ）が液体，（ウ）が気体**となります。(3)の解答はこの赤い横線です。

　　連続図5-8②の赤線
　　　　　　……(3)の【答え】

水の状態図　　　連続図5-8

①

②

(1) (3)がわかったので，全部答えられます。

　　固体 …… (1)(ア)の【答え】
　　液体 …… (1)(イ)の【答え】
　　気体 …… (1)(ウ)の【答え】

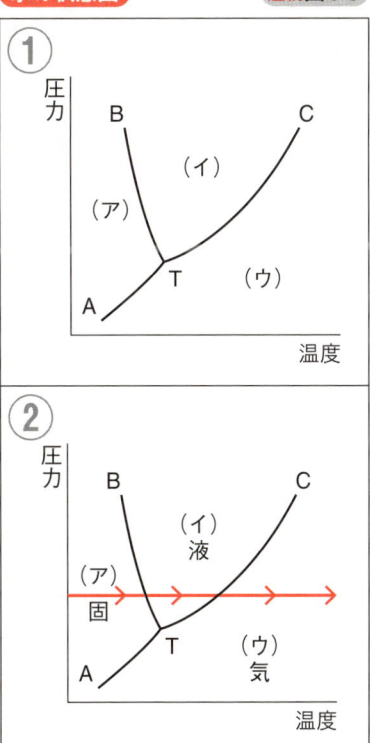

(3)から考えると，横線を引くだけで状態がわかるので，丸暗記しないですみますね。

(2) **ATとTAは同じ**です。要するにATの曲線を境にした**（ア）固体**と**（ウ）気体**の変化の関係が答えです。

　　AT $\begin{cases} 固 \rightarrow 気 & 昇華 \\ 気 \rightarrow 固 & 昇華 \end{cases}$ ……(2)ATの【答え】

同じようにBTは**（ア）固体**と**（イ）液体**の関係，CTは**（イ）液体**と**（ウ）気体**の関係なので，以下が解答です。

　　BT $\begin{cases} 固 \rightarrow 液 & 融解 \\ 液 \rightarrow 固 & 凝固 \end{cases}$ ……(2)BTの【答え】

　　CT $\begin{cases} 液 \rightarrow 気 & 蒸発 \\ 気 \rightarrow 液 & 凝縮 \end{cases}$ ……(2)CTの【答え】

3つの状態変化は覚えてくださいね。

2-2 水の状態図と特徴

水には**水にしかない特徴**があります。**水は圧力をかけると，温度を上げずに固体の状態から液体の状態に変えることができる**んです。

> アドバイス　ちなみに水と同じような状態図を示すものとして，SbとBiがあります。これは覚える必要はありません。

■ 圧力で氷が溶ける

連続図5-9①の「水の特徴」を見てください。下の**赤点は（ア）の領域ですから固体（氷）**です。何℃でもよいのですが，−10℃とします。ここから**圧力をグ〜ッと上げて，（イ）の領域に入ると，液体になる**んですよ（連続図5-9②）。

最近はあまりないかもしれませんが，昔のアイススケート場は1〜2時間に1回必ず休憩があって，モップ付きの車が掃除していました。

なぜかといいますと，シューズのエッジがすごい圧力で氷を押して溶かすからです。

これは水の特徴なので，例えば机に圧力をグーッとかけたからって液体にはなりませんよ。

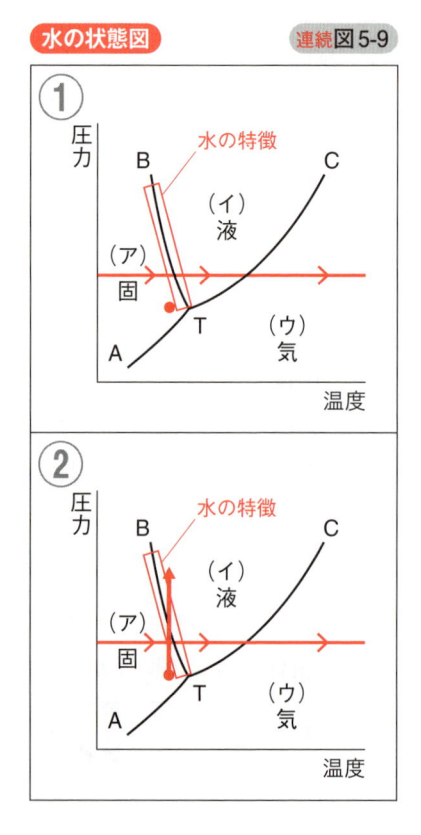

水の状態図　　　　　連続図5-9

■ 水以外の物質

では，**水以外の物質**はどうか？ それが 図5-10 です。

水と違って，右に傾いています。ということは，左上が全部（ア）の領域で，いくら**圧力をかけても最後まで固体**です。

一方，水は左に傾いています。これが「水の特徴」なんです。

次のような論述問題で出てきますよ。

「**氷の特徴として，同じ温度の状態で液体にする方法があります。それはどうしますか？**」

その場合には「**圧力を加える**」と答えてください。

入試では「その他の物質」よりも「水」の問題のほうが多く出ます。「その他の物質」も出るかもしれませんが，今の理論を知っておいていただけますと，原理がよく見えてくると思います。

水以外の物質　図5-10

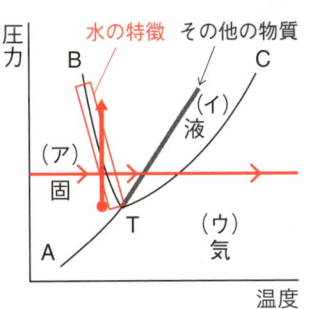

水の特徴　その他の物質
圧力
B　　C
（ア）（イ）液
固　T　（ウ）気
A
温度

■ 三重点

図5-10 のTの部分を**三重点**といいます。固体，液体，気体が全部共存している点です。三重点は，名称だけ覚えておいてください。

単元2 要点のまとめ②

● **水の状態図と特徴1**

水は，1.0×10^5 Pa のもとでは，固体，液体，気体となるので3つの状態が含まれる。

● **水の状態図と特徴2**

水は，同じ温度でも，圧力をかけると，固体から液体の状態に変化する。

単元3 理想気体と実在気体 化/Ⅱ

　理想気体，実在気体は「理論化学①」第10講で学習しました（215，224ページ）。まず，理想気体の特徴は「①**分子間力がない気体**」「②**分子自身の体積がない気体**」「③低温，高圧にしても液体，固体にならない気体」です。特に

> **! 重要★★★**　①**分子間力がない気体**
> 　　　　　　　②**分子自身の体積がない気体**

はよく試験に問われる重要ポイントです。
　また，**実在気体を理想気体に近づける条件**が2つあります。

> **! 重要★★★**　①**高温にする**
> 　　　　　　　②**低圧にする**

　高温にすると，「①**分子間力がない気体**」に近づいていきます。低圧にすると，「①**分子間力がない気体**」に近づき，さらに「②**分子自身の体積がない気体**」にも近づきます。

　「理論化学①」では理想気体の意味や正しい使い方を学習しましたが，本書ではその演習問題を取り上げて，理解を深めていきます。

単元3 要点のまとめ①

●理想気体とはどんな気体か
① 分子間力がない気体
② 分子自身の体積（または分子の大きさ）がない気体
③ 低温，高圧にしても液体，固体にならない気体

※①②が特に重要

●実在気体を理想気体に近づけるための条件
① **高温にする**
　分子の運動エネルギーが大きいため，分子間力が無視できる。
② **低圧にする**
　分子どうしの距離が遠くなり，分子間力は小さくなる。分子自身の体積は，気体の体積に比べて極めて小さいものと見なせる。

●理想気体の状態方程式

[公式15] $PV = nRT$

あるいは $PV = \dfrac{w}{M}RT$

P：気体の圧力 (Pa)（単位は指定されている）
V：気体の体積 (L)（単位は指定されている）
n：気体の物質量 (mol)
R：気体定数 (8.31×10^3 Pa・L/K・mol)
T：絶対温度 $(273 + t℃)$ K
M：気体の分子量　w：気体の質量 (g)

演習問題で力をつける⑭
実在気体と理想気体を理解しよう！

問 次の 図5-11 ， 図5-12 を用いて，下の問に答えよ。なお， 図5-11 は0℃における4種の実在気体1molの $PV=nRT$ の値が，圧力Pとともに変化する様子を示したものである。 図5-12 は，1molのメタンの PV/RT の値が，圧力Pとともに変化する様子を，3つの異なる温度で示したものである。ここで，Vは気体の体積，Rは気体定数，Tは絶対温度を表す。

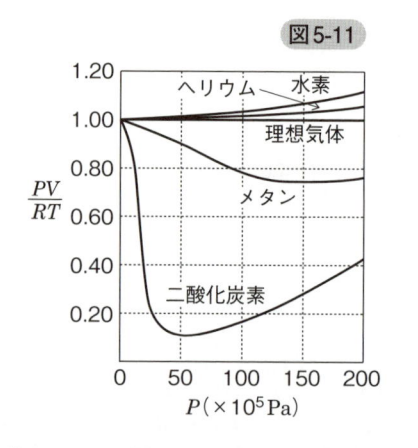

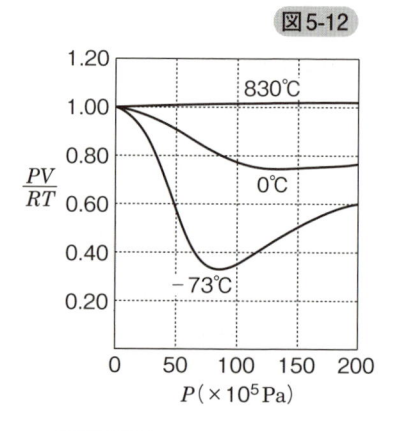

図5-11

図5-12

(1) 次の実在気体に関する記述の中で，☐ にあてはまる気体を，化学式で記せ。

　(a) 最も理想気体に近い挙動を示すものは ア である。
　(b) $150 \times 10^5 \mathrm{Pa}$ で，体積の最も小さいものは イ である。
　(c) $150 \times 10^5 \mathrm{Pa}$ で，体積の最も大きいものは ウ である。

(2) 次の文中の ☐ にあてはまる適当な語句を記せ。
　　メタンは，温度が エ なるにつれて，また圧力が， オ なるにつれて理想気体に近い挙動を示すようになる。このような条件では，メタンの分子間力が カ なることが，主な原因である。

(3) 図5-11 で二酸化炭素の圧力が0から $50 \times 10^5 \mathrm{Pa}$ に増加すると $\dfrac{PV}{RT}$ の値が1から減少する。この理由を簡潔に説明せよ。

さて，解いてみましょう。

(1) (a) 図5-11 を見ていただくと，理想気体のすぐそばにはヘリウムがあります。ヘリウムが理想気体に一番近い気体であることは覚えておいてください。

$\qquad$ **He** ……(1) ア の【答え】

(b) $\dfrac{PV}{RT}$ の P, R, T は**定数**なので，V が小さいものほど $\dfrac{PV}{RT}$ の値も小さくなります。したがって，一番体積が小さいのは $150 \times 10^5\,\mathrm{Pa}$ の**一番下**にある二酸化炭素が解答です。

$\qquad$ **CO$_2$** ……(1) イ の【答え】

(c) 逆に一番体積が大きいのは $150 \times 10^5\,\mathrm{Pa}$ の**一番上**にある水素ですね。

$\qquad$ **H$_2$** ……(1) ウ の【答え】

(2) 図5-12 を見ると，**温度が高い**ほど理想気体に近いです。また，**圧力が0になる**ほど，どの温度でも理想気体に近づいています。それはメタンの**分子間力が小さくなるから**ですね。

$\qquad$ **高く** ……(2) エ の【答え】
$\qquad$ **低く** ……(2) オ の【答え】
$\qquad$ **小さく** ……(2) カ の【答え】

「単元3 要点のまとめ①」の「実在気体を理想気体に近付ける条件」①，②のところです。

(3) **二酸化炭素は，分子間力がはたらく分だけ，理想気体よりも体積が減少するから。** ……(3) の【答え】

これは分子間力が影響します。分子と分子がグ～ッと引っ張って近付きますから，そのときの体積が理想気体の体積 V よりも小さい値になっちゃうんです。二酸化炭素の分子量は44ですから分子間力が働きやすいっていうことですね。

単元4 固体の溶解度(応用) 基/Ⅰ

ここでは「理論化学①」(124ページ)で学習した**「固体の溶解度」**の応用問題を取り上げます。

4-1 水和水(結晶水)を含む問題

硫酸銅(Ⅱ)無水物 $CuSO_4$ は水に溶かして温度を下げると，

> **!重要★★★** 水和水(結晶水)を伴いながら結晶が析出する

という特殊な物質です。このとき，**硫酸銅(Ⅱ)五水和物** $CuSO_4 \cdot 5H_2O$ が析出されます。五水和物とは $5H_2O$ で，「・」は弱い結合で結び付いてることを示しています。

「固体の溶解度」は，「理論化学①」で取り上げた KNO_3 などの**水和水を含まないタイプの問題**と，今回のように**水和水を含むタイプの問題**があります。

そして，この**水和水をもつ結晶**では，次ページの「溶解度の計算問題は4つの比例関係で解く」の「**④温度差による析出量**」が使えません。

少し難しいですが，今からやることをきちっと理解していただければ，わかっていただけると思います。

それでは演習問題をやってみましょう。

単元4 要点のまとめ①

●固体の溶解度とは

溶解度…一定量の溶媒に溶ける溶質の量には一定の限度があり，この限度を溶解度という。固体の溶解度は一般に，**溶媒100g**に溶ける溶質の質量をグラム単位で表す。

飽和溶液…溶質が溶解度に達するまで溶けていて，これ以上溶質がとけなくなった溶液を飽和溶液という。

再結晶…溶解度の差を利用して，不純物を含む固体から純粋な結晶を得る方法。

●溶解度の計算問題は4つの比例関係で解く

溶解度の問題では，次の4つの間で比例関係が成り立つことを利用して解くことができる。ただし，④**は水和水をもつ結晶には使えない**。

① 飽和溶液の質量 (g)
② 飽和溶液中の溶媒の質量 (g)
③ 飽和溶液中の溶質の質量 (g)
④ 温度差による析出量 (g)

固体の溶解度の応用問題に挑戦！

演習問題で力をつける⑮

問 次の設問に答えよ。原子量は H = 1.0, O = 16, S = 32, Cu = 64とし, 有効数字2桁まで求めよ。

硫酸銅(Ⅱ) $CuSO_4$ の溶解度は右の図のようである。硫酸銅(Ⅱ)を水に溶かし, その飽和水溶液を冷却すると, 硫酸銅(Ⅱ)五水和物 $CuSO_4 \cdot 5H_2O$ が析出する。

48℃の飽和水溶液100gを12℃に冷却すると何gの硫酸銅(Ⅱ)五水和物が析出するか。

図5-13

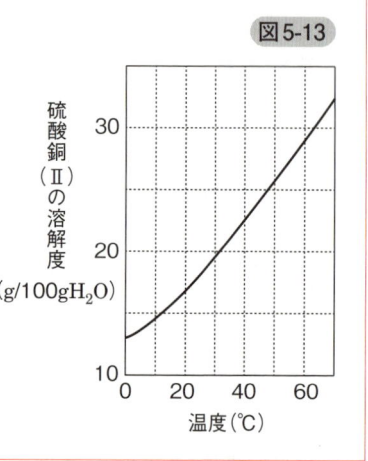

硫酸銅(Ⅱ)の溶解度 (g/100gH_2O)

温度(℃)

さて, 解いてみましょう。

まず, 図を描いてみます 連続図5-14①。

飽和水溶液　　　　　　　　　　　　　　　　　　　連続図5-14

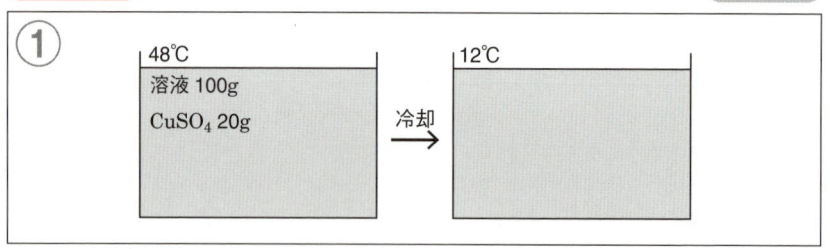

① 48℃　溶液 100g　$CuSO_4$ 20g　冷却→　12℃

48℃の溶液が100gあって, その中に $CuSO_4$ が20g溶けています。**$CuSO_4$ は溶質**ですね。このとき, $CuSO_4$ を y g として, 20gを導いてみましょう。

単元4　固体の溶解度（応用）　161

溶液100g中のCuSO₄（溶質）の質量を求める

岡野の着目ポイント　まず，**溶液：溶質**の関係に着目します。159ページの「①　飽和溶液の質量(g)」と「③　飽和溶液中の溶質の質量(g)」ですね。

次に，グラフの**溶解度曲線**を見ます。48℃のときは，**水100gに対して，CuSO₄（溶質）が25g**溶けています。その際の溶液は(100＋25)gです。

すると，溶液：溶質の関係(①：③)より，

$$48℃\ \text{溶液：溶質}$$
$$(100+25)g : 25g = 100g : y\,g$$
$$\therefore\ y = 20g$$

となり，CuSO₄が20gと求められるわけです。

冷却すると，CuSO₄は水とくっつき析出

冷却した場合，「理論化学①」の例（126ページ）では単にKNO₃が析出しました。しかし，**今回，水和水（結晶水）を伴ってCuSO₄・5H₂Oを析出します**。析出したCuSO₄・5H₂Oはxg析出し，上澄み液は飽和溶液になっています。

このとき使われる水は，溶液100gからCuSO₄ 20gを引いた残り，80gの一部からです 連続図5-14②。

連続図5-14 の続き

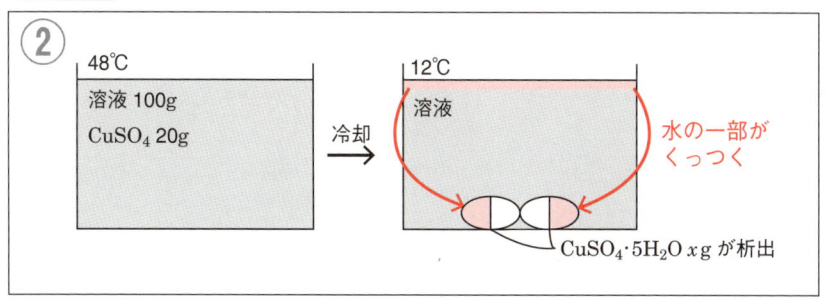

②
48℃　溶液100g　CuSO₄ 20g　→冷却→　12℃　溶液　水の一部がくっつく　CuSO₄・5H₂O xg が析出

「④ 温度差による析出量」は計算に使えない

今回のケースでは溶媒である水の一部が使われるため、溶媒の質量が変化したので「④ 温度差による析出量」で比例関係を結び付けて解くことができません。そのため159ページの①②③の3つから比例関係で結び付けていきます。それではやってみましょう。

溶液の質量を求める

析出した$CuSO_4 \cdot 5H_2O$ xgは、沈殿していますので、その上澄みとなる溶液が飽和溶液になっています。その質量は、$(100-x)$gです。

溶液中の$CuSO_4$の質量を求める

岡野のこう解く まず、析出している$CuSO_4 \cdot 5H_2O$ xg中の$CuSO_4$だけの質量を求めます。

$CuSO_4 \cdot 5H_2O$の式量は

$$CuSO_4 \cdot 5H_2O = 250$$
$$16090$$

です。比例関係からxg中の$CuSO_4$の質量を□gとすると、

$$250\text{g} : 160\text{g} = x\text{g} : \square\text{g} \quad \therefore \quad \square = \frac{160x}{250}\text{g}$$

と求められます。□がこの場合、未知数になります。

冷却前の$CuSO_4$は20gだったので、析出分を引くと

$$\left(20 - \frac{160x}{250}\right)\text{g}$$

が飽和溶液中の$CuSO_4$の質量になります。 連続図5-14③ の濃い赤色で斜線を付けた部分は**上澄み液**ですから、飽和溶液になっています。

単元4 固体の溶解度（応用）

連続図5-14 の続き

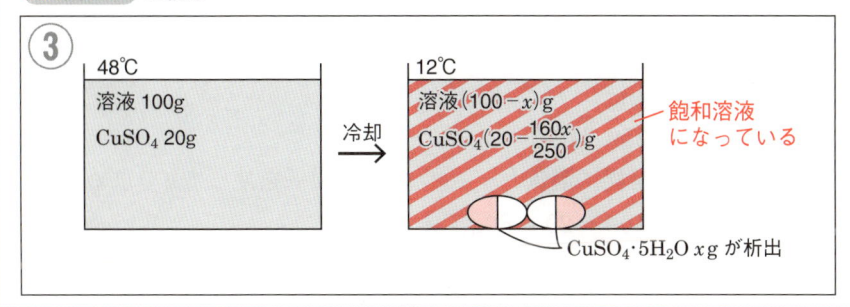

③

48℃	冷却	12℃
溶液 100g CuSO₄ 20g	→	溶液 $(100-x)$g $CuSO_4 (20-\dfrac{160x}{250})$g ← 飽和溶液になっている $CuSO_4 \cdot 5H_2O$ xg が析出

x を求める

飽和溶液中の**溶液：溶質**（①：③）の比例関係を使って，xを求めます。グラフの溶解度曲線（図5-13）を見ますと，12℃のとき，100gの水に15gの$CuSO_4$（溶質）が溶けています。その際の溶液は$(100+15)$gです。

$$12℃ \quad 溶液：溶質$$
$$(100+15)g : 15g = (100-x)g : \left(20-\dfrac{160x}{250}\right)g$$

内項の積と外項の積で計算します。

$$\underbrace{(100+15)}_{23}g : \underbrace{15}_{3}g = (100-x)g : \left(20-\dfrac{160x}{250}\right)g$$

∴ $3(100-x) = 23\left(20 - \dfrac{160x}{250}\right)$

∴ $x = 13.65 ≒ $ **14g** ……【答え】
（有効数字2桁）

（別解）

今度は**溶媒：溶質**で考えてみましょう 連続図5-15。

まず，析出している $CuSO_4 \cdot 5H_2O$ x g 中の H_2O だけの質量を □ g として求めてみましょう。

$$250g : 90g = xg : \square g$$

$$\therefore \quad \square = \frac{90x}{250} g$$

飽和溶液中の**溶媒：溶質**(②：③)の比例関係を使ってxを求めます。溶媒(水)の量は $100 - 20 = 80$ g です。

連続図5-15

① 48℃ 溶媒 80g $CuSO_4$ 20g →冷却→ 溶媒／水の一部がくっつく／$CuSO_4 \cdot 5H_2O$ x g が析出

② 48℃ 溶媒 80g $CuSO_4$ 20g →冷却→ 12℃ 溶媒 $(80 - \frac{90x}{250})$ g，$CuSO_4 (20 - \frac{160x}{250})$ g ／飽和溶液になっている／$CuSO_4 \cdot 5H_2O$ x g が析出

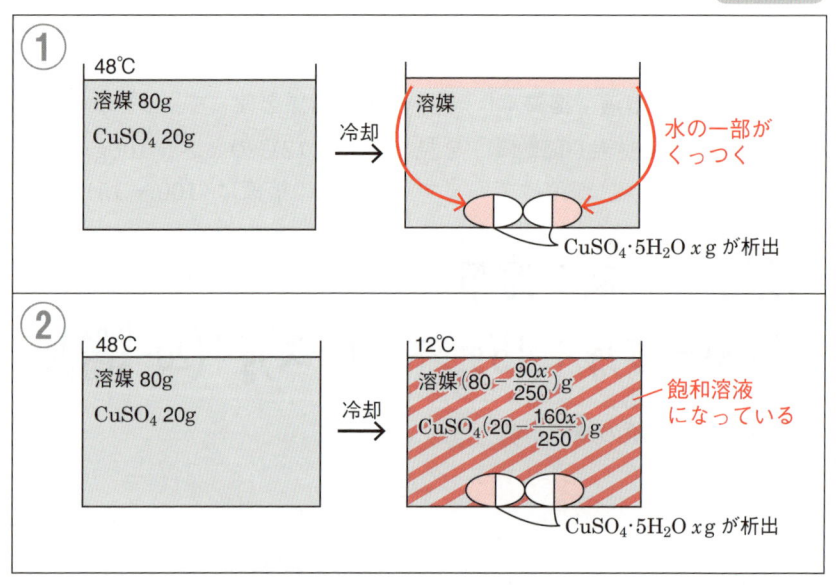

12℃ 溶媒：溶質

$$\underbrace{100g : 15g}_{20 \ : \ 3} = (80 - \frac{90x}{250})g : (20 - \frac{160x}{250})g$$

$\therefore \quad 3(80 - \frac{90x}{250}) = 20(20 - \frac{160x}{250})$

$\therefore \quad x = 13.65 \fallingdotseq \mathbf{14g}$ ……【答え】

(有効数字2桁)

以上のように考え方が正しければ，**溶液：溶質**でも，**溶媒：溶質**でも

解答は同じになります。どうぞ，ご自分のやりやすい方で解いてみてください。

> **試験本番を乗り切るコツ**
>
> 最後のxを求める計算は，意外と大変です。計算式までは立てられるようになるのですが，解くのに何分くらいかかるか，時間を測ってしっかり把握しておいてください。そして，もし10分以上かかる人は，試験本番の際，すぐに飛びつかないよう十分注意してください。試験問題はとても多いですから，ここからの計算に10分や15分時間をかけるくらいなら，他の速くできる問題を先にやって，時間を余らせてからやるなど，工夫が必要です。解くかどうかは最終段階で判断できるようにしておいてください。

単元 5 浸透圧（応用） 化/Ⅱ

5-1 浸透圧とは

浸透圧は「理論化学①」257ページで学習しました。本書ではその応用について，考えてみます。

■ 半透膜と浸透圧

浸透圧の現象を図で描いてみます。
連続図5-16①はU字管の断面です。断面積は$1cm^2$で，中央には半透膜があり，左右対称に仕切っています。**半透膜**には，**セロハン**や**細胞膜**といった種類があり，大きな粒子は通さないけれど，**小さな粒子は通す**という性質があります。

そして，このU字管の右側に分子量Mの非電解質（水に溶けてイオンに分かれない物質）を10mL，左側に純水10mLを入れます。

最初のスタート時点では左右が同じ高さになっていますが，やがて均一な濃さになろうとして，**薄い液の方から濃い液の方**に，半透膜を通して水が移ってきます（連続図5-16②）。その半透膜にかかる圧力を**浸透圧**といいます。この自然界の現象を覚えておいてください。

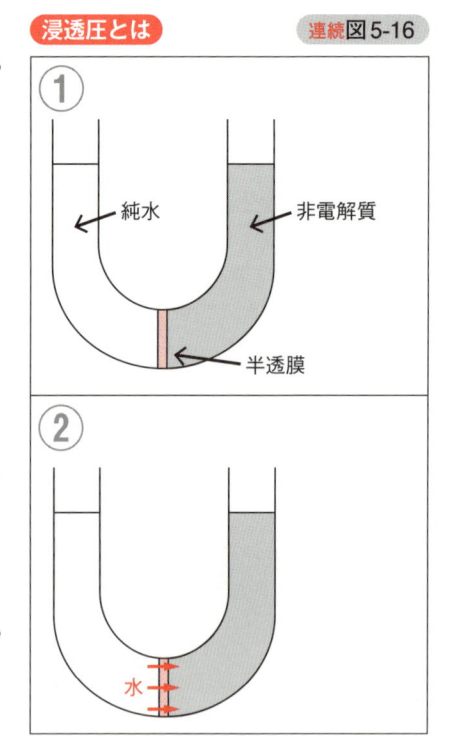

連続図5-16

浸透圧とは

① 純水 ／ 非電解質 ／ 半透膜

② 水

■液面差

　水が移った結果，左側が2.5cm下がって，右側が2.5cm上がりました。この5cmの差のことを**液面差**といいます（連続図5-16③）。

　盛り上がった分の溶液が押す圧力と，水が浸透する圧力とのバランスがとれた状態が液面差となっています。

浸透圧とは 連続図5-16 の続き

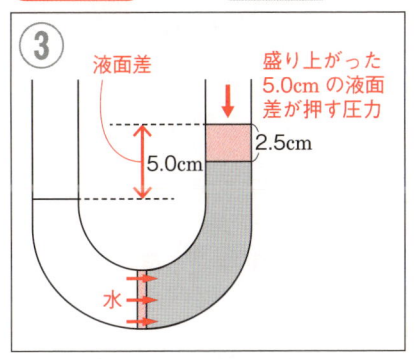

③ 液面差　盛り上がった5.0cmの液面差が押す圧力　5.0cm　2.5cm　水

■移った分の体積を求める

　溶液が移った分の体積は，**断面積×高さ**で求めます。断面積は$1cm^2$だから，高さ2.5cmをかけると$2.5cm^3$。$1cm^3 = 1mL$だから，2.5mLの体積が移動したことになります。

単元5 要点のまとめ①

●浸透圧

　溶媒分子は通すが，溶質粒子は通さないような**半透膜**を境に，純溶媒と溶液とを図のように接触させると，溶媒が半透膜を通って溶液側に浸透しようとする。このときの溶媒が入り込んでくる圧力のことを浸透圧という。また，溶液側に，ある圧力をかけると溶媒の浸透をおさえることができる。この圧力は**浸透圧**と等しい大きさを示す。

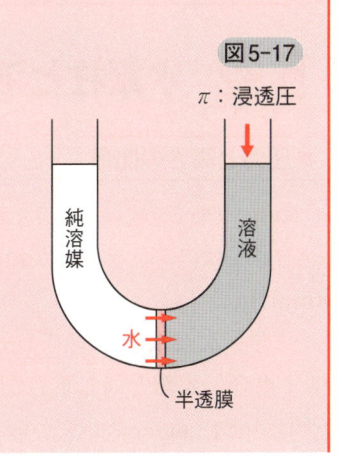

図5-17　π：浸透圧　純溶媒　溶液　水　半透膜

● 浸透圧の公式

☆ $\boxed{\pi V = nRT}$ ——— [公式18]

モル濃度 ↓
$\pi = \dfrac{n}{V} RT$

☆ $\boxed{n = \dfrac{w}{M}}$ ——— [公式2]

$\boxed{浸透圧\ \pi = CRT\ (C:モル濃度)}$

☆ $\boxed{\pi V = \dfrac{w}{M} RT}$ ——— [公式18]

浸透圧は溶質粒子のモル濃度と溶液の絶対温度の積に比例する。

- π：浸透圧（Pa）（単位は指定されている）
- V：溶液の体積（L）（単位は指定されている）
- n：溶質の物質量（mol）
- R：気体定数 8.31×10^3 Pa・L/(K・mol)
- T：絶対温度 $(273 + t℃)$ K
- M：溶質の分子量
- w：溶質の質量（g）

5-2 水銀柱と液柱の高さ

■ 圧力と高さの関係

1mmの高さの水銀が面を押す圧力を，**1mmHg** という単位で表わそうと約束されています。2mmの高さならば2mmHg，3mmの高さなら3mmHgです。

一方，水が水銀と同じ1mmHgの圧力で面を押す場合，水銀と同じ重さが必要になります。

水銀は13.6g/cm³ ですから，

　　　13.6g/1cm³

と考え，1cm³ あたり13.6gです。

一方，水は1.0g/cm³ ですから，1cm³ あたり1.0g なので，図5-19 のよ

1mmHgとは　図5-18

Hg
1mm
1mmHg

うに，水の高さを13.6倍にして体積を増やせば，水の重さは水銀と同じになります。HgとH₂Oの底面積をそろえておき，底面積×高さ＝体積なので，H₂Oを13.6倍の高さ（13.6mm）にすると，H₂Oの体積はHgの13.6倍になり，重さが同じになる。したがって水の高さも，1mmHgで面を押すことになります。

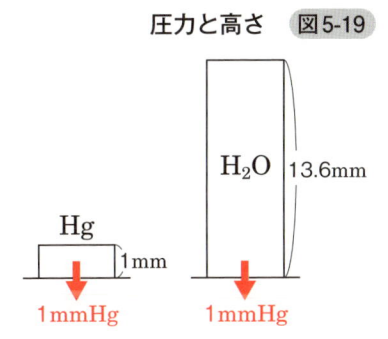

圧力と高さ　図5-19

■ 圧力と底面積の関係

圧力は，単位面積（1cm²とか1m²）あたりを押す力です。これは圧力の定義です。**圧力は，底面積が広くても狭くても，押す圧力の大きさに違いはありません。圧力に関係するのは高さだけです。**　図5-19　では，わかりやすくするため底面積をそろえて考えましたが，実は圧力のときには，例えば1cm²あたりを押している力としますとその1cm²あたりを押す力はどれも同じです（　図5-20　）。したがって底面積の広い狭いは関係しないのです。

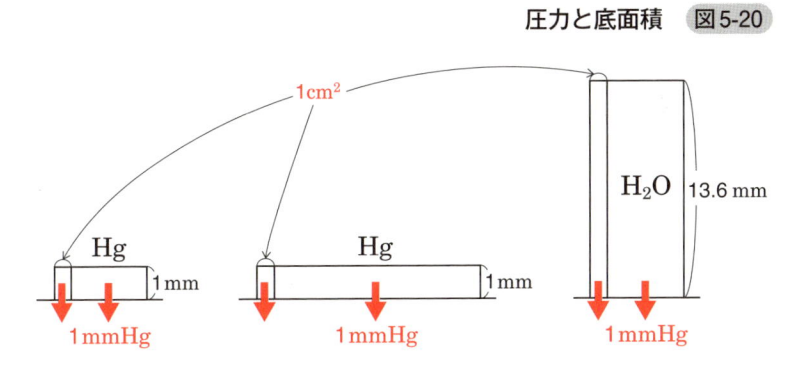

圧力と底面積　図5-20

問題で，底面積が狭いときと広いとき，どっちの圧力が大きいかと問われたら，解答は「同じ圧力」なんだということに注意してください。

> **重要 ★★★** Hg 1mm と H₂O(水溶液) 13.6mm の液柱がもつ圧力は同じである。

単元5 要点のまとめ②

● 水銀柱と液柱の高さ

圧力…単位面積あたりを押す力。

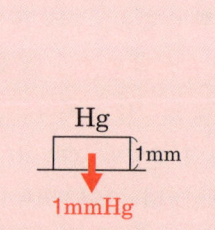

図5-21

1mmのHgが面を押す圧力を1mmHgという。

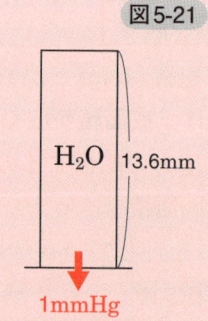

同体積あたりのHgはH₂Oの13.6倍の重さをもつので水は13.6mmでHgの圧力とおなじになる。

よって，Hg 1mm と H₂O(水溶液) 13.6mm の液柱がもつ圧力は同じである。

演習問題で力をつける⑯
浸透圧の問題を攻略しよう！

問 半透膜によって仕切られた左右対称で断面図が$1.0cm^2$のU字管の一方に分子量Mの非電解質$0.20g$を含む水溶液$10.0mL$を，他方に純水$10.0mL$を入れた。このU字管を30℃で放置したところ，液面の差が$5.0cm$で一定になった。以下の各問いに答えよ。

(1) 液面の差が$5.0cm$で一定になったときの水溶液の浸透圧は何Paか。次の中から最も近いものを1つ選べ。ただし，水溶液の密度および純水の密度はいずれも$1.0g/cm^3$とし，水銀の密度は$13.6g/cm^3$，$1.0 \times 10^5 Pa = 760 mmHg$とする。

(ア) $5.0 \times 10^4 Pa$ (イ) $6.5 \times 10^3 Pa$
(ウ) $4.8 \times 10^2 Pa$ (エ) $6.5 \times 10^2 Pa$ (オ) $4.8 \times 10 Pa$

(2) この水溶液に含まれる非電解質の分子量Mはいくらか。次の中から最も近いものを1つ選べ。ただし，気体定数は，$R = 8.3 \times 10^3$ $(Pa \cdot L/(K \cdot mol))$とする。

(ア) 0.3×10^4 (イ) 1.8×10^4 (ウ) 4.6×10^4
(エ) 8.3×10^4 (オ) 10.4×10^4

(3) 浸透圧に対する溶液のモル濃度と温度の一般的な関係に関する記述で正しいのはどれか。次の中から1つ選べ。

(ア) 浸透圧は，溶液のモル濃度と絶対温度に比例する。
(イ) 浸透圧は，溶液のモル濃度と絶対温度に反比例する。
(ウ) 浸透圧は，溶液のモル濃度に比例し，絶対温度に反比例する。
(エ) 浸透圧は，溶液のモル濃度に反比例し，絶対温度に比例する。
(オ) 浸透圧は，溶液のモル濃度に比例するが，絶対温度には関係しない。
(カ) 浸透圧は，溶液のモル濃度には関係しないが，絶対温度に比例する。

さて，解いてみましょう。

(1) 水が入り込んできて，液面差が5.0cm（＝50mm）ついたときの圧力を求めます。液面差50mmの水溶液の高さがもつ圧力と入り込む水の圧力（浸透圧）が等しいのです。

図5-22

水溶液50mmと同じ圧力となる水銀の高さをx mmとして計算します。

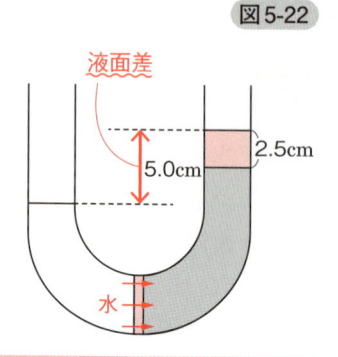

> **岡野のこう解く** 水銀1mmと水13.6mmの高さが同じ圧力なので，次のような比例式で求めます。
>
> 　　　　Hg　：H$_2$O（水溶液）
> 　　1mm：13.6mm　＝　x mm：50mm
> 　∴　$x = \dfrac{50}{13.6} = 3.676$ mm

水銀3.676mmの高さがもつ圧力は同じ値の3.676mmHgです。解答はPaなので，単位を直します。圧力1.0×10^5Paは760mmHgですから，

　∴　1.0×10^5Pa：760mmHg＝y Pa：3.676mmHg

　∴　$y = \dfrac{1.0 \times 10^5 \times 3.676}{760} = 483 ≒ 4.8 \times 10^2$ Pa

となり，解答は（ウ）となります。

　　（**ウ**）……(1)の【答え】

(2) 分子量Mは，$\boxed{\pi V = \dfrac{w}{M}RT}$ に代入して求めます。

溶液の体積Vは，薄まった後の体積という点に注意してください。

単元5 浸透圧（応用） 173

> **岡野の着目ポイント** **薄まった後の体積**というのは，水が水溶液に入り込んできて2.5cm分盛り上がった後の体積ということです。初めの体積ではありませんよ。「理論化学①」ではそこまでは書いていませんでした。ここが最大のポイントです。

> **岡野のこう解く** はい。後はもう式に代入していきます。まずπVのところ，πは**浸透圧**を表し，単位はPa，Vは**溶液の体積**で単位はLでしたね。
>
> $$\underbrace{4.83 \times 10^2}_{\pi} \times \underbrace{\frac{10 + 1 \times 2.5}{1000}}_{V} = \underbrace{\frac{0.20}{x}}_{\frac{w}{M}} \times \underbrace{8.3 \times 10^3}_{R} \times \underbrace{(273 + 30)}_{T}$$
>
> 囲みの部分は溶液の体積（mL）です。液面差としては5cmですが，新たに入り込んだ分の高さは半分の2.5cmです。断面積は1cm²なので，底面積×高さで2.5cm³ ⇒ 2.5mL。元の溶液は10mLだから12.5mLが溶液全体の体積となります。
>
> 分子量Mが未知数なのでx。質量wは0.20gですね。計算すると，次のようになります。
>
> ∴ $x = 83309 \fallingdotseq 8.3 \times 10^4$
>
> （エ）……(2)の【答え】

(3) **岡野のこう解く** これは式変形を使います。

$$\pi V = nRT \implies \pi = \left(\underbrace{\frac{n \text{ mol}}{V \text{ L}}}_{\text{モル濃度}}\right) RT \implies \pi = CRT$$

○のところは $\boxed{\dfrac{\text{溶質のmol数}}{\text{溶液のL数}}}$ になりますからモル濃度を表しています。これをもう1回式変形して，$\pi = CRT$ とします。Cはモル濃度です。

すると結論は，**浸透圧πはCにもTにも比例する**，ということがわかります。だから，解答は（ア）です。

（ア）……(3)の【答え】

変数＝定数×変数の関係に注目

岡野の着目ポイント $y = ax$ を思い出してください。y と x が変数と考えると，a は定数ですよね。変数＝定数×変数の関係だと変数同士は**比例関係**なんですよ。

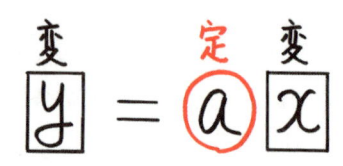

$$\boxed{y} = \boxed{a}\,\boxed{x}$$
（変）　（定）（変）

$\pi = RT \times C$ と考えると，浸透圧 π と C が変数です。そのとき温度 T を一定（R は一定値）にすると，π と C は比例の関係になります。

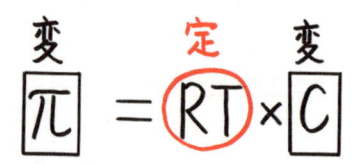

$$\boxed{\pi} = \boxed{RT} \times \boxed{C}$$
（変）　（定）　（変）

$\pi = CR \times T$ とやってもいいです。そうすると，π と T が変数，R は一定値で，モル濃度 C を一定とすると π と T は比例関係になります。

$$\boxed{\pi} = \boxed{CR} \times \boxed{T}$$
（変）　（定）　（変）

こう考えていただければ，解答群のように他のものが反比例するってことは絶対考えられないです。

以上で第5講を終わります。

第6講

合成高分子化合物

- **単元1** 縮合重合 化/Ⅱ
- **単元2** 付加重合 化/Ⅱ
- **単元3** 合成ゴム 化/Ⅱ
- **単元4** ビニロン 化/Ⅱ

第6講のポイント

第6講からは「有機化学」です。「合成高分子化合物」をやっていきます。種類や合成によってできる物質を岡野流でシンプルに理解しましょう。

単元 1 縮合重合　化/Ⅱ

こんにちは。今日から「有機化学②」の内容をやってまいります。最初は『**合成高分子化合物**』です。高分子は，眺めるだけでは難しく感じます。ぜひ，書いてみることをおすすめします。

1-1 合成高分子の3つの反応

■合成高分子化合物とは

合成高分子化合物というのは，

人が作る大きな分子量の化合物

です。**フェノール樹脂**や**尿素樹脂**，**ナイロン66**，**ポリエチレン**などがあります。

一方，**天然高分子化合物**は

天然に存在する大きな分子量の化合物

で第7講の**多糖類**，第8講の**タンパク質**などがあります。

■合成の反応は主に3種類

合成高分子は，主に**縮合重合**，**付加重合**，**共重合**の3種類の反応で合成され，**合成樹脂**，**合成繊維**，**合成ゴム**などがあります。その他にも反応の種類はありますが，主なものはこれら3種類です。

まずは縮合重合により合成される物質を見ていきましょう。

1-2 縮合重合でできる物質

縮合重合は縮重合とも言いますが，正式には縮合重合です。重合とは小さな分子量のものが反応を繰り返し，大きな分子量の化合物に変化するこ

単元1 縮合重合　177

とをいいます。

　重合を行う際の**元の物質**（フェノールやホルムアルデヒドなど）を**単量体**といい，重合によって合成される物質を**重合体**（フェノール樹脂など）といいます。

　縮合重合により合成される物質は 表6-1 の4つが主なものです。

　縮合重合は合成の際，**水 H_2O がとれて**大きな分子量になっていきます。例えばフェノール樹脂は，フェノールとホルムアルデヒドの分子間から水 H_2O が取れてできる物質です。

　なお， 表6-1 のうち，**◎の2つは化学反応式が出題されるので書けるようにしておきましょう**。上の2つは結果のみ問われるので，反応式は必要ありません。

単元1 要点のまとめ①

● 縮合重合でできる物質

表6-1

物質名	単量体	重合体
フェノール樹脂	フェノール C_6H_5OH ホルムアルデヒド　HCHO	(構造式)
尿素樹脂	尿素　$CO(NH_2)_2$ ホルムアルデヒド　HCHO	(構造式)
◎ ナイロン66 （6,6-ナイロンも可）	アジピン酸 $HOOC-(CH_2)_4-COOH$ ヘキサメチレンジアミン $H_2N-(CH_2)_6-NH_2$	$\left[C-(CH_2)_4-C-N-(CH_2)_6-N \right]_n$ $\|\|\|\|\|\|$ $OOHH$
◎ ポリエチレンテレフタラート （ポリエチレンテレフタレート）	テレフタル酸 $C_6H_4(COOH)_2$ エチレングリコール $HO-CH_2-CH_2-OH$	$\left[C-C_6H_4-C-O-(CH_2)_2-O \right]_n$

1-3 フェノール樹脂

表6-1 の最初，**フェノール樹脂**は単量体と重合体の名前を知っておいてください。これらの名称は入試で出題されます。反応の流れをご説明するので結果だけ書けるようにしてください。化学反応式を書く必要はありません。

■ 縮合重合の流れ

フェノール樹脂の単量体は**フェノール**と**ホルムアルデヒド**です（連続図6-1①）。

2つの**フェノール**の**H**と**ホルムアルデヒド**の**O**がとれて水 H_2O となります（連続図6-1②）。

そして，とれて余ったHの手のところに CH_2 が入り込んでくるんです（連続図6-1③）。

そうしてできたのが**フェノール樹脂**です（連続図6-1④）。この出来上がった物質が**重合体**です。

(注) ベンゼン環のHは，反応に関係するところのみ書いています。

フェノール樹脂の縮合重合 連続図6-1

① フェノール　ホルムアルデヒド　フェノール

② フェノール　ホルムアルデヒド　フェノール　H_2O

③ フェノール　ホルムアルデヒド　フェノール

④ フェノール樹脂　さらにくり返されて重合体になる

単元1　縮合重合　179

■フェノール樹脂は何個もつながっている

連続図6-1 では、2つのフェノールで説明しましたが、実際は 図6-2 のようにフェノールの他のHのところにもCH_2，CH_2と入り込んできます。

図6-2

これらを数量的に表すことはなかなかできないので、入試では数量的に何が何倍でということは問われません。

図6-3 のように単量体の2つのフェノールとホルムアルデヒドから水H_2Oが抜けた一部分の構造式を見て、**これはフェノール樹脂**だ、と答えられるようにしておきましょう。入試ではよく出題されます。

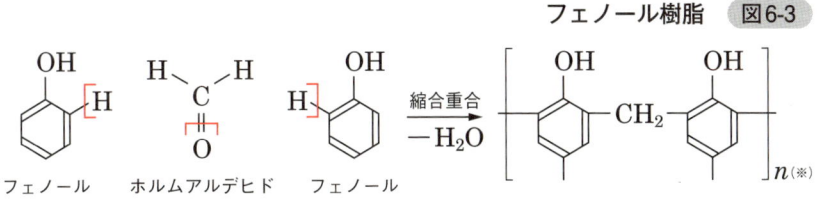

フェノール樹脂　図6-3

（※）数量的にはおかしな書き方ですが、何個もつながっているのでnとします。

1-4 尿素樹脂

表6-1 の2番目、**尿素樹脂**もフェノール樹脂と同じように考えます。

■尿素樹脂の単量体

尿素樹脂の単量体は**尿素**と**ホルムアルデヒド**です。これらの名称は入試で出題されます。尿素はCOの二重結合で両サイドにアミノ基NH_2が入ってきます（図6-4）。なお、**これをケトン基と言ってはいけません。ただのカルボニル基**です（「無機化学＋有機化学①」215ページ参照）。ケトン基は$C=O$の両サイドが炭素Cのときです。

尿素　図6-4

■尿素樹脂の縮合重合

連続図6-5① のように2つの尿素とホルムアルデヒドが反応して，尿素のHと，ホルムアルデヒドのOがとれます。フェノール樹脂同様，連続図6-5② のようにCH_2が間に入ってきます。

これらは何個もつながっているので，ちょっと数量的にはおかしいのですが，nとします。これが尿素樹脂です。

尿素樹脂の縮合重合　連続図6-5

①
H-N-C-N-H　　H-C-H　　H-N-C-N-H
　|　||　|　　　　|　　　　|　||　|
　H　O　H　　　 O　　　 H　O　H
　　尿素　　　ホルムアルデヒド　　尿素

②
$$\left[-\underset{\underset{H}{|}}{N}-\underset{\underset{O}{||}}{C}-\underset{\underset{H}{|}}{N}-CH_2-\underset{\underset{H}{|}}{N}-\underset{\underset{O}{||}}{C}-\underset{\underset{H}{|}}{N}- \right]_n$$

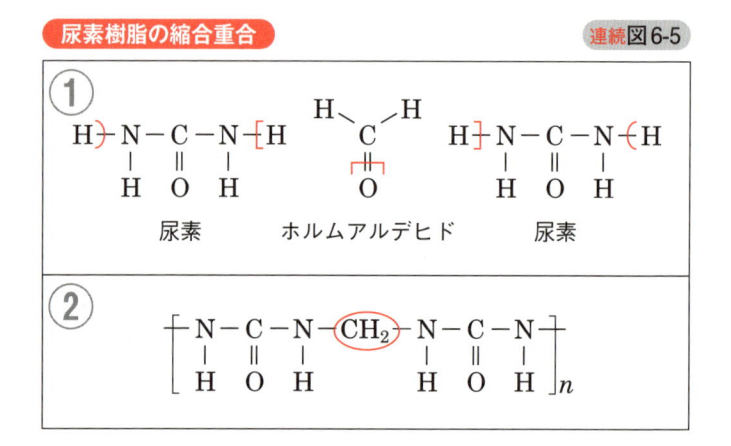

■尿素樹脂にはアミド結合はある？

図6-6 の囲ったところを**アミド結合**と言います（「無機化学＋有機化学①」283ページ）。

図6-6

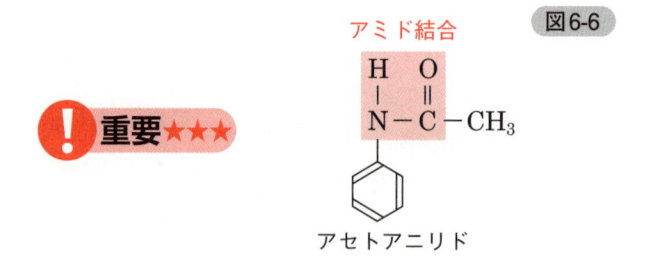

アミド結合
H　O
|　||
N-C-CH₃
|
（ベンゼン環）

アセトアニリド

重要★★★

そして「**尿素樹脂にアミド結合があるか？**」と，よく出題されます。**答えは「ない」が正解です**（一応，少しはありますが）。

尿素樹脂の窒素Nに付いていた水素Hは，全部ホルムアルデヒドと結びついてCH_2っていう形になります（連続図6-5③）。つまり，基本的にH

はとれてしまうんです。

連続図6-5 の続き

③
$$\left[\begin{array}{c}-N-C-N-CH_2-N-C-N-\\ | \; \| \; | \qquad\qquad | \; \| \; |\\ H \; O \; H \qquad\qquad H \; O \; H\end{array}\right]_n$$

Hが全部とれてCH₂になる

尿素樹脂

　実際には，ほんの少し（1億の内の何個か）アミド結合が残っているかもしれませんが，岡野流では「**ほとんどのHがとれちゃうからアミド結合はない**」でご理解ください。**表6-1**（177ページ）には，Hが書いてありますが，**反応がどんどん起こって最終的にはなくなります**。

　連続図6-5③のHが全部とれてCH₂になった構造式を見て**尿素樹脂**だ，と答えられるようにしておきましょう。入試ではよく出題されます。

岡野流必須ポイント⑯　尿素樹脂とアミド結合

尿素樹脂にアミド結合はないと覚えよう。

アドバイス　フェノール樹脂，尿素樹脂の重合形式を縮合重合と説明してきましたが，入試では付加縮合または付加縮合重合といった名称で出題される可能性があります。その場合も，今回説明した縮合重合とほぼ同じと考えていただいてかまいません。

1-5 ナイロン66（6,6-ナイロンも可）

ナイロンろくろくといいます。「ろくじゅうろく」ではありません。

66はCが6個と6個という意味です。

　前のフェノール樹脂や尿素樹脂と違って，今回は化学反応式も書けるようにしましょう。

■ 単量体「アジピン酸」

まず，ナイロン66（6,6-ナイロンも可）の最初の単量体は**アジピン酸**です（図6-7）。

Cが6個あって，両サイドが**カルボキシ基**－COOHです。残りは全部水素Hですが，図では省略しています。テストのときは，ちゃんと書いてくださいね。nはアジピン酸がn個という意味です。

アジピン酸　図6-7

$$n \ \text{HO}-\overset{\text{O}}{\underset{\|}{\text{C}}}-\text{C}-\text{C}-\text{C}-\text{C}-\overset{\text{O}}{\underset{\|}{\text{C}}}-\text{OH}$$

（注）Cの上下のHは省略しています。

■ 単量体「ヘキサメチレンジアミン」

そして，もうひとつの**6つのC**は，**ヘキサメチレンジアミン**です（図6-8）。両サイドが**アミノ基**NH_2。ヘキサは「**6つの**」という意味です。CH_2は**メチレン基**って言います（「無機化学＋有機化学①」「付録」303ページ）。6つのメチレン基で**ヘキサメチレン**，2つアミノ基があるから**ジアミン**。全部合わせて**ヘキサメチレンジアミン**。**アジピン酸**と**ヘキサメチレンジアミン**の名称は覚えてくださいね。入試で出題されます。

ヘキサメチレンジアミン　図6-8

$$n \ \text{H}-\overset{\text{H}}{\underset{|}{\text{N}}}-\text{C}-\text{C}-\text{C}-\text{C}-\text{C}-\text{C}-\overset{\text{H}}{\underset{|}{\text{N}}}-\text{H}$$

（注）Cの上下のHは省略しています。

■ ナイロン66（6,6-ナイロンも可）の縮合重合の流れ

ナイロン66の**6**と**6**は**アジピン酸とヘキサメチレンジアミン**の**炭素の数のこと**です。これら2つが反応すると縮合重合が起こって，両サイドのOHとHがとれます（連続図6-9①）。

そして，これらをつないだ 連続図6-9② を**ナイロン66**または6,6-ナイロンって言っているんです。

単元1　縮合重合

ナイロン66の縮合重合　　　連続図6-9

①

$$n\ HO-\underset{\underset{\|}{O}}{C}-C-C-C-C-\underset{\underset{\|}{O}}{C}-OH + n\ H-N-C-C-C-C-C-C-N-H$$

アジピン酸　　　　　　　　　ヘキサメチレンジアミン

② 縮合重合→ $\left[\underset{\underset{\|}{O}}{C}-(CH_2)_4-\underset{\underset{\|}{O}}{C}-\underset{\underset{|}{H}}{N}-(CH_2)_6-\underset{\underset{|}{H}}{N}\right]_n + 2nH_2O$

ナイロン66

　左から見ていくと，まず CO の2重結合から始まって，CH_2 が4個，CO の二重結合に NH がつながってきます。さらに CH_2 が6個，最後に NH です。

　+$2nH_2O$ はアジピン酸とヘキサメチレンジアミンが1個ずつあったとき，とれた水の数です。1個と1個で2個とれますね（連続図6-9①）。では n 個ずつあったとしたら，とれる水は n 個と n 個で $2n$ 個です。だから $2nH_2O$ なんです。

　ここでご紹介した構造式や化学反応式は**すべて書けるように**，どうぞ練習しておいてください。**入試では化学反応式を書かせる問題が出題されます。**

重要★★★

$$n\ HO-\overset{O}{\overset{\|}{C}}-(CH_2)_4-\overset{O}{\overset{\|}{C}}-OH + n\ H_2N-(CH_2)_6-NH_2$$

$$\xrightarrow{縮合重合} \left[\overset{O}{\overset{\|}{C}}-(CH_2)_4-\overset{O}{\overset{\|}{C}}-\overset{H}{\overset{|}{N}}-(CH_2)_6-\overset{H}{\overset{|}{N}}\right]_n + 2nH_2O$$

■ナイロンの特徴

図6-10 の結合を**アミド結合**と言います。

ナイロン66　図6-10

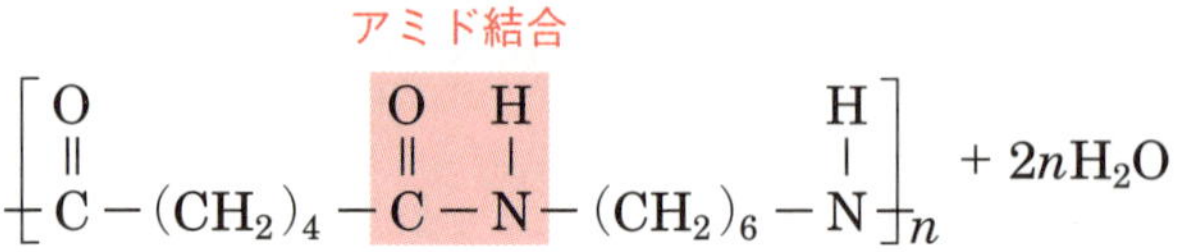

$$\left[\overset{O}{\underset{\|}{C}} -(CH_2)_4 - \overset{O}{\underset{\|}{\underset{アミド結合}{C}}} - \overset{H}{\underset{|}{N}} -(CH_2)_6 - \overset{H}{\underset{|}{N}} \right]_n + 2nH_2O$$

ナイロンの特徴は，全般的にアミド結合がたくさん入っているところです。ナイロンは，「カロザース」(1896〜1937)という人が絹（カイコの繭）に似た繊維を作ろうとして生まれました。カイコは虫ですから，タンパク質がたくさん入っている。だから，アミド結合のような結合をたくさん含めば，絹のような高級感で艶のある繊維が出来るんじゃないか？ ということで，ナイロンを作ったんです。

ポリは多数の，という意味です。ナイロンにはアミド結合がたくさん入っているから，**ポリアミド**という言い方があります。この言葉を覚えておいてください。

1-6 ポリエチレンテレフタラート

ポリエチレンテレフタラートは**ポリエチレンテレフタレート**とも言います。で，もう1つ別の言い方，ポリの**P**とエチレンの**E**，テレフタル酸の**T**で**PET**と言います。ペットボトルのペットです。あれは実はポリエチレンテレフタラートから作られています。

■ポリエチレンテレフタラートの縮合重合の流れ

ポリエチレンテレフタラートも入試で化学反応式が書かされます。単量体は**テレフタル酸**と**エチレングリコール**（二価アルコール）が各 n 個です（連続 図6-12①）。名前を書けるようにしておいてください。入試で出題されます。

ところで，−COOHが**パラ**の位置にあるものを**テレフタル酸**，**オルト**の位置を**フタル酸**，**メタ**の位置を**イソフタル酸**といいます。

図6-11

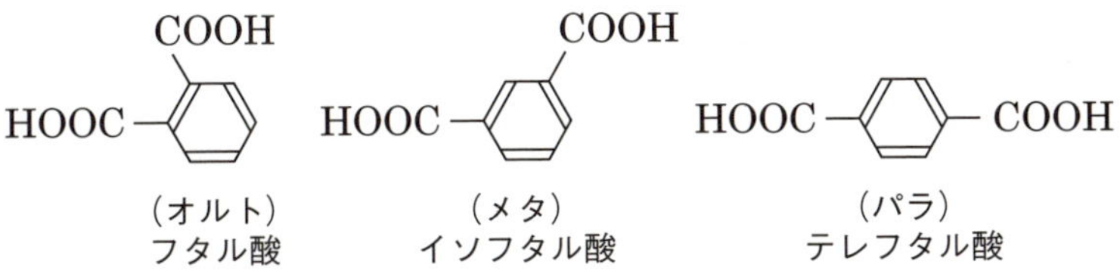

（オルト）
フタル酸

（メタ）
イソフタル酸

（パラ）
テレフタル酸

ポリエチレンテレフタラートの縮合重合

連続図6-12

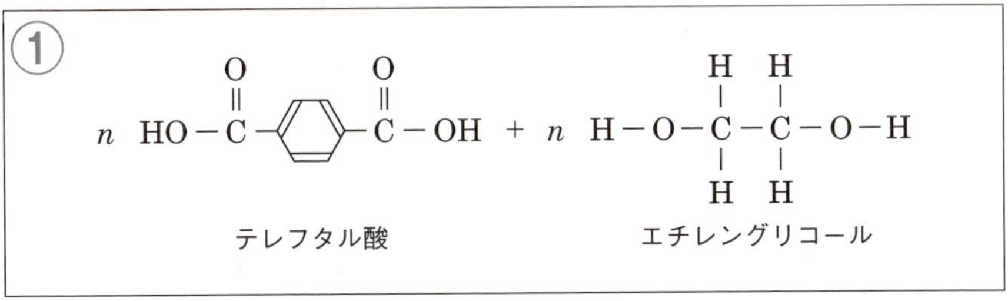

① n HO-CO-C₆H₄-CO-OH + n H-O-CH₂-CH₂-O-H

テレフタル酸　　　エチレングリコール

縮合重合により，テレフタル酸のOHとエチレングリコールのHがとれます（連続図6-12②）。

連続図6-12 の続き

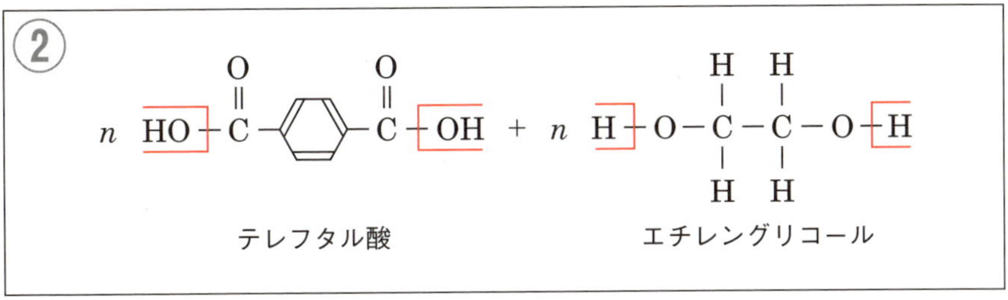

② n HO-CO-C₆H₄-CO-OH + n H-O-CH₂-CH₂-O-H

テレフタル酸　　　エチレングリコール

とれたら，連続図6-12③のように結合します。ナイロン66同様，水が2分子（$2n\mathrm{H_2O}$）とれます。

連続図6-12 の続き

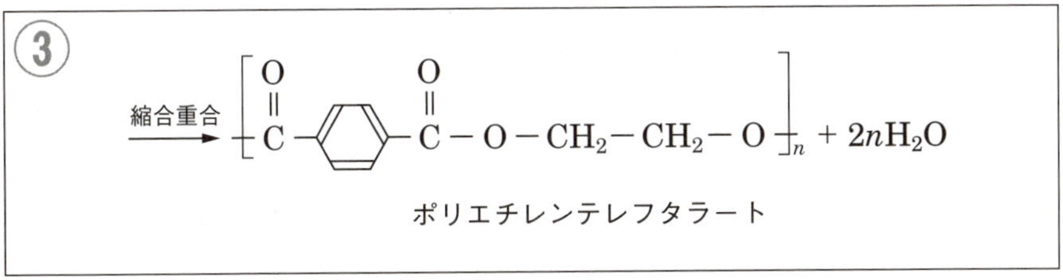

③ →（縮合重合）[-CO-C₆H₄-CO-O-CH₂-CH₂-O-]$_n$ + $2n\mathrm{H_2O}$

ポリエチレンテレフタラート

重合体はポリエチレンテレフタラート（またはポリエチレンテレフタレート）という言い方をします。特徴は**エステル結合がたくさんある**ことです（ 図6-13 ）。

図6-13

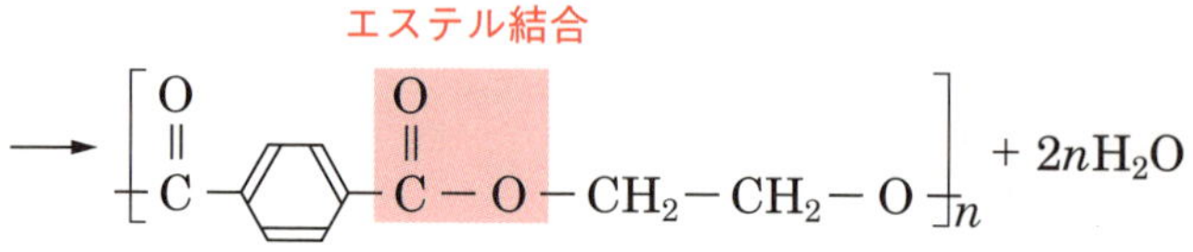

$$\rightarrow \left[\begin{matrix} O \\ \parallel \\ C \end{matrix} - \!\!\!\bigcirc\!\!\!- \begin{matrix} O \\ \parallel \\ C \end{matrix} - O - CH_2 - CH_2 - O \right]_n + 2nH_2O$$

エステル結合

ポリエチレンテレフタラート

なお，ポリとは多数の，という意味です。分子内にエステル結合がたくさん入っているから**ポリエステル**という言い方があります。この言葉を覚えておいてください。

なお，**ポリエチレンテレフタラートの合成反応は化学反応式まで正確に書けるようにしておいてください。入試でよく出題されます。**

❗**重要★★★**

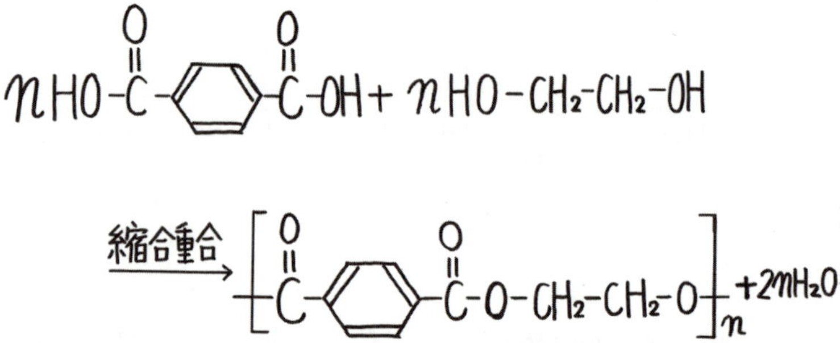

$$n\,HO-\overset{O}{\underset{\parallel}{C}}-\!\!\bigcirc\!\!-\overset{O}{\underset{\parallel}{C}}-OH + n\,HO-CH_2-CH_2-OH$$

$$\xrightarrow{縮合重合} \left[\overset{O}{\underset{\parallel}{C}}-\!\!\bigcirc\!\!-\overset{O}{\underset{\parallel}{C}}-O-CH_2-CH_2-O \right]_n + 2nH_2O$$

1-7 開環重合「ナイロン6」
　　　（6-ナイロンも可）

開環重合は縮合重合とはまったく関係ありませんが，ナイロン66があるので，この単元で触れておきます。なお，**入試では，開環重合でできる物質は「ナイロン6」しかない**と思ってかまいません。

単元1 縮合重合

単元1 要点のまとめ②

● 開環重合「ナイロン6」(6-ナイロン)

$$n\ \mathrm{CH_2} \begin{matrix} \diagup \mathrm{CH_2-CH_2-C=O} \\ \diagdown \mathrm{CH_2-CH_2-N-H} \end{matrix} \longrightarrow \left[\mathrm{N-(CH_2)_5-C} \atop \mathrm{H} \quad\quad \mathrm{O} \right]_n$$

カプロラクタム　　　　　　　ナイロン6

■ ナイロン6 (6-ナイロンも可) の開環重合

!重要★★★ ナイロン6の6はCの数です。

反応式は試験ではそんなに書かされませんが，一応見ていきましょう。

単量体は**カプロラクタム**（ε-イプシロン**カプロラクタム**ということもあります）です。6つのCは環状（輪っか）で，1つだけ**アミド結合**になっています（ 連続図6-14① ）。それ以外は全部水素Hなので，図では省略しています。

開環重合では環が開いて重合します。開く位置を覚えてください（ 連続図6-14② ）。

開くと真っ直ぐになります（ 連続図6-14③ ）。

これがn個つながってナイロン6ができます（ 連続図6-14④ ）。

ナイロン6と開環　　連続図6-14

① カプロラクタム ←アミド結合

② カプロラクタム ←ここから開く

③ $n-\mathrm{N-C-C-C-C-C-C-} \atop \mathrm{H} \quad\quad\quad\quad\quad\quad \mathrm{O}$

両サイドの手には，どんどんこの真っ直ぐな部分が結びついていきます。例えば，最初に100個の分子があったら，同じこの順番で100個つながっ

ていくんです。そうして巨大な分子になります。

なお，単量体の名称**カプロラクタム**と**開環重合**という重合形式は書けるようにしておきましょう。**入試でよく出題されます。**

連続図6-14 の続き

④ 開環重合 → $\left[\text{N}-(\text{CH}_2)_5-\text{C}\right]_n$
　　　　　　　　$\quad|\qquad\qquad\quad\|$
　　　　　　　　$\;\text{H}\qquad\qquad\;\text{O}$

ナイロン6

■アミド結合はどこにある？

連続図6-14④ には，**ナイロンの特徴であるアミド結合がない**と思われるかもしれませんが，ちゃんとあります。それはナイロン6をつないでみるとわかりますよ（図6-15）。

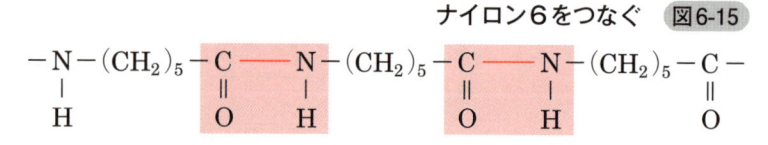

ナイロン6をつなぐ　図6-15

$-\text{N}-(\text{CH}_2)_5-\text{C}-\text{N}-(\text{CH}_2)_5-\text{C}-\text{N}-(\text{CH}_2)_5-\text{C}-$
$\;\;|\qquad\qquad\quad\;\|\quad\;|\qquad\qquad\quad\;\|\quad\;|\qquad\qquad\quad\;\|$
$\;\text{H}\qquad\qquad\;\text{O}\;\;\;\text{H}\qquad\qquad\;\text{O}\;\;\;\text{H}\qquad\qquad\;\text{O}$

確かに，つなぎ目ごとにアミド結合をたくさん含んでいますね。

単元2 付加重合

化/Ⅱ

付加重合により合成される物質をご紹介します。実は，先ほどの縮合重合が一番難しいんです。あとはだんだん簡単になってきますよ。

2-1 付加重合でできる物質

縮合重合では水H_2Oがとれました。中には塩化水素HClがとれる場合もあるんですが，入試で出てくる縮合重合は99.9％，水がとれると思っていいです。

ところが，付加重合は**付け加わる重合**なんです。そして，表6-2 は**全部，化学反応式を書かされます**。

単元2 要点のまとめ①

●付加重合

表6-2

	物質名	単量体		Xの化学式	合成反応の形態
◎	ポリエチレン	エチレン	$CH_2=CH_2$	H	
◎	ポリ塩化ビニル	塩化ビニル	$CH_2=CH$ $\quad\quad\mid$ $\quad\quad Cl$	Cl	
◎	ポリアクリロニトリル	アクリロニトリル	$CH_2=CH$ $\quad\quad\mid$ $\quad\quad CN$	CN	$n\,\overset{H}{\underset{H}{C}}=\overset{H}{\underset{X}{C}} \rightarrow \left[\overset{H}{\underset{H}{C}}-\overset{H}{\underset{X}{C}}\right]_n$ 単量体　　重合体
◎	ポリプロピレン	プロピレン	$CH_2=CH$ $\quad\quad\mid$ $\quad\quad CH_3$	CH_3	
◎	ポリスチレン	スチレン	$CH_2=CH$ $\quad\quad\mid$ $\quad\quad C_6H_5$	C_6H_5	
◎	ポリ酢酸ビニル	酢酸ビニル	$CH_2=CH$ $\quad\quad\mid$ $\quad\quad OCOCH_3$	$OCOCH_3$	

■ 付加重合の例－ポリエチレン

それでは，ポリエチレンを例に付加重合を見ていきましょう。

まずn個のエチレンがあります（連続図6-16①）。

そして，エチレンのCとCの二重結合のうち，1本の手が切れます（連続図6-16②）。それが両サイドに手を出してくるんです（連続図6-16③）。Hの数は4つで変わりません。

そして，エチレン分子が例えば100個あったとき，全部両サイドに手が出て，隣同士でどんどんくっつきます。連続図6-16③のnはそんなふうにn個くっついている状態を表します。

たくさんのエチレンという意味で，**ポ**リを入れて**ポリエチレン**ですね。

付加重合 　連続図6-16

① エチレン
② 一本切れる　エチレン
③ 付加重合 → ポリエチレン

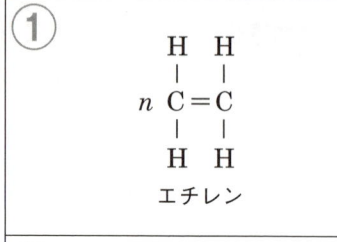

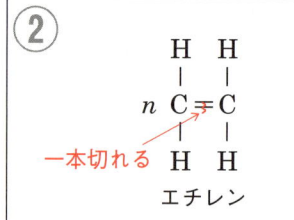

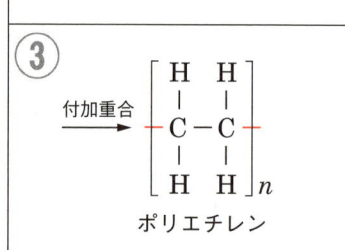

2-2 岡野流で覚える付加重合

表6-2（**189ページ**）の右側に**X**と書いてあります。ここは，先ほどのエチレンとポリエチレンの例でいうと，図6-17の○のところです。

この**X**は付加重合の公式みたいなもので，**XがHなら，単量体はエチレン，重合体はポリエチレン**といったように，当てはめることができます。

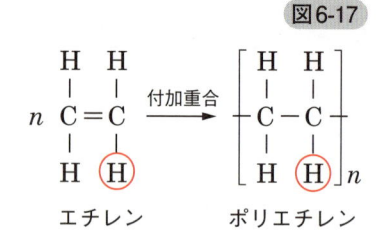

図6-17

エチレン → ポリエチレン

> **重要★★★**
>
> $n\ \mathrm{CH_2=CHX}$ 　→(付加重合)→　$\mathrm{-[CH_2-CHX]-}_n$
>
> 単量体　　　　　　　　　　　　重合体

■ポリ塩化ビニル

X が **Cl** なら，**単量体は塩化ビニル**（$\mathrm{CH_2=CHCl}$），**重合体はポリ塩化ビニル**です（表6-2 の上から2番目）。

アセチレンに塩化水素 HCl を加えると塩化ビニルができると「無機化学＋有機化学①」185ページでやりました。

■ポリアクリロニトリル

X が **CN** なら，**単量体はアクリロニトリル**（$\mathrm{CH_2=CHCN}$）といいます。

重合体はポリアクリロニトリルです（表6-2 3行目）。

■ポリプロピレン

X が **CH₃** なら，**単量体はプロピレン**（$\mathrm{CH_2=CHCH_3}$）です。

アセチレン（「無機化学＋有機化学①」188ページ）のところではあまり説明しなかったのですが，メチル基ならばCが3つで二重結合だから，**プロピレン**ですね。**重合体はポリプロピレン**になります。

■ポリスチレン

X が **C₆H₅** なら，**単量体はスチレン**（$\mathrm{CH_2=CHC_6H_5}$）といいます。

ベンゼン環（「無機化学＋有機化学①」140, 255ページ）ですね。**重合体はポリスチレン**です。

■ ポリ酢酸ビニル

Xが**OCOCH₃**なら**単量体**は**酢酸ビニル** $\begin{pmatrix} H & H \\ | & | \\ C=C \\ | & | \\ H & OCOCH_3 \end{pmatrix}$ です。

アセチレンに対して酢酸を反応させますと，O－Hの結合が切れるんです。

さらにCとCの三重結合も1本分が切れて二重結合になります（連続図6-18①）。

とれたHとOCOCH₃が，Cの1本ずつ出ている手のところにくっつきます（連続図6-18②）。

それで出来上がったのが酢酸ビニルです（連続図6-18③）。

これが付加重合すると**ポリ酢酸ビニル**になります。

単量体は酢酸ビニルです。

酢酸ビニル　連続図6-18

① H－C≡C－H ＋ CH₃－C(=O)－O⇃H
　　アセチレン　　　　酢酸

② H－C≡C－H ＋ CH₃－C(=O)－O－
　　　　　　　　　　　　　　　　－H

③ → H＼C＝C／H
　　　 H／　　＼O－C－CH₃
　　　　　　　　　 ‖
　　　　　　　　　 O
　　　　　酢酸ビニル

2-3 その他の付加重合

その他の付加重合として，**ポリメタクリル酸メチル**を取り上げます。教科書にはあんまり書いてないのですが，意外と試験によく出るんです。

■ポリメタクリル酸メチルの特徴

ポリメタクリル酸メチルの場合，先ほどご説明した**X**の公式（190ページ）とはちょっと違います。

Hのところが，メチル基**CH_3**になっています 図6-19。
単量体はメタクリル酸メチルです。

公式とポリメタクリル酸メチルの違い　図6-19

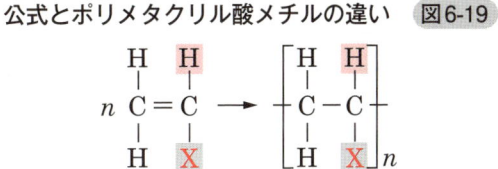

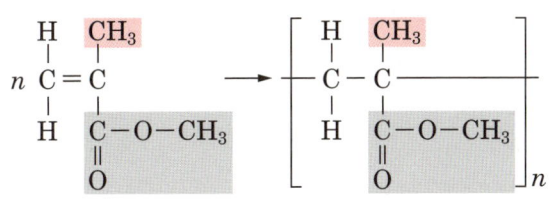

$$n\ \underset{H}{\overset{H}{C}}=\underset{X}{\overset{H}{C}} \longrightarrow \left[\underset{H}{\overset{H}{C}}-\underset{X}{\overset{H}{C}}\right]_n$$

単量体　　　　　重合体

メタクリル酸メチル → ポリメタクリル酸メチル

■ポリ酢酸ビニルと混同しないように注意

酢酸ビニルは**$OCOCH_3$**でしたが，メタクリル酸メチルは**$COOCH_3$**なんです（図6-20）。

メタクリル酸メチルと酢酸ビニルが違うってところはしっかり押さえてください。この辺が出題されてきます。示性式で，$COOCH_3$，$OCOCH_3$って書いてあって，どちらかって聞いてきますよ。

酢酸ビニルとの違いに注意　図6-20

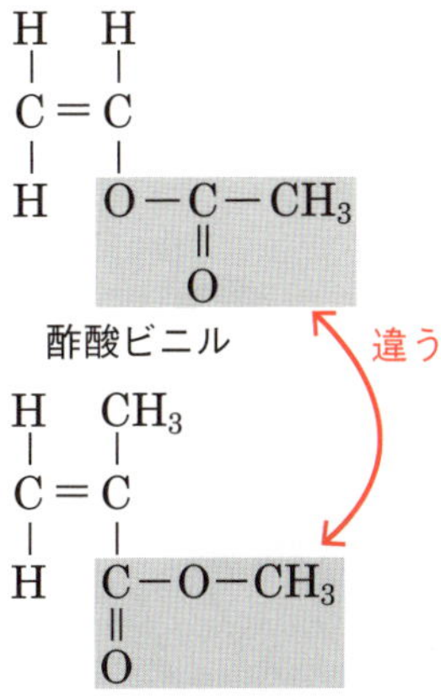

酢酸ビニル

メタクリル酸メチル

違う

■ 有機ガラス

なお，ポリメタクリル酸メチルのことを**有機ガラス**と呼ぶことがあります。

有機ガラスは無機ガラスの代用品ではあるんですが，少し違います。有機ガラスは航空機や水族館に使われます。航空機や水族館のガラスは割れたらマズイですよね。だから，有機ガラスは非常に割れにくい，よっぽど強くて高価なガラスなんですね。

そうご理解いただいて，有機ガラスって言葉が出てたら，ポリメタクリル酸メチルだぞ，と書けるようにしてください。この辺もそういう形で出てまいります。

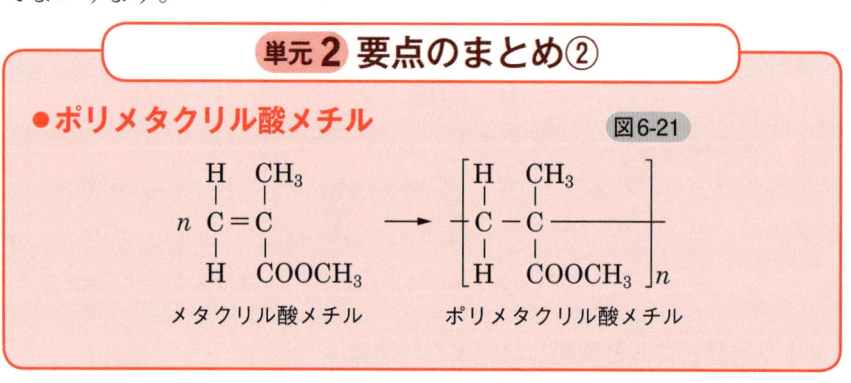

単元2 要点のまとめ②

● ポリメタクリル酸メチル　　　図6-21

$$n \begin{array}{c} H \\ | \\ C \\ | \\ H \end{array}=\begin{array}{c} CH_3 \\ | \\ C \\ | \\ COOCH_3 \end{array} \longrightarrow \left[\begin{array}{cc} H & CH_3 \\ | & | \\ C-C \\ | & | \\ H & COOCH_3 \end{array}\right]_n$$

メタクリル酸メチル　　　ポリメタクリル酸メチル

単元3 合成ゴム

化/Ⅱ

3-1 合成ゴムの名称と2つの形式

　合成ゴムには**付加重合**と**共重合**による物質があります。表6-3 をご覧ください。上の3つが**付加重合**，下の2つが**共重合**です。これらは違う重合形式です。まず，付加重合の3つの物質から説明してまいります。

単元3 要点のまとめ①

● 合成ゴム

表6-3

	合成ゴムの名称	単量体の名称	単量体の化学式	合成ゴムの構造
付加重合	ブタジエンゴム	ブタジエン	$CH_2=CH-CH=CH_2$	$-[CH_2-CH=CH-CH_2]_n-$
	クロロプレンゴム	クロロプレン	$CH_2=\underset{Cl}{C}-CH=CH_2$	$-[CH_2-\underset{Cl}{C}=CH-CH_2]_n-$
	イソプレンゴム（天然ゴム）	イソプレン	$CH_2=\underset{CH_3}{C}-CH=CH_2$	$-[CH_2-\underset{CH_3}{C}=CH-CH_2]_n-$
共重合	アクリロニトリルブタジエンゴム（NBR，ブナN）	アクリロニトリル	$CH_2=\underset{CN}{CH}$	$\cdots-CH_2-\underset{CN}{CH}-CH_2-CH=CH-CH_2-\cdots$
		ブタジエン	$CH_2=CH-CH=CH_2$	
	スチレンブタジエンゴム（SBR，ブナS）	スチレン	$CH_2=CH(C_6H_5)$	$\cdots-CH_2-CH(C_6H_5)-CH_2-CH=CH-CH_2-\cdots$
		ブタジエン	$CH_2=CH-CH=CH_2$	

3-2 付加重合の3つの物質

■ ブタジエンゴム

　表の最初，**ブタジエンゴム**は付加重合のひとつです。この物質がわかれば，次の2つも理解できます。

なお，化学反応式はそんなに書かされません。

単量体はブタジエン，炭素Cが4つと水素Hです。

ブタンはCが4つの物質です。**エンは二重結合**を表す言葉です。二重結合が1個ある場合，**ブテン**と言います。連続図6-22①のように二重結合が2つある場合は，**ジエン**と言います。**ブタンのジエン**，略して**ブタジエン**となります。

これが付加重合します。付加重合とは，二重結合が1本切れて（連続図6-22②），両サイドに手が出て，それがどんどんどんどんつながっていくイメージです（連続図6-22③）。

そのとき水素の数は変わりません。縮合重合の場合は水がとれて，縮みながら，大きな分子量のものにどんどんなっていく。しかし，付加重合は元の原子の数がまったく変わりません。**ここが縮合重合との最大の違いです。**

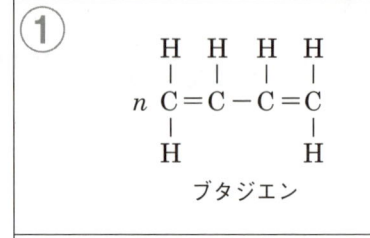

で，これをただ覚えるのもなかなか大変です。図6-23を見てください。

連続図6-22

① ブタジエン

②

③ 付加重合

> !重要★★★
> 両サイドにあった二重結合が，真ん中に入ってくる。

ただこれだけの話なんです。○に注目してネ。この感覚だけをしっかり押さえてください。岡野流はシンプルですよ。

単元3 合成ゴム

図6-23

$$n\ \text{CH}_2=\text{CH}-\text{CH}=\text{CH}_2 \xrightarrow{\text{付加重合}} {-}[\text{CH}_2-\text{CH}=\text{CH}-\text{CH}_2]{-}_n$$

ブタジエン　　　　　　　　　　　（ポリブタジエン）
　　　　　　　　　　　　　　　　　ブタジエンゴム

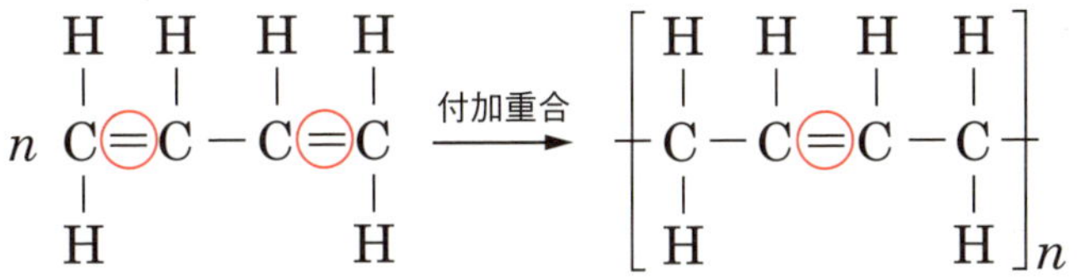

　なお，ブタジエンの付加重合で出来た物質なら，ポリブタジエンっていうところですが，それはあまり使わず，**ブタジエンゴム**と言います。

■クロロプレンゴム

　表6-3 の2つめ，**クロロプレンゴム**はブタジエンゴムとどこが違うか？　図6-24 のように H が Cl に変わっただけです。

図6-24

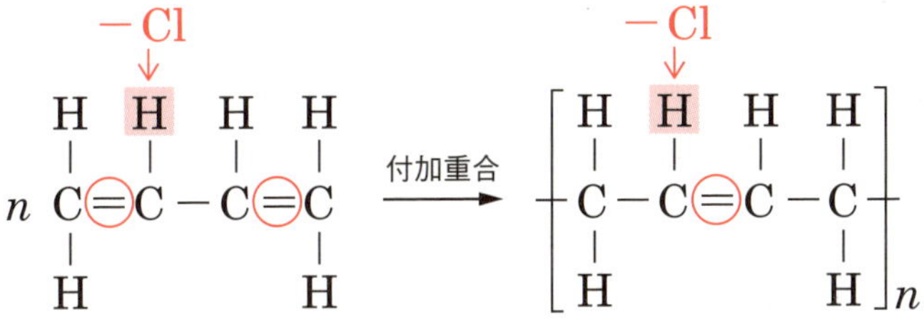

　　　　　−Cl　　　　　　　　　　　　　　−Cl
　　　　　 ↓ 　　　　　　　　　　　　　　　 ↓

$$n\ \text{CH}_2=\text{C}-\text{CH}=\text{CH}_2 \xrightarrow{\text{付加重合}} {-}[\text{CH}_2-\text{C}=\text{CH}-\text{CH}_2]{-}_n$$

クロロプレン　　　　　　　　　　　　クロロプレンゴム

■イソプレンゴム

　イソプレンゴムは**天然ゴム**と同じ構造をもつ合成高分子化合物です。天然ゴムを**生ゴム**という場合もあります。

　ゴムの木に傷を付けると樹液（ラテックスといいます）が出てきます。その樹液を取り出して，ちょっと加工してゴムにするのが天然ゴム。一方，人間がその天然ゴムと同じ成分（イソプレン）で作った物質がイソプレンゴムです。

　イソプレンゴムの**単量体**は**イソプレン**。ブタジエンゴムの H がメチル基 **CH₃** に変わっただけです（図6-25）。

図6-25

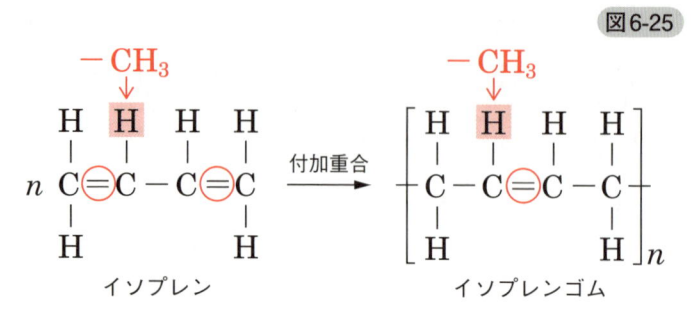

$$n \underset{\text{イソプレン}}{CH_2=C(CH_3)-CH=CH_2} \xrightarrow{\text{付加重合}} \underset{\text{イソプレンゴム}}{[-CH_2-C(CH_3)=CH-CH_2-]_n}$$

イソプレンゴムは天然ゴムと同じ構造です。天然ゴムは天然から出来ているものですから不純物が多く，それに比べてイソプレンゴムは不純物を含まず品質が均一であることが特徴です。

岡野流 必須ポイント⑰ 合成ゴム3物質の付加重合の簡単な覚え方

(1) 単量体の両サイドの二重結合が付加重合で真ん中に入る（○のところ）。

(2) ブタジエンゴムのHが，塩素Clならクロロプレンゴム，メチル基CH₃ならイソプレンゴムと覚えよう。

図6-26

	単量体	重合体
H	ブタジエン	ブタジエンゴム
Cl	クロロプレン	クロロプレンゴム
CH₃	イソプレン	イソプレンゴム

3-3 共重合の2つの物質

表6-3 の共重合の2つの物質，**アクリロニトリルブタジエンゴム**と**スチレンブタジエンゴム**をご説明します。

■アクリロニトリルブタジエンゴム

まず最初，**アクリロニトリルブタジエンゴム**（acrylo nitrile butadiene rubber），略して**NBR**っていいます。**N**は**ニトリル**です。アクリロでも**ABR**っていう略し方はしません。**N ニトリル**，**B ブタジエン**，**R**のゴムは**ラバーの略**です。

■単量体はアクリロニトリルとブタジエンの2つ

単量体は**アクリロニトリル**です（図6-27）。**CN**のところは実は三重結合です（図6-28）。

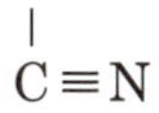

アセチレンの三重結合は弱い結合が2本入っていましたが（「無機化学・有機化学①」184ページ），アクリロニトリルのCとNの三重結合は全部強くて，付加反応は起きません。結合の種類が違うんです。

だから，アクリロニトリルは三重結合を書かなくていい。書いてもいいけど付加反応は起きない。

次に，もう1つの単量体が**ブタジエン**です。付加重合（195ページ）のときもでましたが，今回は**共重合**です。

図6-27

$$n\begin{array}{c} H \quad H \\ | \quad | \\ C = C \\ | \quad | \\ H \quad CN \end{array}$$

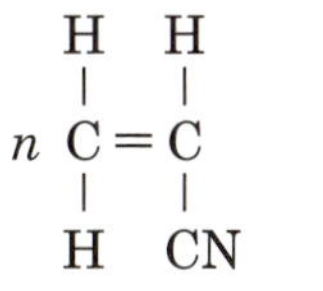

アクリロニトリル

図6-28

$$\begin{array}{c} | \\ C \equiv N \end{array}$$

■付加重合と共重合の違い

付加重合と共重合の違いって何だろうか？ 例えば**表6-2**（189ページ）の3番め，ポリアクリロニトリルのように**単量体が1種類の場合**，**付加重合**といいます。でも今回のように**2種類以上の単量体が付加重合するときは共重合**っていうんです。

共重合　図6-29

$$n \begin{array}{c} H\ H \\ |\ | \\ C=C \\ |\ | \\ H\ CN \end{array} + n \begin{array}{c} H\ H\ H\ H \\ |\ |\ |\ | \\ C=C-C=C \\ |\ \ \ \ \ \ \ \ | \\ H\ \ \ \ \ \ \ \ H \end{array}$$

アクリロニトリル　　　ブタジエン

$$\xrightarrow{共重合} \left[\begin{array}{cccccc} H & H & H & H & H & H \\ | & | & | & | & | & | \\ -C & -C & -C & -C & =C & -C- \\ | & | & | & & & | \\ H & CN & H & & & H \end{array} \right]_n$$

アクリロニトリルブタジエンゴム（NBR）

アクリロニトリルが両サイドに手を出します。ブタジエンは両サイドの二重結合が真ん中に入り込んできます。そうして出来上がったのがアクリロニトリルブタジエンゴム，**NBR**と言います。

■ スチレンブタジエンゴム

スチレンブタジエンゴムは，図6-30 のCNの部分だけが，**ベンゼン環** $-C_6H_5$ **と置き換わるだけ**です。そうするとアクリロニトリルのところは**スチレン**になります。

図6-30

$$n \begin{array}{c} H\ H \\ |\ | \\ C=C \\ |\ | \\ H\ CN \end{array} + n \begin{array}{c} H\ H\ H\ H \\ |\ |\ |\ | \\ C=C-C=C \\ |\ \ \ \ \ \ \ \ | \\ H\ \ \ \ \ \ \ \ H \end{array}$$

　　　　　　　　　　ブタジエン

スチレン

$$\xrightarrow{共重合} \left[\begin{array}{cccccc} H & H & H & H & H & H \\ | & | & | & | & | & | \\ -C & -C & -C & -C & =C & -C- \\ | & | & | & & & | \\ H & CN & H & & & H \end{array} \right]_n$$

スチレンブタジエンゴム（SBR）

アクリロニトリルブタジエンゴムも同じくCNをベンゼン環に置き換えると**スチレンブタジエンゴム**(**s**tyrene **b**utadiene **r**ubber)，略して**SBR**って言うんです。

だから1つしっかり押さえておけば，あとは，CNならNBR，ベンゼン環ならSBRで非常にわかりやすくなると思います。

> **合成ゴムの共重合2物質はこう覚えろ**
>
> CNならNBR，ベンゼン環ならSBR

単元 4 ビニロン　　化/Ⅱ

4-1 ビニロン

　今日は日本で開発した繊維の第一号である**ビニロン**についてご説明します。

　桜田一郎(1904〜1986)が1939年に木綿に似た繊維を発明しました。木綿には水分を吸収する性質がありますが，ビニロンにも似た性質があります。

　それではビニロンの製造工程を順次説明していきましょう。

■けん化する

　まず，アセチレンから酢酸ビニルをつくります(「無機化学＋有機化学①」186ページ)。

図6-31

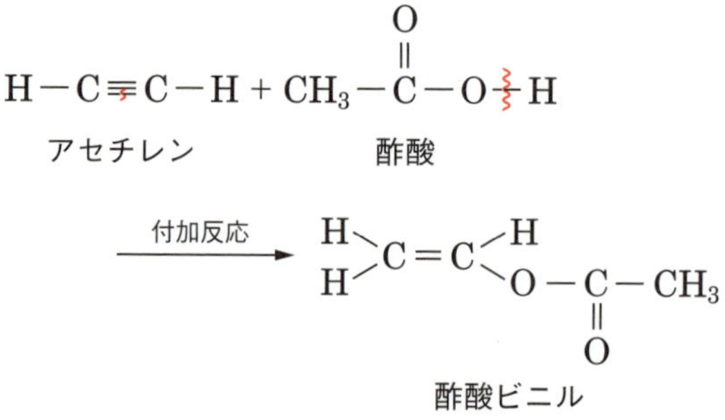

$$H-C\equiv C-H + CH_3-\underset{\underset{O}{\|}}{C}-O\!\!\not\,\,H$$

アセチレン　　　酢酸

$$\xrightarrow{\text{付加反応}} \begin{matrix} H \\ H \end{matrix}\!\!>\!\!C=C\!\!<\!\!\begin{matrix} H \\ O-\underset{\underset{O}{\|}}{C}-CH_3 \end{matrix}$$

酢酸ビニル

　次に酢酸ビニルを付加重合させ，**ポリ酢酸ビニル**をつくります(192ページ参照)。

図6-32

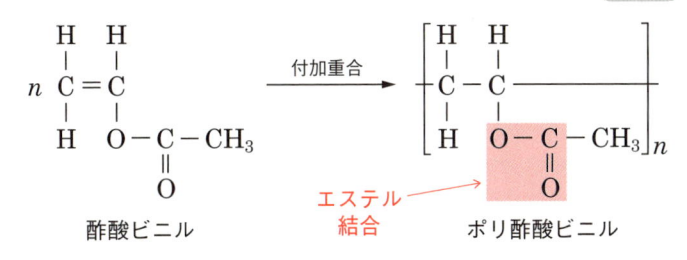

酢酸ビニル → 付加重合 → ポリ酢酸ビニル

（エステル結合）

ポリ酢酸ビニルの分子中に**エステル結合**があることに注目してください。エステル結合をもつ物質の総称をエステルといいます。つまり，**ポリ酢酸ビニルはエステルの一種**と考えられます。

エステルの**けん化**ではアルコールは元に戻る。これは**油脂**のところでも出てきましたね（「無機化学＋有機化学①」249ページ）。ポリ酢酸ビニルをけん化して**ポリビニルアルコール**をつくります。

ちなみにけん化とは**エステルを塩基で加水分解すること**でしたね。

図6-33

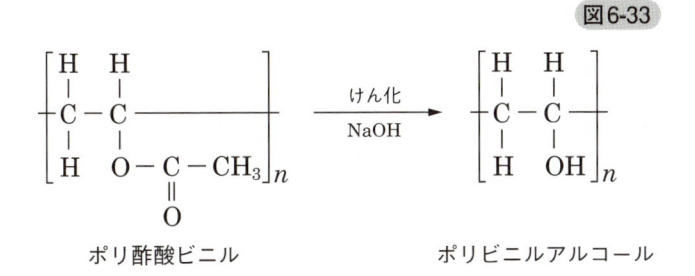

ポリ酢酸ビニル → けん化 NaOH → ポリビニルアルコール

このけん化反応で，カルボン酸である酢酸は**酢酸ナトリウム** CH_3COONa として水に溶けています。

■アセタール化反応を行う

ポリビニルアルコールはヒドロキシ基 −OH をたくさん含む親水コロイド粒子なんです（「理論化学①」265ページ）。

このポリビニルアルコールの水溶液を硫酸ナトリウム（電解質）の飽和水溶液中に押し出すと塩析が起こって繊維状に凝固します。この状態では −OH を多く含むため水に溶けすぎてしまい，繊維として使うことはできません。

そこでこのポリビニルアルコールの分子中に少し**水に溶けない部分をつくる**必要があります。そのために**アセタール化**を行うのです。

ポリビニルアルコールの中にホルムアルデヒドを加える反応です。

アセタール化反応　連続図6-34

①

$$\left[\begin{array}{cc} H & H \\ | & | \\ -C-C- \\ | & | \\ H & OH \end{array} \right]_n \xrightarrow[\text{HCHO}]{\text{アセタール化}}$$

ポリビニルアルコール

② ポリビニルアルコール鎖にホルムアルデヒドが反応し、H_2O（水）が脱離する図

③ 2つのOがメチレン基（CにH2つ）を介して結合した中間構造

④ ビニロン（$O-CH_2-O$ 架橋構造を含む）

ビニロン

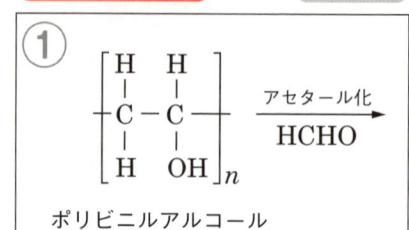

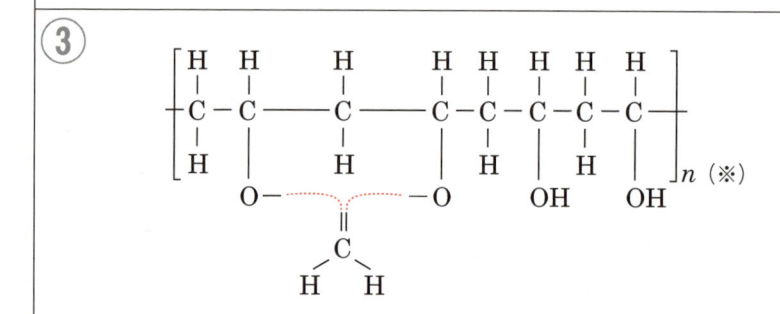

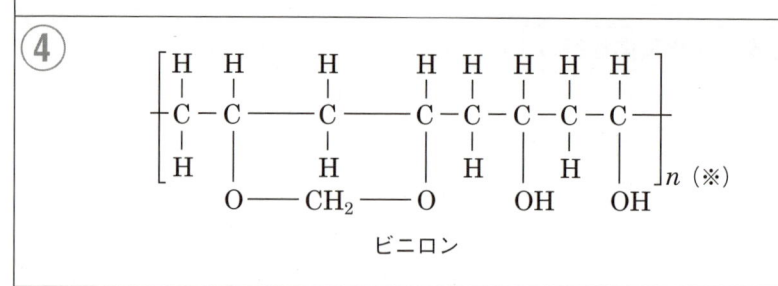

（※）数量的にはおかしな書き方ですが、何個もつながっているのでnとします。

このようにしてできたのが**ビニロン**です。ビニロンにはメチレン基－CH_2－を含むので水に溶けにくくなります。

ヒドロキシ基－OHは水に溶けやすく，メチレン基－CH_2－は，水に溶けにくいのです。

実際にはビニロンの分子中にヒドロキシ基－OHが約60～70％残っているので吸湿性に富み，**木綿**に似た繊維になっています。

■付加重合による合成はできない

ポリビニルアルコールをつくるとき，単量体のビニルアルコールから付加重合の公式（第6講191ページ手書き）を使って合成すればいいじゃないか，とおっしゃる方もいらっしゃると思いますが，実はそれはできないのです。

ビニルアルコールは不安定で，すぐに**アセトアルデヒド**に変化してしまうからです（「無機化学＋有機化学①」186ページ）。

図6-35

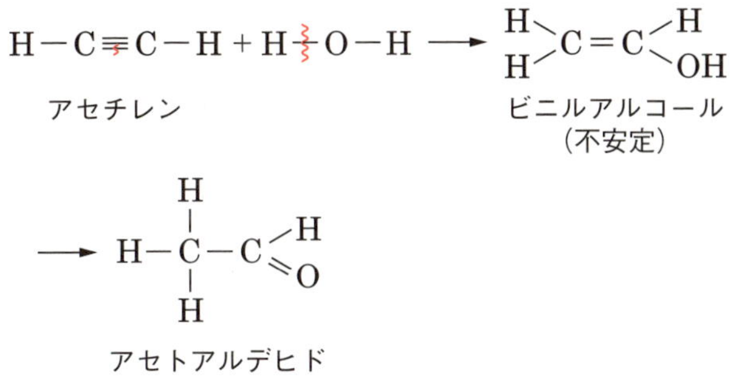

$$H-C\equiv C-H + H-O-H \longrightarrow \begin{array}{c} H \\ H \end{array}C=C\begin{array}{c} H \\ OH \end{array}$$

アセチレン　　　　　　　　　　ビニルアルコール
（不安定）

$$\longrightarrow H-\underset{H}{\overset{H}{C}}-C\begin{array}{c} H \\ =O \end{array}$$

アセトアルデヒド

したがいまして，この方法からではポリビニルアルコールはできなかったのです。それで**ポリ酢酸ビニルのけん化**という方法を使ったのですね。

■アセタール化の条件

アセタール化について少し説明しておきましょう。ホルムアルデヒドを加えて高分子をつくるものに**フェノール樹脂**と**尿素樹脂**（178ページ）がありました。では，これらの場合もアセタール化といってよいかといいますと，アセタール化ではないのです。

アセタール化の条件として，C－O－Cの**エーテル結合が存在すること**です。

ビニロンにはエーテル結合が2つありますが（図6-36），フェノール樹脂のときは図6-37ようにエーテル結合はありませんので，アセタール化とはいいません。

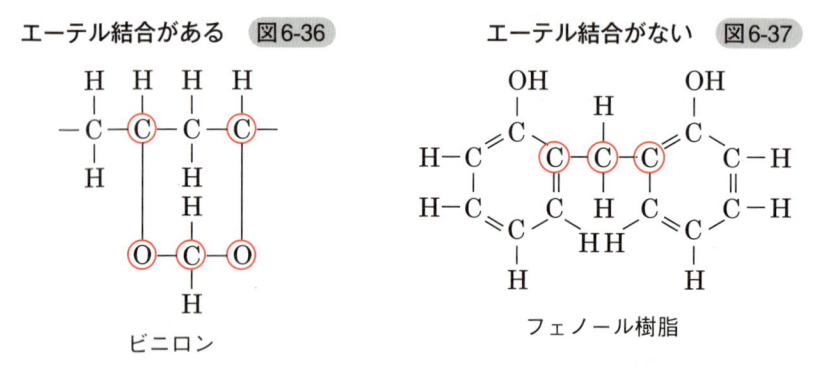

エーテル結合がある 図6-36　　　　**エーテル結合がない** 図6-37

ビニロン　　　　　　　　　　　　　　フェノール樹脂

なお，アセタール化は入試ではビニロンのときにしか出てこないと考えてかまいません。

4-2 熱可塑性樹脂と熱硬化性樹脂

ここでは熱可塑性樹脂と熱硬化性樹脂の特徴を見ていきます。

■ 熱可塑性樹脂

熱可塑性樹脂，これは漢字で書けるようにしてください。可塑っていう字がちょっと難しそうに見えますね。特徴は

「**分子が線状のものが多く，加熱すると軟らかくなり，冷えると元に戻る性質を持つ**」

というものです。例外はありますが，**主に付加重合から成る樹脂がこの性質を持ちます**。具体的には 表6-2 （189ページ）のポリエチレン，ポリ塩化ビニル，ポリアクリロニトリルといったものです。ほとんどが熱可塑性だといっちゃって構わないですね。

■ 熱硬化性樹脂

熱硬化性樹脂とは，「**加熱すると分子が立体的な網目状の構造になるため硬くなり，冷えても元に戻らない性質を持つ**」ものです。

だんだん，重合が強化されてくる感じですね。要するに化学変化が中で起こって「**冷えても元に戻らない**」んです。熱可塑性は冷えると元に戻るんですけど，熱硬化性は元に戻らない。それで硬くなってしまうんです。

主に縮合重合から成る樹脂がこの性質を持ちます。要するにフェノール樹脂や尿素樹脂は確実に熱硬化樹脂です。というような感じでご理解いただければよろしいと思います。

これで合成高分子に関しては，私の言いたいことは終わりました。あとは問題がどういうふうに出てくるか，どう解いていくか，そこを練習しましょう。

単元4 要点のまとめ①

●ビニロン

ビニロンは実際にはヒドロキシ基−OHが60〜70％残っているので吸湿性に富み，木綿に似ている繊維である。

図6-38

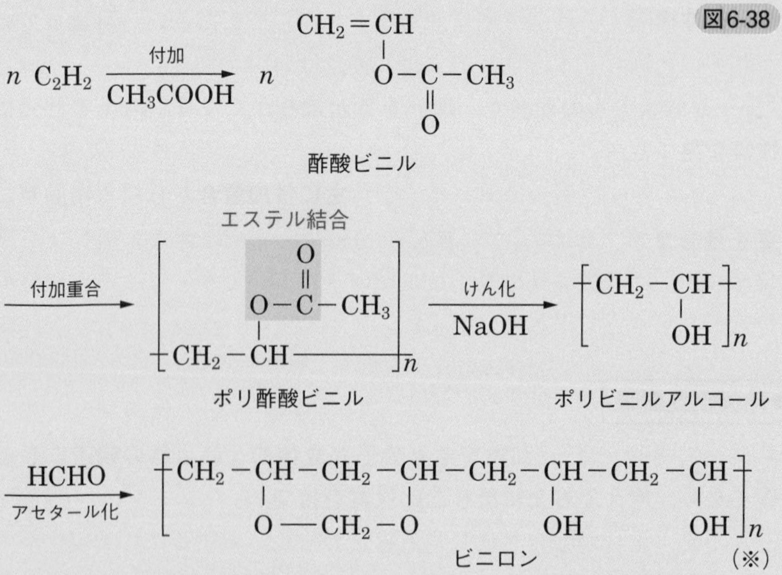

$$n\ C_2H_2 \xrightarrow[\text{CH}_3\text{COOH}]{\text{付加}} n\ \begin{array}{c} CH_2=CH \\ | \\ O-C-CH_3 \\ \| \\ O \end{array}$$

酢酸ビニル

$$\xrightarrow{\text{付加重合}} \begin{bmatrix} & \overset{\text{エステル結合}}{\boxed{O-\underset{\|}{C}-CH_3}} \\ CH_2-CH & \end{bmatrix}_n \xrightarrow[\text{NaOH}]{\text{けん化}} \begin{bmatrix} CH_2-CH \\ | \\ OH \end{bmatrix}_n$$

ポリ酢酸ビニル　　　　　　　　　　ポリビニルアルコール

$$\xrightarrow[\text{アセタール化}]{\text{HCHO}} \begin{bmatrix} CH_2-CH-CH_2-CH-CH_2-CH-CH_2-CH \\ |||| \\ O-CH_2-OOHOH \end{bmatrix}_n$$

ビニロン　　　　　　　　　（※）

（※）数量的にはおかしな書き方ですが何個もつながっているのでnとしちゃいます。

●熱可塑性樹脂

分子が線状のものが多く，加熱すると軟らかくなり，冷えると元に戻る性質を持つ。**主に付加重合から成る樹脂がこの性質を持つ。**

●熱硬化性樹脂

加熱すると分子が立体的な網目状の構造になるため硬くなり，冷えても元に戻らない性質を持つ。**主に縮合重合から成る樹脂がこの性質を持つ。**

単元4 ビニロン 209

演習問題で力をつける⑰
合成高分子化合物をしっかり確認！①

問 次の文章を読み，以下の問に答えよ。また，計算において高分子鎖の両末端の構造は無視し，数値は有効数字2桁で答えよ。原子量は H = 1.0，C = 12，N = 14，O = 16，S = 32 を用いよ。

(ア) $-[CH_2-CH(C_6H_5)]_n-$

(イ) $-[CH_2-CH(CN)]_n-$

(ウ) $-[NH-(CH_2)_5-C(=O)]_n-$

(エ) $-[CH_2-CH(O-C(=O)-CH_3)]_n-$

(オ) $-[CH_2-CH=CH-CH_2]_n-$

(カ) $-[CH_2-C(CH_3)(C(=O)-O-CH_3)]_n-$

(キ) $-[NH-(CH_2)_6-NH-C(=O)-(CH_2)_4-C(=O)]_n-$

(ク) $-[O-(CH_2)_2-O-C(=O)-C_6H_4-C(=O)]_n-$

〔A〕上の(ア)〜(ク)は高分子化合物の構造式を示したものである。
　(1) カプロラクタムと少量の水から合成される高分子はどれか。その記号とこの重合反応の名称を記せ。
　(2) 縮合重合で合成される高分子はどれか。その記号を記せ。
　(3) 付加重合で合成される高分子はどれか。その記号を記せ。

〔B〕ヘキサメチレンジアミン146gとアジピン酸146gがある。これらを原料として重合反応を行った。
　(4) 得られた高分子を(ア)〜(ク)の中から選び，その記号と名称を

(5) 重合反応が完全に進行し，かつ得られた高分子が，仮に1本の巨大な鎖状高分子を形成しているとすると，その質量は何gか。

さて，解いてみましょう。

この問題をやるにあたっては最低でも(ア)～(ク)を見て，化学反応式が書けることが必要です。これから見ていきますが，みなさんも眺めるだけでなく，必ずご自分で書いて練習してください。

(ア) ポリスチレン

まず(ア)は 表6-2 (189ページ)と照らし合わせてみてください。表の下から2番目の**ポリスチレン**ですね。スチレンの二重結合が切れて，両サイドに手が出てn倍になったものです。

図6-39

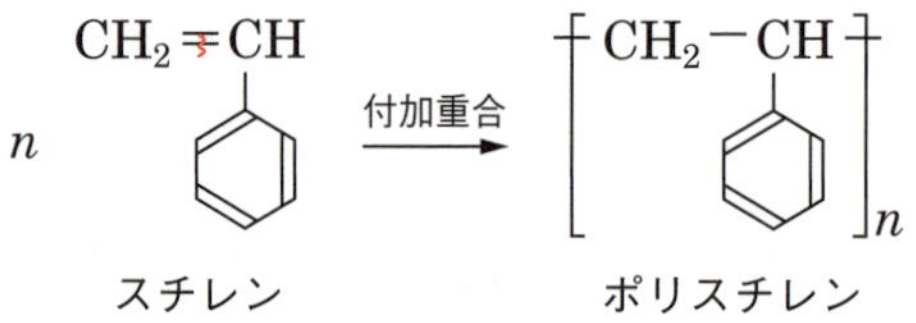

$$n\ CH_2=CH\text{-}C_6H_5 \xrightarrow{\text{付加重合}} {\Big[CH_2\text{-}CH(C_6H_5)\Big]}_n$$

スチレン　　　　　　　　ポリスチレン

(イ) ポリアクリロニトリル

(イ)は何か？ CNですから元はアクリロニトリルなんです。それが両サイドに手が出て付加重合から重合体になって，**ポリアクリロニトリル**になります。

図6-40

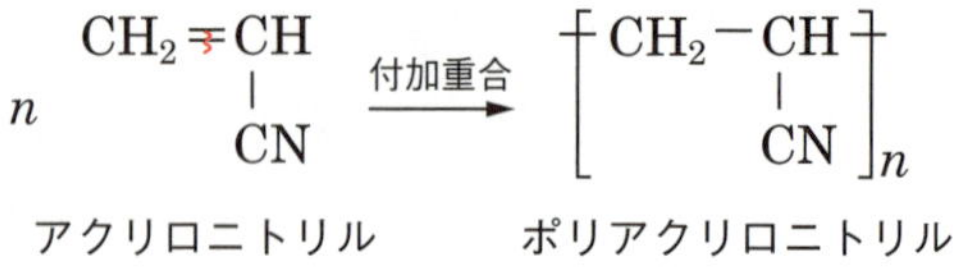

$$n\ CH_2=CH\text{-}CN \xrightarrow{\text{付加重合}} {\Big[CH_2\text{-}CH(CN)\Big]}_n$$

アクリロニトリル　　　ポリアクリロニトリル

(ウ) ナイロン6 (6-ナイロン)

(ウ)を見ていただくと，炭素Cが1個，CH_2が5個です。

図6-41

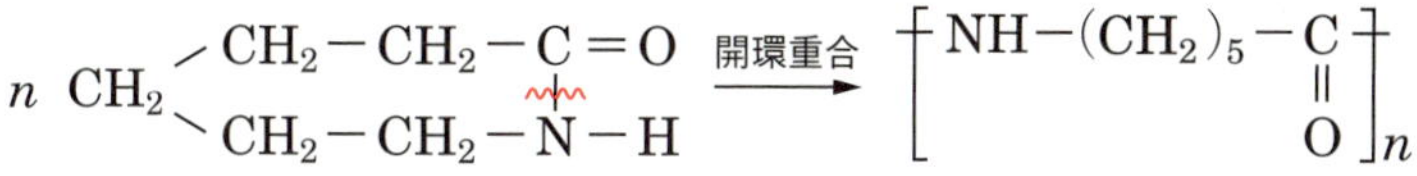

$$n\ CH_2 \begin{matrix} CH_2-CH_2-C=O \\ CH_2-CH_2-N-H \end{matrix} \xrightarrow{開環重合} \left[NH-(CH_2)_5-\underset{\underset{O}{\|}}{C} \right]_n$$

カプロラクタム　　　　　　　　　ナイロン6

これは6個の炭素Cからできた**ナイロン6**です。カプロラクタムはナイロン6の単量体でしたね。

(エ) ポリ酢酸ビニル

(エ)の着目は図の○の部分。この部分は$COOCH_3$じゃなくて$OCOCH_3$。ということは酢酸ビニルの重合体で**ポリ酢酸ビニル**です。

図6-42

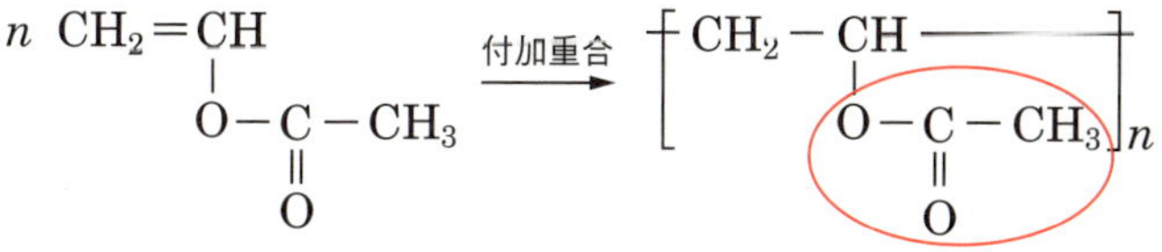

$$n\ \begin{matrix} CH_2=CH \\ | \\ O-C-CH_3 \\ \| \\ O \end{matrix} \xrightarrow{付加重合} \left[\begin{matrix} CH_2-CH \\ | \\ O-C-CH_3 \\ \| \\ O \end{matrix} \right]_n$$

酢酸ビニル　　　　　　　　　ポリ酢酸ビニル

(オ) ブタジエンゴム

次，(オ)のところ。両サイドに二重結合があってブタジエンといいました。で，真ん中に二重結合が入ってきて重合体**ポリブタジエン**，または**ブタジエンゴム**です。

図6-43

$$n\ CH_2=CH-CH=CH_2 \xrightarrow{付加重合} \left[CH_2-CH=CH-CH_2 \right]_n$$

ブタジエン　　　　　　　　　ブタジエンゴム

(カ) ポリメタクリル酸メチル (有機ガラス)

(カ)はCの後にメチル基CH_3，あとは$COOCH_3$。これは**ポリメタクリル酸メチル**，**有機ガラス**です。航空機や水族館のガラスっていうふう

に先ほど申しました。ちょっとわかりづらいと思うんですが，（エ）は$OCOCH_3$。（カ）は$COOCH_3$。結構際どい問題が出てますでしょう？引っ掛けようとしてるんです。ここはきちっと理解してください。

図6-44

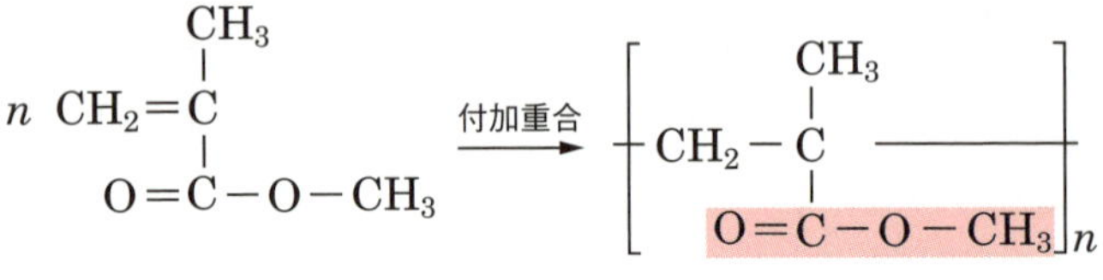

$$n\ CH_2=\underset{O=C-O-CH_3}{\overset{CH_3}{C}} \xrightarrow{付加重合} {\left[CH_2-\underset{O=C-O-CH_3}{\overset{CH_3}{C}} \right]}_n$$

メタクリル酸　　　　　　　　　ポリメタクリル酸メチル

（キ）ナイロン66（6,6-ナイロン）

（キ）は，左側のCH_2が6個なので炭素数6個です。それからCが2個とCH_2が4個で6個。つまり6個と6個で**ナイロン66**です。アミド結合もありますね。

183ページで私は，アジピン酸のほうを先に書いて，ヘキサメチレンジアミンを後ろに書いていますが，（キ）はその逆です。表から見たか，裏から見たかの違いで，結果的には同じです。

図6-45

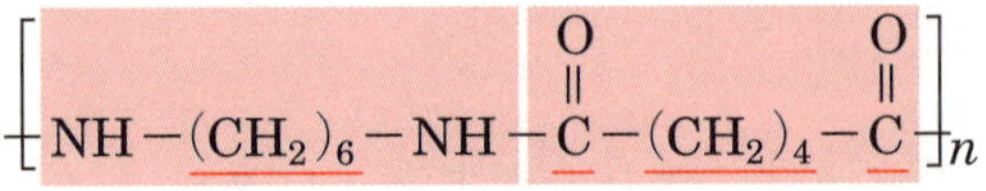

$$\left[NH-(CH_2)_6-NH-\overset{O}{\underset{\|}{C}}-(CH_2)_4-\overset{O}{\underset{\|}{C}} \right]_n$$ （反応式は省略）

ナイロン66

（ク）ポリエチレンテレフタラート（フタレート）

（ク）も185ページの説明とは逆側になってます。これは，単量体のテレフタル酸とエチレングリコールが縮合重合した**ポリエチレンテレフタラート（フタレート）**です。

単元4 ビニロン

図6-46

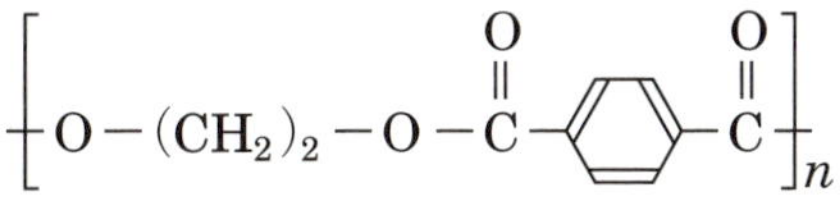

$$\left[O-(CH_2)_2-O-\underset{\underset{O}{\parallel}}{C}-\bigcirc-\underset{\underset{O}{\parallel}}{C}\right]_n$$
ポリエチレンテレフタラート

（反応式は省略）

英語で**モノ**，**ジ**，**トリ**と言いますでしょう？ **モノ**は**1**を表します。**単量体**を**モノマー**って言うんです。

重合体は**ポリマー**。日常でもポリマーって言い方，使われますね。

それでは問題をやっていきましょう。

〔A〕(1) 岡野の着目ポイント カプロラクタムはナイロン6の単量体でした。だから，高分子はナイロン6を選べばいいんです。だから解答は**(ウ)**です。そして，重合形式はちょっと特殊なやつでした。環が開いて重合する開環重合が解答です。

こういう特殊な名前は試験で聞かれますよ。しっかり知っておいてください。

　　　(ウ)，開環重合 ……〔A〕(1)の【答え】

〔A〕(2) 縮合重合で出来た物質ですから，表6-1（177ページ）を思い出していただくと，ナイロン66とポリエチレンテフタラート，つまり**(キ)と(ク)**です。

　　　(キ)，(ク) ……〔A〕(2)の【答え】

〔A〕(3) 付加重合から出来たのは，上の問題でやった(ウ)(キ)(ク)以外のすべてです。

　　　(ア)(イ)(エ)(オ)(カ) ……〔A〕(3)の【答え】

〔B〕(4) ヘキサメチレンジアミンとアジピン酸は両方とも同じg数です。これらの原料で出来る物質はナイロン66，**(キ)**が解答です。

　　　(キ)，ナイロン66 ……〔B〕(4)の【答え】

〔B〕(5) 計算問題です。146gと146gが結びつくと、何gのナイロン66が出来ますか？って聞いているわけです。これは物質量の関係ですから、反応式を書いていきます。

n個のアジピン酸とn個のヘキサメチレンジアミン。そして縮合重合が行われ、巨大分子のナイロン66が出来てくるんです。

$$n\text{HOOC}-(\text{CH}_2)_4-\text{COOH} + n\text{H}_2\text{N}-(\text{CH}_2)_6-\text{NH}_2$$
$$\longrightarrow \ \{\!\text{OC}-(\text{CH}_2)_4-\text{CONH}-(\text{CH}_2)_6-\text{NH}\!\}_n + 2n\text{H}_2\text{O}$$

ここから、最初に何が大事かというと、まずmol数をやっていきますよ。

$$\underbrace{n\text{HOOC}-(\text{CH}_2)_4-\text{COOH}}_{n\,\text{mol}} + \underbrace{n\text{H}_2\text{N}-(\text{CH}_2)_6-\text{NH}_2}_{n\,\text{mol}}$$
$$\longrightarrow 1\underbrace{\{\!\text{OC}-(\text{CH}_2)_4-\text{CONH}-(\text{CH}_2)_6-\text{NH}\!\}_n}_{1\,\text{mol}} + \underbrace{2n\text{H}_2\text{O}}_{2n\,\text{mol}}$$

係数↑

アジピン酸n molとヘキサメチレンジアミンn molが反応を起こすと、1 molのナイロン66ができました。水はあんまり関係ないですが、一応$2n$ molの水がとれました、となります。

求めたいのはナイロン66が何gできるかです。アジピン酸146gとヘキサメチレンジアミン146gが反応したとき、これらの分子量が同じってことはありませんから、必ずどちらかが余ります。

分子量を計算してみると、アジピン酸は146です。ヘキサメチレンジアミンは116、ナイロン66は$226n$です。

$$\underbrace{n\text{HOOC}-(\text{CH}_2)_4\overset{=146}{-}\text{COOH}}_{n\,\text{mol}} + \underbrace{n\text{H}_2\text{N}-(\text{CH}_2)_6\overset{=116}{-}\text{NH}_2}_{n\,\text{mol}}$$
$$\longrightarrow 1\underbrace{\{\!\text{OC}-(\text{CH}_2)_4\overset{=226n}{-}\text{CONH}-(\text{CH}_2)_6-\text{NH}\!\}_n}_{1\,\text{mol}} + \underbrace{2n\text{H}_2\text{O}}_{2n\,\text{mol}}$$

ナイロン66の分子量$226n$というのは、次ページの図の点線の部分が226で、それが何個あるかわからないからn個としています。例えばnが10個あれば、分子量は10倍の2260になる。

したがって、n個あれば$226n$です。

単元4 ビニロン 215

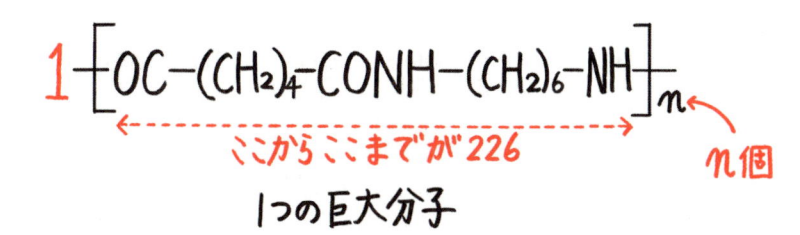

$$1\underset{\text{ここからここまでが226}}{\underbrace{[\text{OC}-(\text{CH}_2)_4-\text{CONH}-(\text{CH}_2)_6-\text{NH}]}}_n \overset{n個}{\leftarrow}$$

1つの巨大分子

なお，このnを**重合度**と言います。**重合している割合**，度合いのことです。

$$1[\underset{=226n}{\text{OC}-(\text{CH}_2)_4-\text{CONH}-(\text{CH}_2)_6-\text{NH}}]\underset{\text{重合度}}{n} + 2n\text{H}_2\text{O}$$

この段階でnが何個入っているかはわかりません。言えるのはアジピン酸やヘキサメチレンジアミンと同じmol数（n mol）入っていることは間違いありません。

じゃあ，計算していきます。

アジピン酸のmol数は $\boxed{n = \dfrac{w}{M}}$ [公式2]より $\dfrac{146}{146}$ mol で1mol，ヘキサメチレンジアミンが $\dfrac{146}{116}$ mol だから，約1.26molです。

$$n\underset{n\text{ mol}}{\underline{\text{HOOC}-\underset{=146}{(\text{CH}_2)_4}-\text{COOH}}} + n\underset{n\text{ mol}}{\underline{\text{H}_2\text{N}-\underset{=116}{(\text{CH}_2)_6}-\text{NH}_2}}$$

$$\dfrac{146}{146} = 1\text{mol} \qquad \dfrac{146}{116} \fallingdotseq 1.26\text{mol}$$

反応って，少ない方の量で起こりますね。だって量の少ないほうが無くなったら，それ以上反応しようがありませんから。

だから結局1molと1.26molの反応では1molずつ反応して，ヘキサメチレンジアミンが0.26mol残るわけです。

$$n\text{HOOC}-(\text{CH}_2)_4-\text{COOH} + n\text{H}_2\text{N}-(\text{CH}_2)_6-\text{NH}_2$$

(=146, n mol) (=116, n mol)

$\dfrac{146}{146} = 1\,\text{mol}$　　　$\dfrac{146}{116} ≒ 1.26\,\text{mol}$

$$\longrightarrow 1\text{-}[\text{OC}-(\text{CH}_2)_4-\text{CONH}-(\text{CH}_2)_6-\text{NH}]_{\overline{n}} + 2n\text{H}_2\text{O}$$

(=226n, 重合度, 1mol, 2n mol)

1molと1.26molの反応では1molずつ反応する。

ヘキサメチレンジアミンが0.26mol残る。

　全部確実に反応を起こしているのは，このアジピン酸のmol数です。それと対応して，このナイロン66が反応を起こします。だから，アジピン酸とナイロン66の比例関係を考えればいいことがわかるんです。

比例関係

　アジピン酸n molとナイロン66 1molの関係で反応を起こします。

　　アジピン酸：ナイロン66
　　　n mol　　　1mol

　これをgに直しますと，アジピン酸は分子量146ですから1molあたり146g，そのn倍ですから，$n \times 146$gです。

　ナイロン66は分子量226nなので226ngが1molの質量です。

　　アジピン酸　：　ナイロン66
　　n mol　　　　　1mol
　　$n \times 146$g　　　226n g

　今回はアジピン酸146g全部が反応を起こしたらナイロン66は何g出来てくるでしょう？　ということですから，次のような比例関係になります。生成するナイロン66をxgと置きます。

　　アジピン酸　：　ナイロン66
　　n mol　　　　　1mol

$\begin{pmatrix} n \times 146\text{g} & & 226n\,\text{g} \\ 146\text{g} & & x\,\text{g} \end{pmatrix}$

　対角線の積が，内項の積と外項の積だということで，xを求めましょう。

単元4 ビニロン 217

$$\therefore \quad n \times 146 \times x = 146 \times 226n$$

$$\therefore \quad x = \frac{146 \times 226n}{n \times 146}$$

こういう問題って必ず不確定な数字のnが消えます。だから，どこで消えるかを楽しみに解いてください。消えなかったら，どこかに間違いがあります。

$$x = \frac{146 \times 226n}{n \times 146} = 226$$

$$\fallingdotseq \mathbf{2.3 \times 10^2 g} \cdots\cdots [B](5)の【答え】$$

> 別解1

全部mol数にそろえる方法です。

$$\begin{pmatrix} \text{アジピン酸} & : & \text{ナイロン66} \\ n\,\text{mol} & & 1\,\text{mol} \\ \dfrac{146}{146}\,\text{mol} & & \dfrac{x}{226n}\,\text{mol} \end{pmatrix}$$

$$\therefore \quad \frac{x}{266n} \times n = \frac{146}{146} \times 1$$

$$x = \mathbf{226} \fallingdotseq \mathbf{2.3 \times 10^2 g} \cdots\cdots [B](5)の【答え】$$

> 別解2

mol法で解いてみましょう。$\boxed{w = nM}$を使います。

$$\underbrace{\frac{146}{146}}_{\substack{\text{アジピン酸}\\ \text{のmol数}}} \times \underbrace{\frac{1}{n}}_{\substack{\text{ナイロン66}\\ \text{のmol数}}} \times \underbrace{226n}_{\substack{\text{ナイロン66}\\ \text{のg数}}} = 226\,\text{g}$$

そうしますと，どの解法でも226gです。でも，有効数字2桁で答える必要がありますので，2.3×10^2gが解答です。

$$\mathbf{2.3 \times 10^2\,g} \cdots\cdots [B](5)の【答え】$$

- 構造式を見たときに何の物質かがわかること。
- その物質がどんな重合形式で作られたか思い出せること。

　この2つが合成高分子化合物のポイントですよ。

　それから重合度nを使った計算問題は，次の講でも出てきますので，さらに理解が深まると思います。

演習問題で力をつける⑱
合成高分子化合物をしっかり確認！②

問 次の文章を読み，下の問(1)～(4)に答えよ。

　ゴムの木の樹皮から得られる乳濁液に，酸を加えて凝固させると，天然ゴムが得られる。天然ゴムは下記の〔Ⅰ〕で表される高分子化合物である。〔Ⅰ〕は (ア) が (イ) 重合して生じる。①天然ゴムに (ウ) を混合して加熱すると，弾性，機械的安定性，耐薬品性などに優れたゴムとなる。これは，〔Ⅰ〕の分子間に (ウ) 原子による (エ) 構造ができるからである。一方，天然ゴムの構造を模倣して，耐油性，耐熱性などにおいて天然ゴムよりも優れた性質をもつ，②クロロプレンゴム（ポリクロロプレン）や③構造の一部が〔Ⅱ〕で表される合成ゴムも製品化されている。

〔Ⅰ〕　$\left[CH_2-C=CH-CH_2 \right]_n$
　　　　　　　　　$|$
　　　　　　　　CH_3

〔Ⅱ〕　$\cdots -CH_2-CH=CH-CH_2-CH-CH_2-\cdots$
　　　　　　　　　　　　　　　　　　　　　　$|$
　　　　　　　　　　　　　　　　　　　　　(C$_6$H$_5$)

(1) (ア) の化合物名と構造式を，上の〔Ⅰ〕，〔Ⅱ〕にならって示せ。
(2) (イ) ～ (エ) に入る適切な語句を示せ。また，下線部①の操作の名称を書け。
(3) 下線部②の構造を〔Ⅰ〕にならって示せ。
(4) 下線部③の合成ゴムは2種類の化合物A（分子量104），B（分子量54）を混ぜて共重合させたもので，自動車用タイヤなどに用いられている。化合物A，Bの名称と構造式を示せ。

第6講 合成高分子化合物

さて，解いてみましょう。

ゴムです。新しい言葉が出てきますから，問題を通してご理解いただき，覚えてください。

(1) ゴムの木は，太い幹にカッターナイフで傷をつけると樹液が出てくるんです。その樹液に酸を加えて凝固させると本来の天然ゴム，生ゴムが作られます。

> **岡野の着目ポイント** 問題に「天然ゴムは，〔Ⅰ〕で表される高分子化合物である。」とヒントが出ています。ヒントがなくても，197ページでやったイソプレンゴムを思い出せば大丈夫ですよね。

イソプレン ……(1)(ア) 化合物名の【答え】

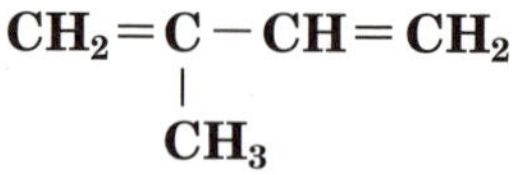

$$CH_2=C-CH=CH_2$$
$$\quad\ \ |$$
$$\ \ CH_3$$

……(1)(ア) 構造式の【答え】

(2) (イ)は付加重合です。そうしてイソプレンゴムになります。

付加 ……(2)(イ)の【答え】

(ウ)は硫黄です。知っておいてください。天然ゴムは割と弱いんです。だから，強くするために硫黄を加えます。

硫黄 ……(2)(ウ)の【答え】

(エ)は架橋と言っています。漢字を書けるようにしてください。入試に出ます。

架橋 ………(2)(エ)の【答え】

架橋を簡単に説明しますと，イソプレンゴムが何個も何個も，n 個つながっていくわけです。

図6-47

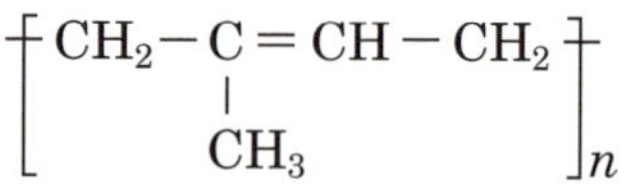

$$\left[CH_2-\underset{\underset{CH_3}{|}}{C}=CH-CH_2 \right]_n$$

> **岡野の着目ポイント** 線状にズ～ッとつながっている。そうすると，細い針金でもピアノ線でもいいのですが，1本だとグニャっと曲がるでしょう？
> 　図6-48のように平行にゴム分子があるとします。
> 　その間を硫黄が橋を架けるっていうんで，Sが図6-49のように真ん中をつないでいってくれるんです。そうすると，1本だとしなった針金も，硫黄で線と線の間を結んでいくと，結構ガッチリしたものが出来てきます。ゴムの強度と弾性を増す，ということで，いわゆる硫黄が結合した構造を**架橋構造**といいます。

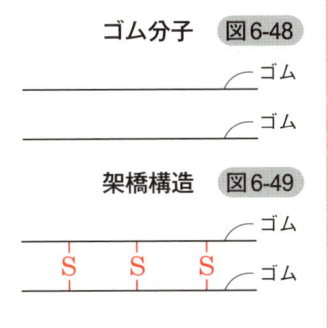

ゴム分子　図6-48

架橋構造　図6-49

　さらに①の操作を**加硫**といいます。硫黄を加えるので加硫。この言葉を覚えてください。

　　　加硫 ……(2) ①の操作の名称の【答え】

(3)　下線部②はクロロプレンゴムの単量体じゃなくて，重合体を書いてくださいということです。

$$\left[\begin{array}{c} CH_2-C=CH-CH_2 \\ | \\ Cl \end{array}\right]_n$$ ……(3)の【答え】

なお，塩素のところがHだったらブタジエンゴムになります。

(4)　**共重合**という言葉が使われているから，おそらくはスチレンブタジエンゴムかアクリロニトリルブタジエンゴムのどっちかなんです。

> **岡野の着目ポイント** 下線部③の合成ゴム〔Ⅱ〕の構造をしていると問題に書かれているので，ベンゼン環を持っています。したがって，スチレンブタジエンゴムだと判断できますね。

> **岡野のこう解く** ブタジエンの分子量を計算してみましょう。

Cは12が4個で48，Hが6個。12×4＋1×6＝48＋6＝54。ということはBはブタジエンです。

Aの104はスチレンになります。Cが8個，Hが8個です。12×8＋1×8＝96＋8＝104。

図6-50

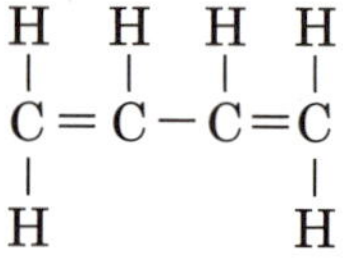

$$\begin{array}{c} H \quad H \quad H \quad H \\ | \quad | \quad | \quad | \\ C=C-C=C \\ | \qquad\qquad | \\ H \qquad\qquad H \end{array}$$

つまり解答は次のようになります。

スチレン （CH=CH₂ がベンゼン環に結合した構造式） …… (4) Aの【答え】

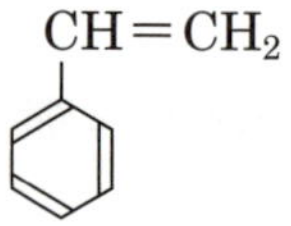

ブタジエン $CH_2=CH-CH=CH_2$ … (4) Bの【答え】

　初めてやられた方は，いろんな物質が出てくるんでビックリしちゃうんですが，全部を丸暗記じゃなくて，1つがわかっていればあとはちょっと原子を取り換えるみたいに要領のいい覚え方をすると，かなり楽になります。

　ここを学習されている方は，入試で必ず点数に結びつきます。大きなポイントになると思いますよ。では，また次回お会いいたしましょう。

第7講

糖類（炭水化物）

単元1 単糖類 化/Ⅱ

単元2 二糖類 化/Ⅱ

単元3 多糖類 化/Ⅱ

第7講のポイント

第7講は「糖類，炭水化物」といった「天然高分子」についてやっていきます。ただ覚えるのはキツイところですが，岡野流ならスッキリ整理されていて，とてもシンプルに覚えることができます。6個の構造式がポイントですよ！

単元1 単糖類　化/Ⅱ

こんにちは。今日は，第7講「糖類(炭水化物)」をやってまいります。

分子量の大きな物質，それを高分子と言うわけですが，前回の合成高分子は人が物質を作ります。一方，本講の「糖類(炭水化物)」と第8講「アミノ酸，タンパク質」は天然に存在している高分子で，**天然高分子**といいます。

1-1 糖類

糖類は，教科書を見るといろんなことが書いてありますが，全部覚える必要はまったくありません。覚える内容は決まっています。

構造式なら6個でほとんど大丈夫です。

ただし，見て覚えようとしても，なかなか理解しにくいところです。皆さん，必ず書いてみてください。そうすれば，そんなに難しくないとおわかりいただけると思います。

■ 炭水化物

糖類は $C_m(H_2O)_n$ の式で表されます。m 個の炭素 C と n 個の水 H_2O の**化合物**なので，これを**炭水化物**といいます。ただし，**酢酸 $C_2(H_2O)_2$** だけは例外です。酢酸を除いて

! 重要★★★

糖類は，$C_m(H_2O)_n$ の炭水化物

とご理解ください。

■ 糖類の種類と化学式

糖類は，大きく分けると**単糖類**，**二糖類**，**多糖類**があります。そしてそれぞれの化学式は，次のとおりです。

> **重要 ★★★**
> 単糖類 … $C_6H_{12}O_6$
> 二糖類 … $C_{12}H_{22}O_{11}$
> 多糖類 … $(C_6H_{10}O_5)_n$

全部をただ覚えるのはなかなかキツイでしょう。とにかく糖類は分類が3つあるぞ，ということです。

さらに，それぞれの中にも種類があります。単糖類が3つ。二糖類が4つ。それから多糖類が3つ。全部で合わせて10個です。

糖類（とうるい）は十（とう）ある

と思ってください。
それではこれから，一つひとつを見ていきましょう。

単元1 要点のまとめ①

● **糖類**
糖類は一般に $C_m(H_2O)_n$ で表されるので**炭水化物**と呼ぶ。例外として酢酸 $C_2(H_2O)_2$ がある。

● **糖類の分類と化学式**
単糖類 … $C_6H_{12}O_6$
二糖類 … $C_{12}H_{22}O_{11}$
多糖類 … $(C_6H_{10}O_5)_n$

1-2 単糖類の特徴と種類

■ 炭水化物

糖類の1つ，**単糖類**は次の化学式です。

> **重要★★★**　$C_6H_{12}O_6$

炭水化物 $C_m(H_2O)_n$ の形にすると $C_6(H_2O)_6$ で，炭素Cが6個，水 H_2O が6倍の化合物です。

■ 単糖類の種類

単糖類には3つの種類があり，同じ化学式を持っています。

> **重要★★★**
> グルコース（ブドウ糖）
> フルクトース（果糖）
> ガラクトース

です。日常的にはブドウ糖や果糖と聞くほうが多いでしょう。なお，ガラクトースに日本語名はありません。これら3つの名称を覚えておいてください。

> **重要★★★**　糖を表す接尾語はオース

です。3つの名称の語尾がいずれもオースになっていますね。これはこのあと説明します二糖類や多糖類の一部でも同じことが言えます。

■ 単糖類には還元性がある

> **重要★★★**　単糖類はすべて還元性があります。

還元性はフェーリング反応，銀鏡反応を示すことで判断できます。フェーリング液を加えるとCu^{2+}の青色だったものが，Cu_2Oになり赤褐色の沈殿が生じるという，例のフェーリング反応です（「無機化学・有機化学①」223ページ）。

銀鏡反応は，アルデヒド基を持っている物質に起きる反応です（「無機化学・有機化学①」223ページ）。だから，グルコースの中にはアルデヒド基を含むことがわかります（のちほど詳しくご説明します）。

1-3 酵素

■ 酵素チマーゼと反応式

チマーゼはアルコール発酵のときの酵素です。**単糖類（グルコース，フルクトース，ガラクトース）なら何でもいい**です。

下記のようにエタノールと二酸化炭素が発生します。**反応式は必ず書けるようにしておきましょう**。炭素数Cが6個，水素Hが12個，酸素Oが6個で，反応後もちょうど数があっています。

! 重要 ★★★

$$C_6H_{12}O_6 \xrightarrow{チマーゼ} 2C_2H_5OH + 2CO_2$$
単糖類（グルコースなど）　　エタノール　　二酸化炭素

チマーゼの代わりに**酵母**と書いてあることもあります。**酵母菌**の酵母です。実際は，酵母菌がチマーゼを出して反応させていますが，**酵母とのみ書いてあっても発酵が起きる**とご理解ください。

■ 酵素の働き

酵素と聞くと，何かありがたそうに聞こえますが，要は生物体内における**触媒**です。また，酵素は**タンパク質**からできています。そして最適**温度**，最適**pH**によって**著しい触媒作用**を示します。

■ 無機触媒と酵素の違い

　前にご紹介した無機の触媒作用では，例えば酸素を発生させるときに過酸化水素に酸化マンガン（Ⅳ）MnO_2 を加えて反応させたり，塩素酸カリウム $KClO_3$ に MnO_2 を加えたりしました（「無機化学・有機化学①」50ページ）。

　酵素との違いは，無機触媒の場合，**無機物質からできた触媒**で反応速度を大きくします。一方，酵素の場合は，**生体内で働く触媒でタンパク質からできています**。その触媒作用は，生体内の決まった反応だけにしか示しません。例えばマルターゼという酵素はマルトースという二糖類を加水分解するときだけにしか触媒作用を示しません。このように決まった物質だけにしか作用しないのが酵素の特徴で，これを**基質特異性**といいます。

■ 酵素は触媒作用が大きい

　無機触媒に対して，**酵素は50倍から100倍の触媒作用**があると言われています。

　例えば，無機の触媒を使ってある反応をさせると50分かかりました。一方，酵素で一番いいときの条件すなわち最適温度と最適pHで反応させると，1分でできちゃうんです。ただし，条件が悪くなると，触媒作用はずいぶん衰えます。

　また酵素はタンパク質からできているので，**温度が高いと変性**（274ページ）して触媒作用を示さなくなってしまいます。

■ 水溶液中でのグルコース

　水溶液中のグルコースは，$α$-グルコース，鎖状構造，$β$-グルコースの3つが平衡の状態になっています（「単元1　要点のまとめ②」）。これらの構造式については，のちほどの「演習問題」で詳しく取り上げますので，そのとき一緒に書いて覚えましょう。

単元1 要点のまとめ②

●単糖類…$C_6H_{12}O_6$

グルコース（ブドウ糖）
フルクトース（果糖） ｝ すべて単糖類は還元性あり
ガラクトース

① **酵素チマーゼでエタノールを生成する**
  （アルコール発酵）

  ☆ $C_6H_{12}O_6 \xrightarrow{\text{チマーゼ}} 2C_2H_5OH + 2CO_2$

酵素…生物体内における**触媒**であり，**タンパク質**からできていて，最適**温度**，最適**pH**により著しい触媒作用を示す。

② **水溶液中でのグルコース**

図7-1

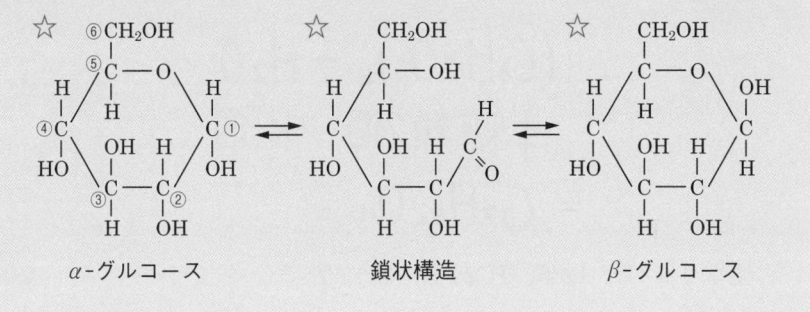

α-グルコース ⇌ 鎖状構造 ⇌ β-グルコース

単元 2 二糖類　　化／Ⅱ

今度は二糖類をご説明します。二糖類はその名の通り，単糖類2つが結びついたもので，4つの種類があります。

2-1 二糖類の化学式

二糖類の化学式は

!重要★★★　　$C_{12}H_{22}O_{11}$

です。覚えにくいとよく言われますが，大丈夫です。

　要は単糖類（$C_6H_{12}O_6$）2個分から水H_2Oを1個引けばいいんです。そうすれば二糖類の化学式になります。

$$(C_6H_{12}O_6)_2 - H_2O$$
$$\text{単糖類2個}\quad\text{水1個}$$
$$= C_{12}H_{22}O_{11}$$

　単糖類2個はC 12個，H 24個，O 12個で，そこから水のH 2個，O 1個を引くと$C_{12}H_{22}O_{11}$の二糖類の化学式がつくれます。また$C_{12}H_{22}O_{11} \Rightarrow C_{12}(H_2O)_{11}$ですから，炭水化物になっています。

　どうぞイメージ的にはこれを覚えておいてください。私も絶対間違えない自信があります。怖くなくなりますよ。

岡野流 必須ポイント⑲

二糖類の化学式の覚え方

単糖類2個から水H_2Oを1個引く。

2-2 二糖類の種類

■二糖類は4種類

二糖類は単糖類が2つ結びついたもので，4つの**物質**があります（「単元2　要点のまとめ①」）。

マルトースは，昔は**麦芽糖**って言いました。矢印の上の**マルターゼ**は**酵素**です。二糖類のマルトースを単糖類のグルコース2つに加水分解します（詳しくは「2-3　二糖類の加水分解」）。

スクロースは**ショ糖**とも言います。僕も浸透圧ではショ糖水溶液と書きました（「理論化学①」257ページ）。

ラクトースは**乳糖**とも言います。最後が**セロビオース**。これら4つの物質の名前を覚えてください。やはり語尾はオースになります。

単元2　要点のまとめ①

● 二糖類…$C_{12}H_{22}O_{11}$

マルトース（麦芽糖）
　$\xrightarrow{マルターゼ}$ グルコース＋グルコース

スクロース（ショ糖）
　$\xrightarrow[スクラーゼ]{インベルターゼ}$ グルコース＋フルクトース（※）

ラクトース（乳糖）
　$\xrightarrow{ラクターゼ}$ グルコース＋ガラクトース

セロビオース
　$\xrightarrow{セロビアーゼ}$ グルコース＋グルコース

｝スクロースを除いて還元性あり。

（※）スクロースが加水分解されてグルコースとフルクトースになる変化を**転化**といい，この混合溶液を**転化糖**という。

■二糖類の酵素名は語尾変化で覚える

矢印の上のマルターゼなどは二糖類のマルトースを単糖類のグルコース

に加水分解する**酵素**ですが，これらの名前もすべて覚えてください。インベルターゼ以外は語尾変化で覚えることができます。

マルトース，スクロースなど，4つの物質の語尾は全部**オース**となってます。この**オースは糖**を表しましたね。そして，

$$オース \longrightarrow アーゼ$$

にすると**酵素名**です。

例えば，マルトースの語尾**オース**が**アーゼ**に変化したらマルターゼ，ラクトースやセロビオースも同様に**オース**が**アーゼ**に変化してラクターゼ，セロビアーゼです。

■スクロースの酵素は慣用名で

一方，**スクロースの酵素名**は**インベルターゼ**っていいます。これは昔ながらの言い方で，慣用名です。入試ではこの言い方で一番多く出ます。もし問題文にインベルターゼって出てきたときは，スクロースを分解する酵素だと思い出してください。

ただし，最近の教科書では，**スクラーゼ**とも載っているので，解答にスクラーゼと書いても大丈夫です。

岡野流⑳　必須ポイント

二糖類の酵素名の覚え方

二糖類の4種類の酵素は，語尾変化**オース→アーゼ**で覚える。

ただし**スクロースの酵素**は入試では**インベルターゼ**と書かれることが多いです。

2-3　二糖類の加水分解

二糖類は，単糖類が2つ結びついたものです。だから，単糖類2つに加水分解できます。

■ガラクトースに注意

二糖類の4つの物質が，どんな酵素によって何に分解されるのかは「単

元2　要点のまとめ①」を見て覚えましょう。

　マルトースは単糖類のグルコースの2分子に分解，**スクロースはグルコース＋フルクトースの混合溶液**に分解します。**ラクトースはグルコース＋ガラクトースの混合溶液。セロビオースはグルコース＋グルコース**です。

　これらの中では，ガラクトースがあまり聞き慣れないですが，出題されます。ご注意ください。

■ スクロース以外に還元性あり

!重要★★★

二糖類はスクロースを除いて還元性があります。

　一方，単糖類はすべて還元性がありました（226ページ）。
　教科書にはなかなかまとまって書いていませんが，還元性があるかないかを問う問題は意外と多いです。何が還元性があって，何が還元性がないかをキチッと押さえておいてください。

■ 転化糖はスクロースのみ

　スクロースが加水分解されてグルコース＋フルクトースになる変化を**転化**といい，その混合溶液を**転化糖**といいます。
　ラクトースも混合溶液（グルコース＋ガラクトース）ですが，転化糖とはいいません。**転化糖や転化はスクロースのときのみに使う言葉**です。よく引っかけ問題が出ますから，強く知っておいてください。

■ 構造式

　二糖類の構造式はマルトース，セロビオース，スクロースの3つが書ければOKです。これらの構造式は演習問題で詳しく練習します。
　なお，糖類で覚える構造式はこれら二糖類の3つと，**単糖類のグルコース3つ**（α-グルコース，鎖状構造，β-グルコース）の全部で6つが書ければ大丈夫です。
　6つの構造式を次ページに示します。

水溶液中でのグルコース

☆ α-グルコース ⇌ 鎖状構造 ⇌ β-グルコース

マルトース（α-グルコース2分子から成る）

☆

セロビオース（β-グルコース2分子から成る）

☆

スクロース（α-グルコースとβ-フルクトースから成る）

☆

　スクロースの構造式は丸暗記になりますが，その他の5つは演習問題（**239**ページ）のところで書き方まで詳しく説明します。

単元 3　多糖類

化/II

3-1　多糖類の化学式と種類

多糖類の化学式は，

重要★★★　$(C_6H_{10}O_5)_n$

ですが,「これ覚えにくい」ってよく聞きます。でも岡野流ならできますよ。

■ 多糖類の化学式

単糖類 $C_6H_{12}O_6$ から水 H_2O を1個引きます。それの n 倍が多糖類だって考えてください。

$$(C_6H_{12}O_6 - H_2O)_n$$
$$\text{単糖類} \quad\quad \text{水}$$
$$= (C_6H_{10}O_5)_n$$
$$\text{多糖類}$$

単糖類はC 6個，H 12個，O 6個で，そこから水のH 2個，O 1個を引き，n 倍すると多糖類です。

また，$C_6H_{10}O_5 \Rightarrow C_6(H_2O)_5$ ですから，ちゃんと炭水化物になっていますね。多糖類の式は，ぜひこうやって覚えていきましょう。

岡野流 必須ポイント㉑　多糖類の化学式

単糖類 $C_6H_{12}O_6$ から水 H_2O 1個を引き，n 倍する。

■ 多糖類の種類

多糖類には**デンプン**，**セルロース**，**グリコーゲン**の3つの種類があります。

デンプンとセルロースは**植物の多糖類**です。**米**とか**イモ**とか，みんなデンプンですよね。セルロースは**植物の中の葉っぱや木の幹の皮**です。

グリコーゲンは，動物体内に存在する多糖類です。

単元3 要点のまとめ①

● 多糖類の種類

植物の多糖類
- **デンプン**（米，イモなど）
- **セルロース**
  （葉っぱ，木の幹の皮，植物の細胞壁など）

動物体内に存在する多糖類
- **グリコーゲン**
  （動物体内，主に肝臓や筋肉に存在）

多糖類には還元性はない。

3-2 デンプン

デンプンには**アミロース**と**アミロペクチン**の2種類があります。アミロースは20〜30％，アミロペクチンは70〜80％の割合です。

■アミロース

アミロースの特徴は**直鎖状構造**（α-グルコースが①と④位で**縮合重合**したもの）で，**熱水に溶けます**。直鎖状構造や①と④位については，演習問題のところで構造式と共に詳しくご説明します。

分解酵素はアミラーゼです。アミロースの中のオースがアーゼに変わります。

■アミロペクチン

アミロペクチンは**枝分かれ構造**で，**熱水に溶けません**。また，「単元3 要点のまとめ②」に「①と⑥位で縮合重合したものもある」とありますが，これは①④位があるんだけれども，①⑥位もあるということです。ここもアミロース同様，演習問題のところで詳しくご説明します。

■ヨウ素デンプン反応

デンプンを水に溶解して**ヨウ素溶液を加える**と**青色**または**青紫色**になります。これを**ヨウ素デンプン反応**と言います。

ヨウ素デンプン反応は**セルロースでは起こりません**。デンプンでのみ起こります。

単元3 要点のまとめ②

●**多糖類…** $(C_6H_{10}O_5)_n$

デンプン $\xrightarrow{\text{アミラーゼ}}$ マルトース $\xrightarrow{\text{マルターゼ}}$ グルコース ⎫
セルロース $\xrightarrow{\text{セルラーゼ}}$ セロビオース $\xrightarrow{\text{セロビアーゼ}}$ グルコース ⎬ 多糖類には還元性はない。
グリコーゲン $\xrightarrow{\text{加水分解}}$ グルコース ⎭

(a) **デンプン**

①
- **アミロース**（20〜30%）
  直鎖状構造（α-グルコースが①と④位で縮合重合したもの）で**熱水**に溶ける。
- **アミロペクチン**（70〜80%）
  枝分かれ構造（①と⑥位で縮合重合した部分もあるもの）で**熱水**に溶けない。

② デンプンを水に溶解してヨウ素（I_2）溶液を加えると青色または青紫色になる（**ヨウ素デンプン反応**）。

(b) **セルロース**

① 植物の細胞壁，綿，麻，パルプなどの主成分。
② 直鎖状構造（β-グルコースが①と④位で縮合重合したもの）。枝分かれはない。
③ セルロースの繰り返し単位中には3つのOH基があるからアセチル化，エステル化などの反応が可能（トリアセチルセルロース，トリニトロセルロース）。
④ 水酸化銅（Ⅱ）を濃アンモニア水に溶かした溶液（シュバイツァー試薬）に溶ける。この溶液中には錯イオンであるテトラアンミン銅（Ⅱ）イオン $[Cu(NH_3)_4]^{2+}$ を含んでいる（「無機化学＋有機化学①」121ページ）。

糖類の用語と構造式を覚えよう！

問 グルコースは，フェーリング液を還元するので分子内に1個の ［(a)］（名称）基をもつと考えられるが，ふつう結晶状態では環の構造のα-グルコースである。水溶液中では，**α-グルコース，環の開いた直鎖構造およびβ-グルコースが一定の割合で混じった平衡状態にある**。α- およびβ-グルコースは5個の ［(b)］（名称）基をもつ。

単糖類2分子が水1分子を失って縮合したものを ［(c)］（名称）類という。スクロースの構造式は，下図のとおりであるが，グルコースはα-グルコースの構造をとっている。酸や酵素（インベルターゼ）のはたらきによって ［(d)］（語句）され，スクロース1分子がグルコースと ［(e)］（化合物名）各1分子になる。

多数個の単糖分子が水を失って縮合重合したものを ［(f)］（名称）類という。グルコースが縮合重合したデンプンの溶液に ［(g)］（名称）を加えると青紫色に発色する。

図7-2

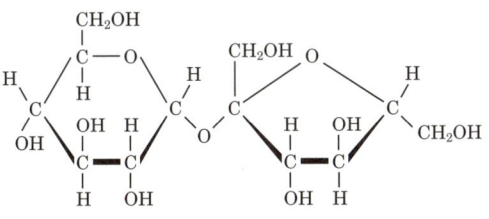

(1) ［(a)］〜［(g)］を，（　）内の指示にしたがって記せ。
(2) 文章中の下線部の平衡状態に関し，次の ［(h)］〜［(j)］に最も適当な構造式を，文章中のスクロースの構造式にならって記せ。

　　　［(h)］ ⇌ ［(i)］ ⇌ ［(j)］
　　α-グルコース　　グルコース　　β-グルコース
　　　　　　　　　直鎖構造

第7講 糖類(炭水化物)

🖋 さて、解いてみましょう。

水溶液中のグルコース

問題を解くにあたって、**グルコース(ブドウ糖)の構造式**がわからないといけません。だから、まず(2)からやっていきましょう。

問題文の最初の文章を見てください。次のように書いています。

「**グルコースは結晶状態では環の構造のα-グルコースである。**」

結晶は**固体**という言葉に置き換えるとわかりやすいです。そしてその次、「**水溶液中では、α-グルコース、環の開いた直鎖構造、およびβ-グルコースが一定の割合で混じった平衡状態にある。**」とあります。

つまり、グルコースは

水の中では3つの状態が全部存在

しているんです。で、それを書いてくださいというのが(2)番の問題です。

α-グルコースの構造式

(2) (h) α-グルコースから書いていきます。まず、**連続図7-3①**のように六角形を書きましょう。1つだけOがあるのにご注意ください。

次にヒドロキシ基OHを2つ入れます。そして、私はいつもこのOHは「**同じ下向き**」と入れているんです(**連続図7-3②**)。

α-グルコースの構造式 連続図7-3

①
```
   C — O
  /     \
 C       C
  \     /
   C — C
```

②
```
   C — O
  /     \
 C       C
  \     / \
   C — C   OH   (同じ下向き)
       |
       OH
```

単元3 多糖類

あとはOHを上，下と互い違いに書きます（連続図7-3③）。

グルコースはCが全部で6つ必要です。ここでCH₂OHを加えます。OHはやっぱり互い違いだから，今度は上向きです（連続図7-3④）。

最後にCに全部Hを入れてやれば (h) の解答です（連続図7-3⑤）。これが非常に重要なα-グルコースの構造式です。

ご自分で1回書いてみると，そんなでもないぞと，おわかりいただけると思います。

連続図7-3 の続き

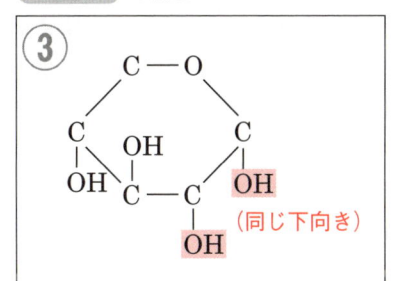

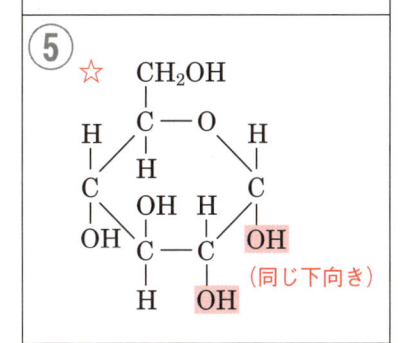

③ （Cが6角形に並び，中に OH が配置され，下向きに OH，OH が（同じ下向き）とある）

④ CH₂OH ← 加える （同様の6角形構造で下向きに OH，OH（同じ下向き））

⑤ ☆ CH₂OH （Hが各Cに付き，OH が（同じ下向き））

……(2) (h) の【答え】

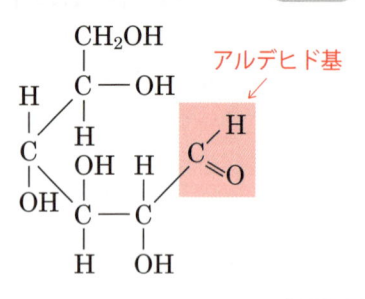

グルコースの直鎖構造

直鎖構造は，「単元1 要点のまとめ②」(229ページ)には**鎖状構造**と書いています。これはどちらでも構いません。直鎖は枝分かれがないということです。

先ほどのα-グルコースの最初に書いたOHのHがOに飛んでいってOHになっちゃう。

そしてOとCの手が切れて，炭素Cと下向きのOの手が余っている状態になります(連続図7-4①②)。

そして，余ったOとCの手が結びついて二重結合になるんですね(連続図7-4③)。

残りはα-グルコースから全然変わっていません。そのまま写せばいいんです(連続図7-4④)。

なお，図7-5の色アミの部分を**アルデヒド基**といいます。このアルデヒド基があるから，グルコースは銀鏡反応，フェーリング反応を示すんです。

図7-5

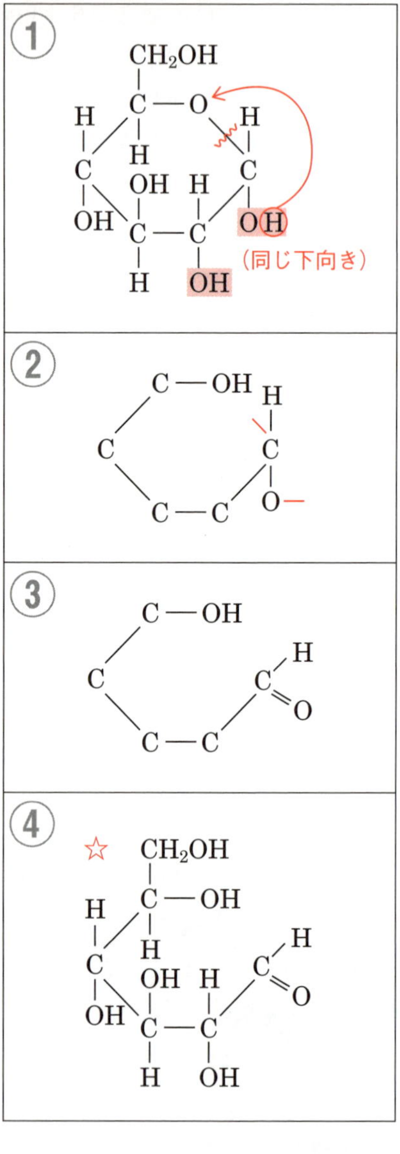

……(2) (i) の【答え】

β-グルコースの構造式

今度は、β-グルコースです。まず最初に、α-グルコースと同じように六角形を書きます（図7-6）。そして、αとβの違いは、**一番右端のHとOHがひっくり返るだけ**（図7-7）。あとは全部同じです。

六角形　図7-6

α-グルコースの構造　図7-7　　β-グルコースの構造　図7-8

ここがひっくり返るだけ
（同じ下向き）　（上下の向き）

……(2) (j) の【答え】

すると、α-グルコースでは「同じ下向き」だったOHは、β-グルコースでは「上下の向き」ですね。図7-8 が解答です。

太線は手前を表す

なお、問題文のスクロースの構造式には太線の部分があります。これは**太い方が手前**だっていうことです。だから、(2)の解答もちょっと太めに書けば、より解答に忠実な書き方と同じになります。

二糖類の加水分解での注意

二糖類は、水が加わること（加水分解）で、単糖類2つになります。例えば、マルトースはグルコース2つになります。

$$\text{マルトース（麦芽糖）} \xrightarrow{\text{マルターゼ}} \text{グルコース＋グルコース} \quad \cdots ①$$

また、単糖類2つは、水が取れる（縮合する）ことによって、1つの物質になります。マルトースの場合、234ページで書いたとおり、α-グルコースとα-グルコースが結びついてできます。

そこで，よく聞かれるのは，マルトースは加水分解するとα-グルコース＋α-グルコースではないのか？　という質問です。しかし，αとするのは間違いです。

加水分解直後は，α-グルコース2つに分かれますが，その次の瞬間から，鎖状構造も，β-グルコースも存在する平衡状態になります。**水溶液中のグルコースは必ず3つが存在する平衡状態**なんです。

だから，加水分解したときにα-グルコース＋α-グルコースという書き方はダメなんです。水溶液は全部の状態のグルコースが存在するのでグルコース＋グルコースです。

セロビオースも同じです。セロビオースはβ-グルコース2分子から作ります。だけど，加水分解した後は，水の中でジャボジャボ反応起こすんです。水がたくさんあるので，やはり

3つの構造が常に存在

します。だからβ-グルコース＋β-グルコースとは書かないんです。

多糖類の加水分解

多糖類の1つ，**デンプンは二糖類のマルトースに加水分解**されます。それがさらに**グルコースに分解**します。この場合も同様にα-グルコースでは間違いです。水溶液中は全部の状態があるので，グルコースですね。

セルロースも二糖類のセロビオースに変わって，グルコースです。β-グルコースっていいません。

グリコーゲンは，動物体内の多糖類です。だから，これはグルコースに戻ると。これは単純でいいですね。

なお，**多糖類には還元性はありません。**

(1)(a)　それでは(1)の解答をやっていきましょう。 (a) は 図7-5 をご覧いただきまして，アルデヒド基です。水溶液中には全部の状態があるから銀鏡反応，フェーリング反応を示します。

アルデヒド ……(1) (a) の【答え】

(b) α, βで5個同じものというとヒドロキシ基OHです。

ヒドロキシ ……(1) (b) の【答え】

(c) 二糖類です。

二糖 ……(1) (c) の【答え】

(d) 加水分解です。水がとれてスクロースができますが、逆にとれた水が加わって、元のグルコースとフルクトースに分解する。そういうのを加水分解って言ってます。

加水分解 ……(1) (d) の【答え】

(e) フルクトース。231ページ「要点のまとめ」の二糖類の上から2番目をご参照ください。グルコース＋フルクトースって書いてあります。

フルクトース ……(1) (e) の【答え】

(f) (f) は多糖類ですね。縮合重合は「合成高分子」でやりました。水がとれながらどんどんどんどん大きな分子量のものになっていくことです。

多糖 ……(1) (f) の【答え】

(g) ヨウ素溶液です。ヨウ素の固体をポンと入れても青くなりません。

ヨウ素溶液 ……(1) (g) の【答え】

マルトース（α-グルコース2分子）の構造式

マルトースの構造式を一緒に書いていきましょう。

マルトースは二糖類でα-グルコース2分子からできています。α-グルコースは、連続図7-3 で書きましたね。それを2つ並べるんです（ 連続図7-9① ）。

そして、この2つから 連続図7-9② のように水が取れるんです。

すると、とれたところの手が1本ずつ余っています（ 連続図7-9③ ）。

それが、くっついて、出来上がったのがマルトースです（ 連続図7-9④ ）。糖類で覚えておきたい4つ目の構造式です。

第7講 糖類（炭水化物）

マルトースの構造式

連続図7-9

① α-グルコース ＋ α-グルコース

② 水がとれる（片方のOHと、もう片方のHO）

③ くっつく

④ マルトース

グリコシド結合（エーテル結合）

図の部分の結合は何ですか？　と入試問題で問われることがあります。

図7-10

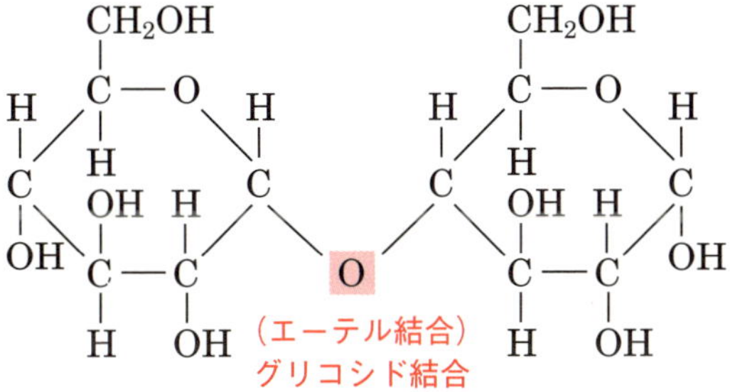

（エーテル結合）
グリコシド結合

C－O－Cだから**エーテル結合**です。それでも全然構わないんですが，**グリコシド結合**っていう特殊な言い方があります。これは知っておいてください。

デンプン－アミロースの構造式

グルコースの炭素Cには番号があります。**炭素番号①と④位でズ～ッと多数くっ付いたものがデンプン**になるわけです。多数だから多糖類です。

マルトースの構造式　図7-11

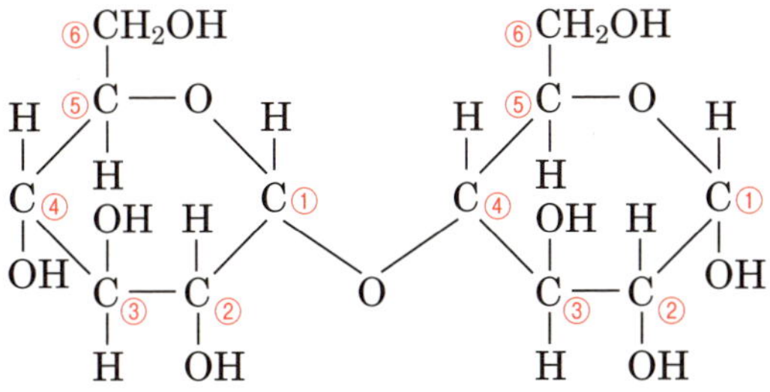

マルトース

マルトースからデンプンの構造式を簡単に書くと，次のような書き方をします。

図7-12

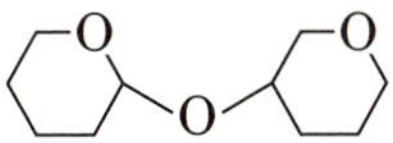

Oの部分を活かして書いていきます。このように直鎖状になっているものをデンプンの中でも特に**アミロース**といいます。ずっと①，④位で一直線に結合します。237ページに書いてある①，④位っていうのは，そういう意味なんです。

アミロースの構造式　図7-13

直鎖状構造

> **デンプン-アミロペクチンの構造式**

デンプンにはアミロースとアミロペクチンがありました。**アミロペクチンは枝分かれ**っていう複雑な部分があるんです。

⑥位のCH_2OHの**OH**と，①位のCに結合するOHの**H**がとれて（連続図7-14①），それが結びついて連続図7-14②の形になるんです。結びついたところはC-O-Cでグリコシド結合（エーテル結合）です。

グリコシド結合　連続図7-14

①

② アミロペクチン

ここのところにCが隠れている

グリコシド結合

枝分かれ構造

今2つしか書いていませんが、スダレのようにずっと枝分かれします。またCH₂のCは⑥なんです。だから①，④結合以外に，①，⑥でくっ付いている枝の部分もあるっていうことです。

アミロペクチンの構造式 図7-15

枝分かれ構造

これがデンプンの中のアミロース，それからアミロペクチンです。この辺のところのイメージ，知っておいてくださいね。

セロビオースの構造式

構造式はセロビオースで最後です。セロビオースはβ-グルコース2分子です。早速書いてみましょう。

六角形は同じです。β-グルコースは「上下の向き」を思い出してください。炭素CにはOHが上行って，下行って，上行って，下行って，あと残り全部Hです（連続図7-16①）。

セロビオースの構造式 連続図7-16

① β-グルコース（上下の向き）

ただ，真横に同じものを書くと，不都合が起こります。上にあるOHと下のOHは結びつけられないんです（連続図7-16②）。

連続図7-16 の続き

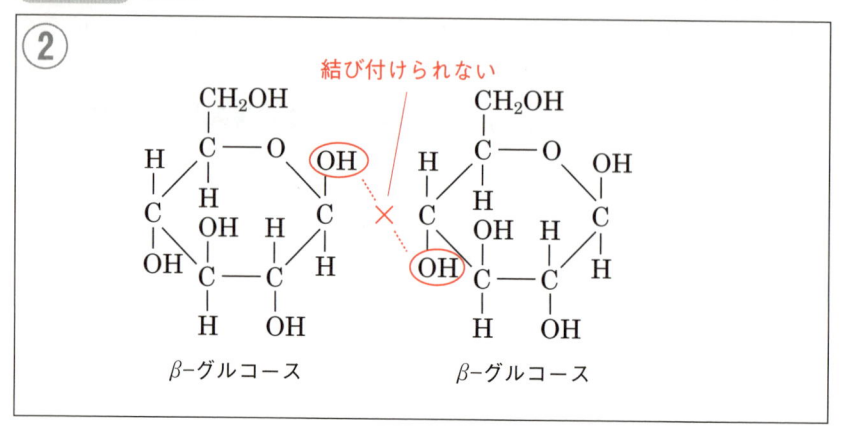

② 結び付けられない

β-グルコース　　β-グルコース

だから，せんべいみたいに上下を逆に裏返すんです（連続図7-16③）。

連続図7-16 の続き

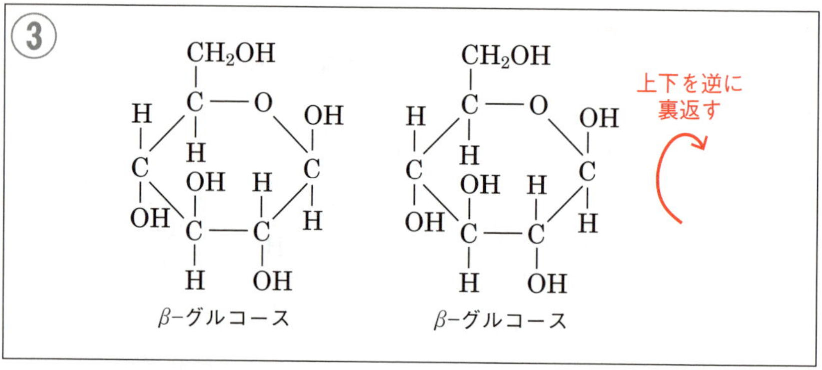

③ 上下を逆に裏返す

β-グルコース　　β-グルコース

　まず左側に構造式を書いて，右側にはそれを裏返したものをゆっくり丁寧に写してください（連続図7-16④）。左の構造式で上と書かれている部分は右では下に，左の構造式で下と書かれた部分は右では上になります。これがわかっていただければもうあとは書けます。

連続図7-16 の続き

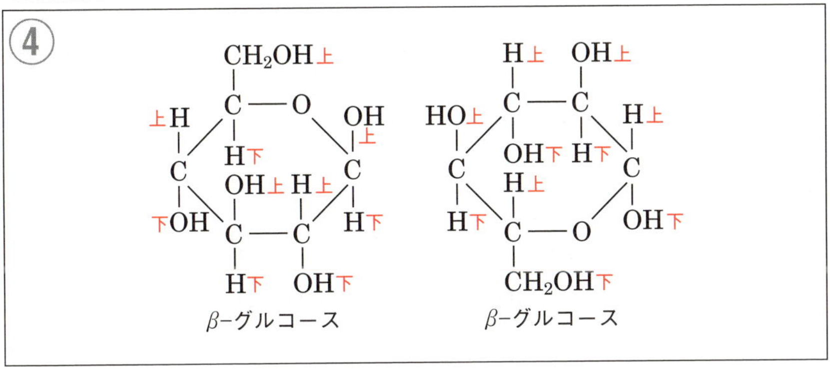
④
β-グルコース
β-グルコース

そうしますと，水が取れます（連続図7-16⑤）。

連続図7-16 の続き

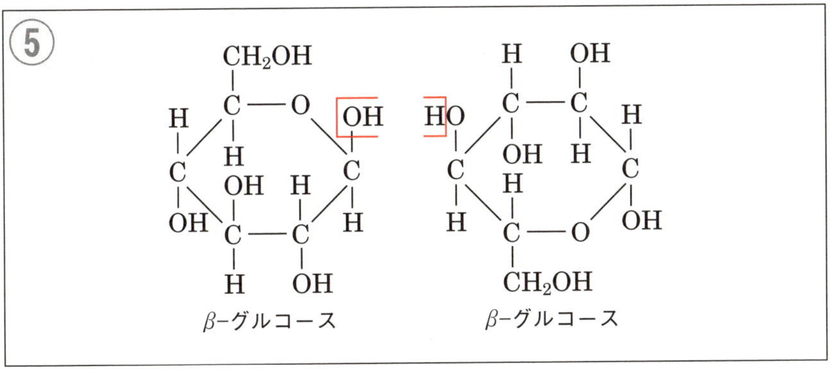
⑤
β-グルコース
β-グルコース

そして真ん中のところが結びついて**グリコシド結合**ができます（連続図7-16⑥）。これを**セロビオース**と言ってます。5つ目の構造式です。がんばって書けるようにしてください。

⑥

[セロビオースの構造式]

セロビオース

セルロースの構造式

セルロースもやっちゃいましょう。これは簡単です。ポイントは**Oがあるほうに O がくる**んです（図7-17）。上なら上，下なら下です。

グリコシド結合は上，下，上，下です。

これをセルロースといいます。これも①，④結合です。

セルロースの構造式　図7-17

O がある方に O がくる

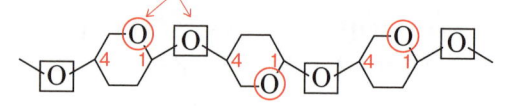

演習問題で力をつける⑳
「多糖類の加水分解」と「アルコール発酵」を理解しよう！

問 A 次の文章は糖類について述べたものである。文章を読んで，空欄 (a) ～ (o) に適当な語句を入れよ。

デンプンを酸とともに加熱すると，加水分解されて (a) を生じる。 (a) のように，それ以上加水分解されない糖類を (b) という。これに対し，デンプンのように加水分解されて多数の (b) を生じる糖類を (c) という。デンプンが米，麦，イモ類などの主要な成分であるのに対し， (d) は植物の細胞壁の主成分である。デンプンと (d) は構成単位が (a) であるという共通点はあるが，デンプンでは (e) が多数結合しているのに対し， (d) では (f) である点が異なる。そのため，デンプンはヒトの消化器官内で，まず (g) により，二糖である (h) に分解された後， (h) はさらに (i) により (a) にまで分解・吸収されるのに対して， (d) はヒトの消化器官内ではほとんど消化吸収されない。

サトウキビやテンサイから得られる甘味の強い二糖である (j) は，酸あるいは (k) による加水分解で (a) と (l) を生成する。哺乳動物の乳中にのみ含まれる二糖である (m) は，酸あるいは (n) による加水分解で (a) と (o) を生じる。

B アルコール発酵によってグルコースからエタノールと二酸化炭素が生じる。このとき起こる反応を化学反応式で示せ。また，グルコース90gから計算上何gのエタノールが得られるか。有効数字2桁で求めよ。
($H = 1.0$，$C = 12$，$O = 16$)

さて，解いてみましょう。

A(a)(b) 「もうこれ以上加水分解しない一番元になる糖」とあるため， (b) が**単糖類**だとわかります。だから (a) は**グルコース**が解答です。

   グルコース …… A (a) の【答え】
   単糖類 …… A (b) の【答え】

なお，　(a)　はα-グルコースではありません。水溶液中は3つの状態が存在するのでグルコースが正しい書き方です。

(c) 「多数の単糖類を生じる」ですから多糖類です。

　　多糖類 …… A　(c)　の【答え】

(d) 植物の細胞壁って書いてあります。葉っぱとか細胞壁はセルロースです。

　　セルロース …… A　(d)　の【答え】

(e) α-グルコースが2個くっ付いたものがマルトース，それが何個も何個もくっ付いていくとデンプンになるわけです。

　β-グルコース2分子だと，セロビオース。だから　(e)　の解答は，α-グルコースです。

　　α-グルコース …… A　(e)　の【答え】

(f) セルロースはβ-グルコースが何個も何個も結びついていますね。

　　β-グルコース …… A　(f)　の【答え】

(g) デンプンの分解酵素はアミラーゼでしたね。あの枝分かれのない直鎖構造のアミロースが語尾変化（オース→アーゼ）してアミラーゼです。

　　アミラーゼ …… A　(g)　の【答え】

(h) デンプンはα-グルコースからできています。その二糖ですからマルトース（麦芽糖）です。

　　マルトース …… A　(h)　の【答え】

(i) マルトースが語尾変化（オース→アーゼ）してマルターゼです。

　　マルターゼ ……… A　(i)　の【答え】

(j) サトウキビとテンサイはスクロースです。もしかしてマルトースかな？　って思われた方，マルトースはもう1回使ってますよ。甘味があって二糖類だとスクロースです。

　　スクロース …… A　(j)　の【答え】

(k) スクロースの分解酵素はインベルターゼ，もし忘れたならスクラーゼって書いても大丈夫です。スクロースのオースをアーゼに変えればスクラーゼです。

インベルターゼ（または**スクラーゼ**）……A (k) の【答え】

(l) スクロースはインベルターゼによる加水分解でグルコースとフルクトースに分解されます。

フルクトース……A (l) の【答え】

もし (j) をマルトースだと思っても，マルトースはグルコースとグルコースを生成するわけだから，ここで間違いに気がつくわけです。

(m) 哺乳動物の乳中にのみ含まれる二糖はラクトースです。この言葉を覚えておいてください。

ラクトース……A (m) の【答え】

(n) ラクトースの分解酵素は，オースをアーゼに変えてラクターゼです。

ラクターゼ……A (n) の【答え】

(o) ラクトースはラクターゼによってグルコース＋ガラクトースに加水分解されます。 (o) は意外と解答が出づらいところです。

ガラクトース……A (o) の【答え】

B まず，化学反応式です。$C_6H_{12}O_6$ の係数を1とすると，C_2H_5OH と CO_2 は2となる点にお気をつけください。そのまま解答になります。

$$C_6H_{12}O_6 \longrightarrow 2C_2H_5OH + 2CO_2$$ ……B 反応式の【答え】

次は，物質量の関係です。$C_6H_{12}O_6 : 2C_2H_5OH$ です。そうすると，$C_6H_{12}O_6$ が1molあるとき C_2H_5OH 2molが反応します。また，分子量は $C_6H_{12}O_6$ が180，C_2H_5OH は46なんです。

係数1
$\underset{\text{1mol}}{C_6H_{12}O_6} : \underset{\text{2mol}}{2C_2H_5OH}$ $\begin{pmatrix} C_6H_{12}O_6 = 180 \\ C_2H_5OH = 46 \end{pmatrix}$

1molは分子量にgを付けた質量です。だから，グルコース1molは何gかというと180gです。

そしてエタノールは 1 mol は 46g。2 mol だから 2 倍して 92g ができます。

$$\underline{\underset{\textbf{1mol}}{C_6H_{12}O_6}} \quad : \quad \underline{\underset{\textbf{2mol}}{2C_2H_5OH}}$$

$$\begin{pmatrix} 180\text{g} & & 2 \times 46\text{g} \\ 90\text{g} & \times & x\text{g} \end{pmatrix} \quad 生じる C_2H_5OH を x\text{g とする。}$$

$$\therefore\ 180x = 90 \times 2 \times 46$$

$$\therefore\ x = \frac{90 \times 2 \times 46}{180} = \textbf{46g}$$

別解

$$\underset{\text{グルコース の mol 数}}{\frac{90}{180}} \underset{\text{エタノール の mol 数}}{\times 2} \underset{\text{エタノール の g 数}}{\times 46} = \textbf{46g} \ \cdots\cdots B\ 計算値の【答え】$$

第8講

アミノ酸，タンパク質

- **単元1** アミノ酸の一般的性質 化/Ⅱ
- **単元2** アミノ酸，タンパク質の検出反応 化/Ⅱ
- **単元3** ペプチド結合とタンパク質の組成 化/Ⅱ

第8講のポイント

　第8講は「アミノ酸, タンパク質」についてやっていきます。ここも「糖類(炭水化物)」同様, たくさんの構造式が出てきます。でも, 岡野流ならたった6つ覚えればOK。しかも, 全部を丸暗記しなくて済むコツがあるので, しっかり理解してください。

単元 1　アミノ酸の一般的性質 化/Ⅱ

アミノ酸とタンパク質は「糖類」の延長線上にあります。教科書にはたくさんの構造式が載っていますが，実は6つ覚えれば，ほとんど大丈夫ですよ。

1-1　アミノ酸の一般式

■アミノ酸とタンパク質

アミノ酸も**タンパク質**もよく聞かれますでしょ？　手の皮膚とか，爪とか，髪の毛とか，こういうのは全部タンパク質でできています。その

タンパク質の一番の元になるもの

を**アミノ酸**といいます。
　アミノ酸が何個も何個も結びついて，大きな分子量のタンパク質になっているんです。

■α-アミノ酸の一般式

　多糖類のデンプンは，α-グルコースが何個も何個も結びついてできていました。タンパク質も同じで，**α-アミノ酸**というものが何個も何個も結びついています。
　図8-1 はα-アミノ酸の一般式です。

単元1 アミノ酸の一般的性質

!重要★★★

図8-1

$$R-\underset{\underset{H}{|}}{\overset{\overset{NH_2}{|}}{C}}-COOH$$

NH₂ アミノ基
COOH カルボキシ基
H 水素

α-アミノ酸の一般式

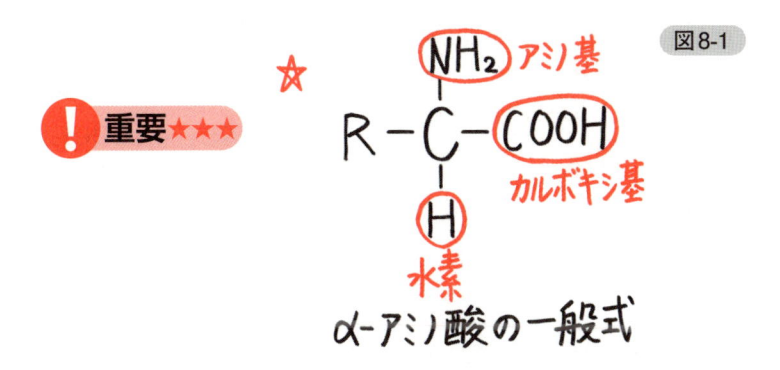

アミノ基NH_2, **カルボキシ基COOH**, **水素H**の**3点セット**が特に重要です。しっかり覚えておいてください。

Rは**水素H**や**メチル基CH_3**, さらに**窒素N**を含む原子団, **硫黄S**を含む原子団などと置き換わって, いろいろな種類のα-アミノ酸になります。

α-アミノ酸には, **グリシン**, **アラニン**, **グルタミン酸**, **アスパラギン酸**, **リシン**など, **20**種類前後があります。

構造式については, **6個**覚えれば, ほとんど困ることはないでしょう。のちほど詳しく触れますので, ここではまずα-アミノ酸の一般式をしっかり覚えてください。

■ **β-アミノ酸**

グルコースのときは, α-グルコースの他に, β-グルコースがあって, 重要な役割を示しました。では今回**β-アミノ酸**もあるのか？ 実は存在するんですが, 入試にはあまり出ません。

αの場合, 1つの炭素Cにアミノ基とカルボキシ基が入っています（ 図8-2左 ）。

一方, βは1つの炭素Cじゃなくて, 2つの炭素Cにアミノ基とカルボキシ基がそれぞれ入っています（ 図8-2右 ）。

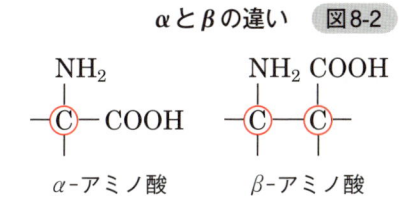

αとβの違い　図8-2

$$-\underset{}{\overset{\overset{NH_2}{|}}{C}}-COOH \qquad -\underset{}{\overset{\overset{NH_2}{|}}{C}}-\underset{}{\overset{\overset{COOH}{|}}{C}}-$$

α-アミノ酸　　　β-アミノ酸

さらに炭素Cが3つに増えて，アミノ基とカルボキシ基の間が離れると，**γ-アミノ酸**といいます（図8-3）。

でも入試に出るのはα-アミノ酸の一般式です。これをしっかり押さえれば大丈夫です。ほかについては，存在するという事実だけを知っておいてください。

図8-3　Cが3つ

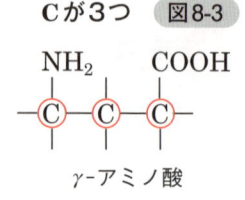

γ-アミノ酸

1-2 アミノ酸の特徴

■一般に無色の結晶

結晶という言葉は固体という言葉に言い換えて考えます。アミノ酸は，

重要★★★　一般には無色の固体

です。

> 岡野流 必須ポイント㉒　**結晶について**
> 結晶は固体と言い換えて考えるべし。

■水に溶けやすいが，有機溶媒には溶けにくい

アミノ基NH_2は水に溶けて塩基性を示します。カルボキシ基COOHも水に溶けやすく酸性を示します。ということで

重要★★★　一般にはアミノ酸も水に溶けやすい

でも，**有機溶媒には溶けにくい**。電荷が＋と－の偏りがあるような分子を極性分子といいます（「理論化学①」78ページ）。水は極性分子です。極性分子同士は仲がいいので，アミノ酸は極性分子なので水に溶けやすい。

有機溶媒は，無極性のものが多いので無極性分子同士では溶け合うんで

す。したがって、アミノ酸は溶けにくいんですね。

■ 酸とも塩基とも反応

酸は**アミノ基NH_2の部分と反応**、**塩基**は**カルボキシ基COOHの部分と反応**します。こういった**酸とも塩基とも反応**するものを

> **重要★★★** 両性化合物

といいます。

両性って言葉を入れさせる問題があります。両性物質とか、両性電解質って書いてある問題もありました。**両性**というところにご注意ください。

■ 溶液中でのイオンの構造

α-アミノ酸をpH7の真水、**中性溶液中**に入れた場合、**図8-4中**のような**双性イオン（両性イオン）の構造**を持ったものが一番多く存在します。

酸性溶液中では **図8-4左** の**陽イオンの構造**、**塩基性溶液中**では **図8-4右** の**陰イオン構造**のものが多く存在します。

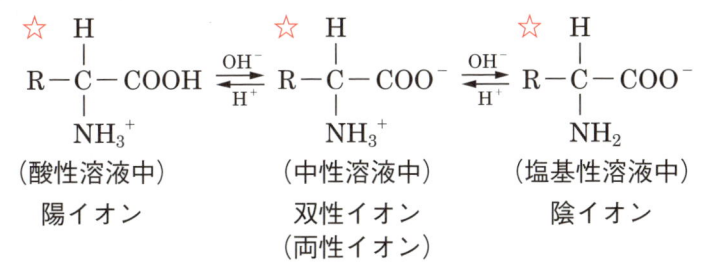

> **重要★★★**　　溶液中でのα-アミノ酸のイオン構造　　**図8-4**

$$\underset{\substack{NH_3^+ \\ \text{（酸性溶液中）} \\ \text{陽イオン}}}{\overset{H}{R-C-COOH}} \underset{H^+}{\overset{OH^-}{\rightleftarrows}} \underset{\substack{NH_3^+ \\ \text{（中性溶液中）} \\ \text{双性イオン} \\ \text{（両性イオン）}}}{\overset{H}{R-C-COO^-}} \underset{H^+}{\overset{OH^-}{\rightleftarrows}} \underset{\substack{NH_2 \\ \text{（塩基性溶液中）} \\ \text{陰イオン}}}{\overset{H}{R-C-COO^-}}$$

これら3つは試験にでます。でも、ただ暗記しろと言われても非常に難しいです。覚え方のコツがありますので、のちほど演習問題で一緒に書きましょう。

1-3 アミノ酸の種類

■ **グリシン**

グリシンはα-アミノ酸の一つです。特徴は，

> **重要★★★** ただ一つ光学異性体をもたないα-アミノ酸

です。

構造式はα-アミノ酸の一般式（図8-1）の中で，**Rの部分がHになって**います（図8-5）。

炭素Cにくっついた4つの原子または原子団を見ると，Hが2つあります。くっついた4つの原子または原子団全部が違う場合，その炭素原子を**不斉炭素原子**といいます（「無機化学＋有機化学①」172ページ）。

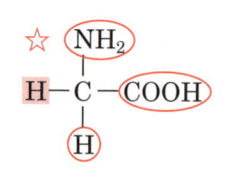

グリシンはHが2つあるから不斉炭素原子ではありません。**不斉炭素原子がないα-アミノ酸は，グリシンだけ**です。

このグリシンの構造式は書けるようにしておいてください。

図8-5

$$H-\underset{\underset{H}{|}}{\overset{\overset{NH_2}{|}}{C}}-COOH$$

グリシンの構造式

■ **アラニン**

アラニンは**光学異性体をもつα-アミノ酸の中で最も簡単なもの**です。不斉炭素原子を持つと光学異性体が存在するんでしたね。**Rにはメチル基CH₃**が入ります。なお，図8-6では，CとCが結びつくので，**H₃C**とCをH₃の右側に書きましたが，**CH₃**と書いてもかまいません。

アラニンは，炭素Cにくっついた4つの原子または原子団が全部違うものなので，**不斉炭素原子**が存在します。なお，図8-6のように＊印を付けると，不斉炭素原子を表します。

アラニンの構造式も書けるようにしておいてください。

図8-6

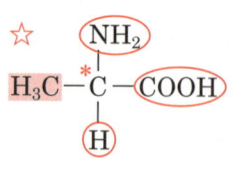

$$H_3C-\underset{\underset{H}{|}}{\overset{\overset{NH_2}{|}}{\overset{*}{C}}}-COOH$$

アラニンの構造式

単元1 アミノ酸の一般的性質

■ グルタミン酸・アスパラギン酸

グルタミン酸，アスパラギン酸は**名前と性質を覚えてください**。構造式は書けなくていいです。

特徴は，**酸性アミノ酸**であり**カルボキシ基を2つもつ**のですが，**Rにカルボキシ基COOHを入れてはいけません**。不斉炭素原子をもたないのはグリシンだけです 連続図8-7①。

連続図8-7② の 色アミ のところに**メチレン基CH$_2$が何個か入って**，その左に**COOH**がきます。このように**カルボキシ基が2つあるものを酸性アミノ酸**といいます。

弱塩基性のアミノ基NH$_2$が1個，**弱酸性**のカルボキシ基COOHが2個ですから，1個ずつが打ち消し合って，1個が残り，**水溶液は弱酸性**を示すんです。

なお，**アスパラギン酸**は 連続図8-7③ の 色アミ の**CH$_2$が1個のみ**です。**グルタミン酸はCH$_2$が2つ入ります**。

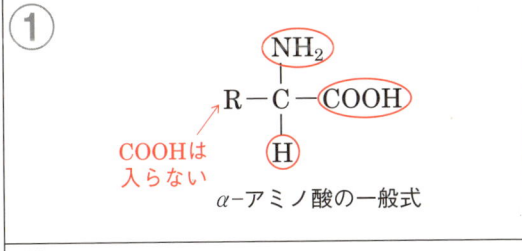

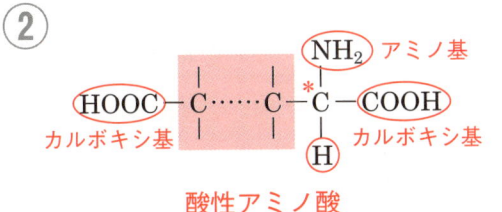

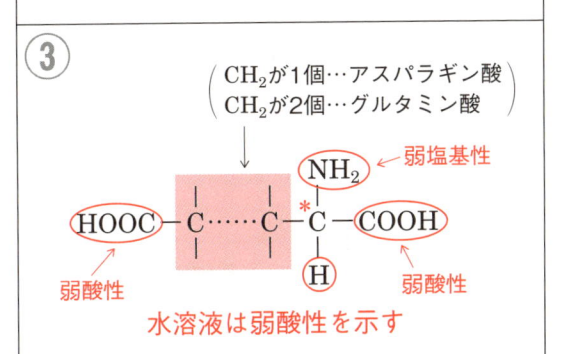

入試にはグルタミン酸の方が多く出ます。グルタミン酸ナトリウムで有名なのは，味を感じさせる素，味の素ですよね。日本で発見されました。新聞にもよく出てくるし，言葉としてポピュラーになったわけです。

ただ最近は，アスパラギン酸が入試にちょっと出始めてるんです。ちょ

■リシン

リシンは**塩基性アミノ酸**であり，**アミノ基を2つもつものです**。**リシンは名前と性質を覚えてください**。構造式は書けなくていいです。

グルタミン酸のカルボキシ基COOHが**アミノ基NH₂**に変わったのがリシンです。リシンは，**カルボキシ基よりアミノ基が1個多い**ですから，**塩基性アミノ酸**です。

図8-8 の囲みには**CH₂が4個**入ります。

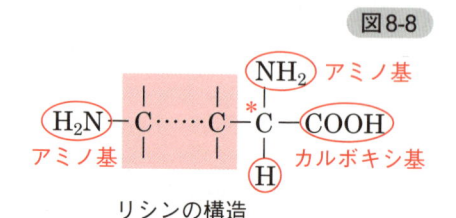

図8-8

$H_2N-C\cdots\cdots C-\overset{NH_2}{\underset{H}{C}}-COOH$

アミノ基　　　　　アミノ基
　　　　　　　カルボキシ基

リシンの構造

単元1 要点のまとめ①

● アミノ酸・タンパク質の一般的性質

☆の6つの構造式は入試で出題されます。どれもしっかり書けるようにしておきましょう。

① α-アミノ酸の一般式

☆　$R-\overset{NH_2}{\underset{H}{C}}-COOH$

② 一般に無色の結晶。
③ 水に溶けやすいが，有機溶媒には溶けにくい。
④ 酸とも塩基とも反応する（両性化合物）。

⑤ 溶液中のα-アミノ酸のイオン構造。

図8-9

☆
$$R-\underset{NH_3^+}{\overset{H}{C}}-COOH \underset{H^+}{\overset{OH^-}{\rightleftarrows}} R-\underset{NH_3^+}{\overset{H}{C}}-COO^- \underset{H^+}{\overset{OH^-}{\rightleftarrows}} R-\underset{NH_2}{\overset{H}{C}}-COO^-$$

　　（酸性溶液中）　　　　（中性溶液中）　　　（塩基性溶液中）
　　　陽イオン　　　　　　双性イオン　　　　　　陰イオン
　　　　　　　　　　　　（両性イオン）

⑥ グリシン…ただひとつ光学異性体を持たないα-アミノ酸。

☆
$$\underset{NH_2}{CH_2-COOH}$$

⑦ アラニン…光学異性体を持つα-アミノ酸の中で最も簡単なもの。

☆
$$CH_3-\underset{NH_2}{CH}-COOH$$

⑧ グルタミン酸　　　
　　アスパラギン酸　　…酸性アミノ酸であり，カルボキシ基を2つ持つ。

⑨ リシン…塩基性アミノ酸であり，アミノ基を2つ持つ。

グルタミン酸，アスパラギン酸，リシンは名前と性質を覚えてください。構造式は書けなくていいです。

単元 2　アミノ酸，タンパク質の検出反応 化/Ⅱ

2-1　検出反応の種類

検出反応によって，どんなアミノ酸か，構造を知ることができます。そして，入試でよく出てくるのが次の4種類です。

!重要★★★

① キサントプロテイン反応
② ビウレット反応
③ 硫黄反応
④ ニンヒドリン反応

②はビュレットと混同しないようにご注意ください。**ビュレットは滴定のときに使う器具**です（「理論化学①」138ページ）。

それではひとつずつ見ていきましょう。

2-2　キサントプロテイン反応

■**ベンゼン環を持つ物質に反応**

キサントプロテイン反応は，**ベンゼン環を持つアミノ酸やタンパク質**に反応します。ベンゼン環を持つ物質は

!重要★★★　チロシン，フェニルアラニン

です。**この名前と性質を覚えてください**。構造式は覚えなくてもいいです。

単元2 アミノ酸，タンパク質の検出反応　267

■実験操作と反応

具体的な実験ですが，卵の白身，卵白を用意し，蒸留水を加えて5倍くらいに薄めます。そして**濃硝酸を加えます**（ 連続図8-10① ）。

すると，**ベンゼン環がニトロ化されて**溶液が**黄色**に変わります（ 連続図8-10② ）。

さらに，冷えたところで**アンモニア水を加える**と，今度は**黄橙色**になります（ 連続図8-10③ ）。

学校で硝酸を使って実験された方，指や爪が黄色くなりませんでした？　1週間くらいすると消えるんですが，実は指の皮膚にベンゼン環が入ってるんですね。

キサントプロテイン反応　連続図8-10

① 濃硝酸　薄めた卵白

② 黄色くなる

③ 冷えた後 アンモニア水　黄橙色になる

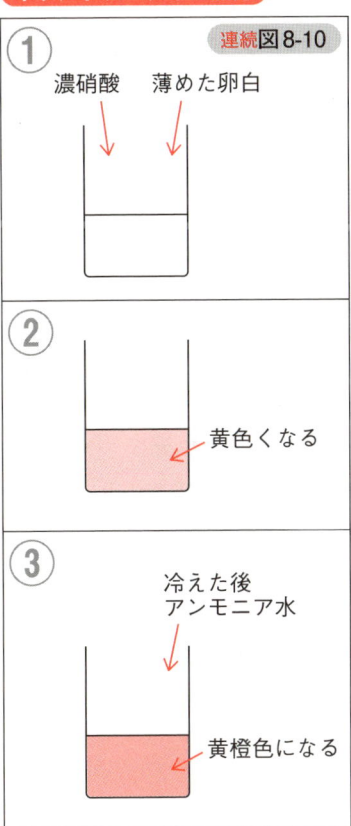

■チロシン，フェニルアラニン

チロシン，フェニルアラニンはベンゼン環を持つアミノ酸です。フェニルアラニンの場合，名前に**フェニル**とあるので，ベンゼン環が入っているとお分かりになると思います。

巻末（311ページ）をご覧いただくと，**フェニル基－C_6H_5** って書いてありますが，ベンゼンから1個水素が取れて，1本手が余っているのがフェニル基です。

一方，チロシンもベンゼン環を含みますが，フェニルアラニンと違って，ヒントがなく，覚えるしかありません。

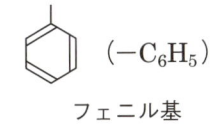

（－C_6H_5）
フェニル基

!重要★★★ **両方ともベンゼン環がある**

ということを知っておいてください。

2-3 ビウレット反応

■ペプチド結合

　タンパク質は**α-アミノ酸が結合**してできています。**2個結合**していたら**ジペプチド**，**3個**だと**トリペプチド**といいます。また，**α-アミノ酸のつなぎ目の部分をペプチド結合**といいます。

■ペプチド結合が2個以上で反応

　ビウレット反応は，**ペプチド結合を2個以上もつトリペプチド以上で反応します**。なお，ジペプチドやペプチド結合については，「単元3　ペプチド結合とタンパク質の組成」で詳しくご説明します。

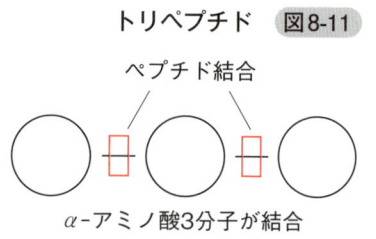

トリペプチド　図8-11
ペプチド結合
α-アミノ酸3分子が結合

■実験操作と反応

　5倍に薄めた卵白に水酸化ナトリウム水溶液を加え，よく混ぜます。そのあとスポイトで**硫酸銅(Ⅱ)水溶液$CuSO_4$**を1滴か2滴垂らし，もし，ビウレット反応が陽性だったら，**赤紫色**が出てきます。色を覚えてください。

2-4 硫黄反応

■硫黄を含むアミノ酸やタンパク質に反応

　硫黄反応は，名前の通り，**硫黄を含むアミノ酸やタンパク質と反応**します。
　硫黄を含んでいるアミノ酸は，

メチオニン，システイン，シスチン

です。**名前**と**性質**だけ覚えれば**大丈夫です**。構造式をかけなくてもいいで

単元2 アミノ酸, タンパク質の検出反応

す。もし, 構造式が書いてあって, 硫黄反応が陽性なものはどれか？ という問題があっても, 硫黄を含むものを選べば, それが解答です。

■ **実験操作と反応**

まず, 薄めた卵白に水酸化ナトリウム水溶液を加えます。

次に, **酢酸鉛(Ⅱ)** $(CH_3COO)_2Pb$ 水溶液を入れます。この酢酸鉛(Ⅱ)は2個の酢酸イオン CH_3COO^- と鉛(Ⅱ)イオン Pb^{2+} が結びついたものです。

反応すると, 酢酸鉛(Ⅱ)の Pb^{2+} が S^{2-} と結びついて, **黒色沈殿 PbS 硫化鉛(Ⅱ)** が生成し, 黒くなります。

$$Pb^{2+} + S^{2-} \longrightarrow PbS$$

硫化物はほとんどが黒い色だと「無機化学・有機化学①」118ページでやりました。ちょっと復習ですが, 黒以外の色は3つです。硫化カドミウム CdS が黄色, 硫化亜鉛 ZnS が白色, 硫化マンガン(Ⅱ) MnS が淡紅色(たんこうしょく)でした。

あとは鉛も含めて全部黒色です。黒くなったら, 硫黄を含んでいると分かります。

2-5 ニンヒドリン反応

■ **どんなアミノ酸またはタンパク質も検出**

ニンヒドリン反応は,

!**重要★★★** どんなアミノ酸またはタンパク質でも検出する反応

です。タンパク質は, α-アミノ酸が結びついてできています。ニンヒドリン反応は, このα-アミノ酸が2個のジペプチドでも, 3個のトリペプチ

ドでも，たくさんでも，どんなものでも反応を起こします。
　一方，ビウレット反応の場合は，α-アミノ酸が3個のトリペプチド以上で反応という違いがあります。

■ **実験操作と反応**

薄めた卵白に**ニンヒドリン水溶液**を数滴入れます。もし陽性なら，**赤紫～青紫色**に変化します。
　ビウレット反応もニンヒドリン反応も共に紫系統の色の変化が起こります。

単元2 要点のまとめ①

● **アミノ酸，タンパク質の検出反応**
① **キサントプロテイン反応**
　　ベンゼン環を持つアミノ酸よりなるタンパク質の検出。
　　（ベンゼン環がニトロ化される）
　　濃硝酸で**黄色**，さらにNH_3水で**黄橙色**。
　　　　例：チロシン，フェニルアラニン
② **ビウレット反応**
　　ペプチド結合を2個以上持つものと反応する。
　　（アミノ酸とジペプチドとは反応しない）
　　NaOH，$CuSO_4$ ⟶ 赤紫色
③ **硫黄反応**
　　硫黄を含むタンパク質と反応する。
　　NaOH，酢酸鉛 ⟶ PbS黒色沈殿
　　　　例：メチオニン，システイン，シスチン
④ **ニンヒドリン反応**
　　アミノ酸またはタンパク質の検出反応。
　　ニンヒドリン水溶液 ⟶ 赤紫～青紫色

チロシン，フェニルアラニン，メチオニン，システイン，シスチンは名前と性質は覚えてください。構造式は書けなくていいです。

単元3 ペプチド結合とタンパク質の組成 化/Ⅱ

3-1 ジペプチド

■ タンパク質とは

タンパク質は、α-アミノ酸が縮合重合によりつながった高分子化合物です。

そして、α-アミノ酸が2個くっつくとジペプチド、3個だとトリペプチド、たくさんだとポリペプチド（タンパク質）といいます。α-アミノ酸とタンパク質の関係は、糖類のα-グルコースとデンプンと同じような関係だといえます。

また、α-アミノ酸同士がつながった部分を

> **重要 ★★★ ペプチド結合**

と呼びます。

それでは**ジペプチドの構造式**を見ていきましょう。

■ ジペプチドの構造式

連続図8-12①はα-アミノ酸の一般式です。単元1の図8-1 と比べると、配置が少し違います。**アミノ酸、タンパク質の結合に関係する問題では、左側にアミノ基NH_2、右側にカルボキシ基COOHを書く**ことが決まっています。

ジペプチドの構造式 連続図8-12

① α-アミノ酸の一般式

H_2N — アミノ基
カルボキシ基

ジペプチドは，2つのα-アミノ酸分子が縮合して結びついて出来ます（ 連続図8-12② ）。

縮合ですから，カルボキシ基のOHとアミノ基のHがとれるんです（ 連続図8-12③ ）。

連続図8-12 の続き

②
$$H_2N-\underset{R}{\underset{|}{C}}\overset{H}{\underset{|}{}}-\overset{O}{\underset{}{\overset{\|}{C}}}-OH \; + \; H-N-\underset{R}{\underset{|}{C}}\overset{H}{\underset{|}{}}\overset{H}{\underset{|}{}}-COOH$$

α-アミノ酸　　　　　　α-アミノ酸

③
$$H_2N-\underset{R}{\underset{|}{C}}\overset{H}{\underset{|}{}}-\overset{O}{\underset{}{\overset{\|}{C}}}-\boxed{OH} \; + \; \boxed{H}-N-\underset{R}{\underset{|}{C}}\overset{H}{\underset{|}{}}\overset{H}{\underset{|}{}}-COOH$$

これ，合成高分子でもやりましたね。アジピン酸のカルボキシ基とヘキサメチレンジアミンのアミノ基，OHとHがとれて，**アミド結合**ができました（184ページ）。

ところが，全く同じ形のこの結合をここでは**ペプチド結合**といいます（ 連続図8-12④ ）。

連続図8-12 の続き

④ ペプチド結合
$$\xrightarrow{縮合} H_2N-\underset{R}{\underset{|}{C}}\overset{H}{\underset{|}{}}-\boxed{\overset{O}{\underset{}{\overset{\|}{C}}}-\overset{H}{\underset{|}{N}}}-\underset{R}{\underset{|}{C}}\overset{H}{\underset{|}{}}-COOH \; + \; H_2O$$

ジペプチド

アミノ酸2分子から水が取れて，ペプチド結合を1つ持つ物質のことを**ジペプチド**っていうんです。

■ アミド結合とペプチド結合

アミド結合の一番分かりやすい例としては，**アセトアニリド**があります（「無機化学＋有機化学①」283ページ）。

しかし，ジペプチドで「アミド結合」と解答に書くと不正解です。

アミド結合のうち，**アミノ酸，タンパク質の場合はペプチド結合**という言い方をします。

だから，アセトアニリドでペプチド結合と解答を書くと，やはりバッテンです。アミノ酸，タンパク質のときだけペプチド結合です。

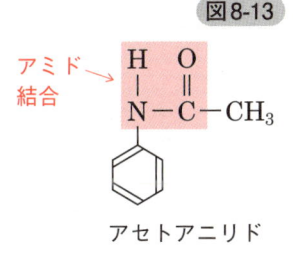

図8-13

アセトアニリド（アミド結合を示す構造）

■ N末端，C末端

トリペプチドを例に説明していきましょう。図8-11（268ページ）でも示しましたが，もう少し詳しく見ていきましょう。

α-アミノ酸3分子から水2分子が取れて，トリペプチドができます。

アミノ酸，タンパク質の結合に関する問題では左側にアミノ基NH_2，右側にカルボキシ基COOHを書く約束になっています。

そして，左側のアミノ基NH_2の残った側を**N末端**と呼び，右側のカルボキシ基の残った側を**C末端**と呼んでいます。

図8-14

トリペプチド

入試問題にはペプチドを作っている**アミノ酸の配列順序を決める問題**がありますが，このとき

> **重要★★★** N末端側からC末端側の順に書く

ことが必要になります。逆に書くと不正解になります。

3-2 タンパク質の組成

■ 単純タンパク質

タンパク質はアミノ酸が縮合重合で何個も何個も結びついてできています。

タンパク質を加水分解したとき，**アミノ酸だけが生じるタンパク質**を**単純タンパク質**といいます。

単純っていう言葉は漢字で覚えてください。

■ 複合タンパク質

一方，**加水分解によってアミノ酸以外の物質も生じるタンパク質**を**複合タンパク質**といいます。

核酸(DNA)，色素，リン酸，糖類などを含むタンパク質のことです。

複合という言葉も漢字で覚えてください。

■ タンパク質の変性

タンパク質の変性がどういう現象かといいますと，例えば，卵白を熱くなっているフライパンにポトンと落とします。すると，だんだん熱が加わって白くなりますね。液体から固体になってるんですね。

固体を冷やしても，ドロッとした卵白には戻りません。

この現象を**タンパク質の変性**といいます。

熱だけでなく，**強酸**，**強塩基**，**重金属イオン**（Cu^{2+}やPb^{2+}など），**有機溶媒**（**アルコール**や**アセトン**など）が作用しても，**タンパク質は凝固**します。

こういった，**液体から固体になって，元に戻らない現象**がタンパク質の変性です。酵素はタンパク質からできていますが，変性が起きると，その触媒作用を失います。これを**酵素の失活**と呼びます。

■ 水素結合（らせん構造）

タンパク質の特徴として，**水素結合による立体的な，らせん構造**があります。熱を加えると，このらせん構造は，水素結合などが切れて，タンパ

ク質の形状が変化し，凝固します。これがタンパク質の変性です。

ただし，タンパク質を構成しているアミノ酸の配列順序は変わっていないんです。変わったのは**立体構造**です。卵白のドロッとしたものをゴクッて飲んでも，白く固体になったものを食べても，同じタンパク質を食べていることには変わりません。

水素結合やらせん構造については，演習問題で詳しくご説明します（**276ページ**）。

単元3 要点のまとめ①

●タンパク質の組成

① α-アミノ酸が縮合重合して，ペプチド結合でつながってできた高分子化合物をタンパク質という。

② **単純タンパク質**…加水分解によってアミノ酸だけを生じるタンパク質をいう。

複合タンパク質…加水分解によってアミノ酸以外の物質も生じるタンパク質をいう。

●タンパク質の変性

タンパク質は熱，強酸，強塩基，重金属イオン（Cu^{2+}やPb^{2+}など），有機溶媒（アルコールやアセトンなど）により凝固する。この現象を**タンパク質の変性**といい，一度凝固するともとには戻らない。

演習問題で力をつける㉑
グリシンの3つのイオン構造式をマスターしよう！

問 次の文を読み，下の問に答えよ。

　アミノ酸は，中性もしくは中性に近い水溶液中では，酸とも塩基とも反応する (ア) イオンとして存在し，ₐ酸や塩基を加えるとそれに応じて分子の形が変形する。各アミノ酸ともそれぞれ一定のpHにおいては，分子内で正，負の電荷が打ち消され，見かけ上分子が電荷をもっていないようにふるまう。このときのpHの値を**等電点**という。

　アミノ酸を，ᵦエタノールでエステル化してできた分子は (イ) の性質を失う。また，無水酢酸を作用させると (ウ) 結合が生成する。

　アミノ酸が，一定の順序で縮合重合して (エ) 結合を形成し，高分子になったものがタンパク質である。タンパク質中の，(エ) 結合に含まれる >N-H 基と，他の (エ) 結合に含まれる >C=O 基との間に形成される (オ) 結合は，タンパク質の分子内や分子間にも起こり，タンパク質に特有の (カ) 状構造の形成に寄与する。また，タンパク質は水に溶けると，(キ) コロイドとなる。この溶液に，硫酸アンモニウムなどの電解質を多量に加えると，タンパク質は沈殿する。この沈殿反応を (ク) とよぶ。

(1) 文中の空欄 (ア) 〜 (ク) に適当な語句を記入せよ。
(2) 下線部aについて，グリシンの(a)酸性水溶液，(b)塩基性水溶液中での構造を官能基の電荷の状態を明示して書け。
(3) グリシンに下線部bの反応を行ったときの生成物の構造式を書け。

さて，解いてみましょう。

(2)　(2)番の問題からやりましょう。この演習問題は，**グリシンの構造式が書けない人にはできない**んです。261ページに出てきた 図8-4 の溶液中でのアミノ酸のイオンの構造式です。

　陽イオン，双性イオン，陰イオンを岡野流で書いていきましょう。

単元3 ペプチド結合とタンパク質の組成 277

双性イオン（中性溶液）

　まず，図8-4（261ページ）の真ん中にある中性溶液からです。α-アミノ酸の中でもグリシンは一般式のRがHです（262ページ参照）。また，アミノ酸，タンパク質の結合には関係ないですから，N末端の必要はありません（連続図8-15①）。

　中性溶液中でアミノ酸は，水に溶けます。するとカルボキシ基COOHのH$^+$が離れて，COO$^-$になります（連続図8-15②）。

　そして，とれたH$^+$がNH$_2$にくっつきます（連続図8-15③）。

　理由ですが，例えばアンモニアが水H$_2$Oに溶けると，NH$_4^+$とOH$^-$のイオンに分かれますよね。アンモニア分子に水素イオン1個が加わって，アンモニウムイオンになります。

$$NH_3 + H_2O \rightleftarrows NH_4^+ + OH^-$$

　これと同じような感じで飛び出てきたH$^+$がNH$_2$にくっついて，NH$_3^+$になるんです。

　ここでいつもご説明してるのは，

窒素は手が4本出ると＋

になるという点です（「無機化学＋有機化学①」280ページ参照）。

　窒素Nには炭素Cが1つと水素Hが3つで，手が4本出てますね。だから＋になってます（連続図8-15④）。

　カルボキシ基は，酢酸のことを思い出していただければ，CH$_3$COOHがCH$_3$COO$^-$とH$^+$というふうに分かれますね（「理論化学①」131ページ）。

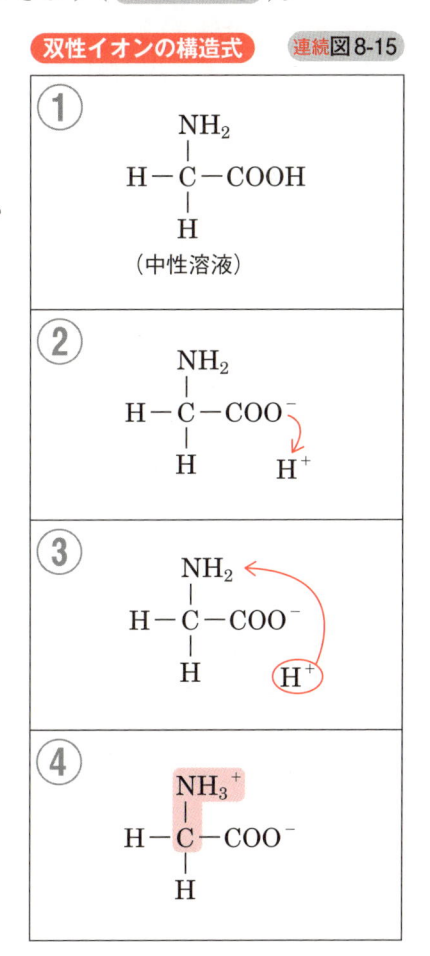

双性イオンの構造式　連続図8-15

① H–C(–NH$_2$)(–H)–COOH（中性溶液）

② H–C(–NH$_2$)(–H)–COO$^-$　H$^+$

③ H–C(–NH$_2$)(–H)–COO$^-$　H$^+$

④ H–C(–NH$_3^+$)(–H)–COO$^-$

それで，あまり見たことがないと思いますが，1つのイオンに＋と－が一緒に入ってるんです（図8-16）。これを**双性イオン**っていいます。中性溶液中では主に双性イオンの形で存在しています。

両性イオンって書いてあっても同じものだと思ってください。

＋と－がある 図8-16

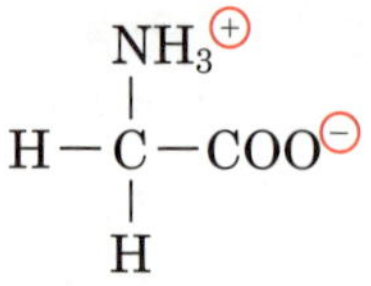

$$H-\underset{H}{\overset{NH_3^{\oplus}}{C}}-COO^{\ominus}$$

双性イオン

陽イオン（酸性溶液）

次は，双性イオンの左側に酸性溶液中の構造式を書きます。

まず，平衡の矢印を書きましょう。

普通，平衡の矢印は必ず $\rightleftarrows$ の向きの書き方をしますが，岡野流では話を分かりやすくするために，$\leftrightarrows$ の向きで書きます（連続図8-17①）双性イオンを中心にして考えるからです。

酸性というと，例えば水溶液中に塩酸をバ～ンと加えますと，一番多く含んでいるのは水素イオンH^+です。つまり，矢印向こう側に水素イオンが加わるんです（連続図8-17②）。

プラスの水素イオンがたくさんあるのが酸性溶液なんですよ。

この＋と＋は反発してくっつきません。だけど，＋と－はお互いに引き合うんですよ（連続図8-17③）。

陽イオンの構造式 連続図8-17

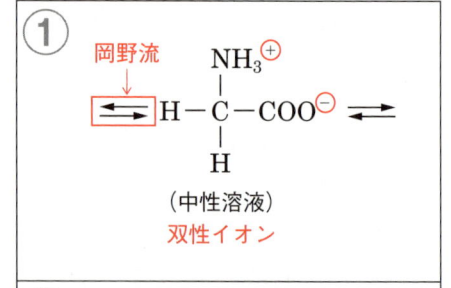

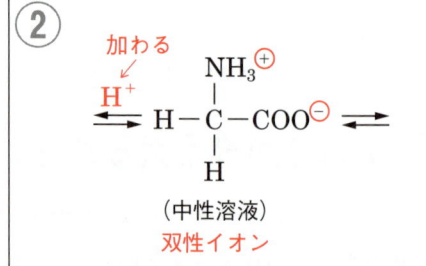

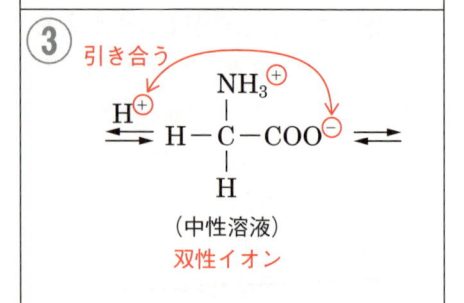

① 岡野流

$\leftrightarrows$ $H-\underset{H}{\overset{NH_3^{\oplus}}{C}}-COO^{\ominus}$ $\leftrightarrows$

（中性溶液）
双性イオン

② 加わる

H^+ $\leftrightarrows$ $H-\underset{H}{\overset{NH_3^{\oplus}}{C}}-COO^{\ominus}$ $\leftrightarrows$

（中性溶液）
双性イオン

③ 引き合う

$H^{\oplus}$ $\leftrightarrows$ $H-\underset{H}{\overset{NH_3^{\oplus}}{C}}-COO^{\ominus}$ $\leftrightarrows$

（中性溶液）
双性イオン

単元3　ペプチド結合とタンパク質の組成　279

　それで，引き合った後の形が 連続図8-17④ の左側です。これが，酸性溶液中での主な形なんです。
　酸性溶液中の構造式を見ると，＋が1個しかありません。**陽イオン**ですね。

連続図8-17 の続き

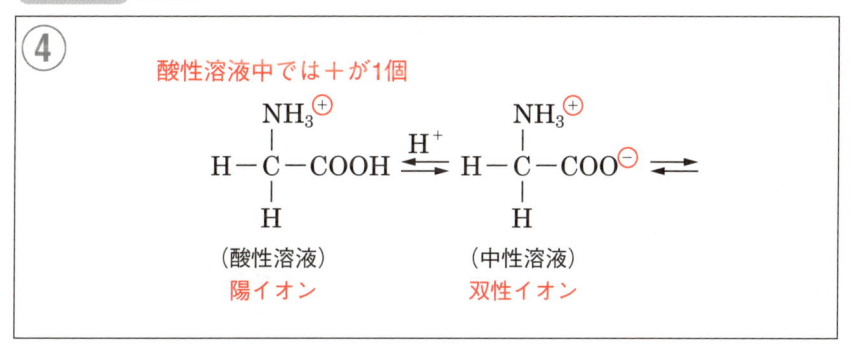

④　酸性溶液中では＋が1個

$$H-\underset{H}{\underset{|}{C}}(NH_3^+)-COOH \underset{}{\overset{H^+}{\rightleftarrows}} H-\underset{H}{\underset{|}{C}}(NH_3^+)-COO^- \rightleftarrows$$

（酸性溶液）　　　　　（中性溶液）
陽イオン　　　　　　双性イオン

陰イオン（塩基性溶液）

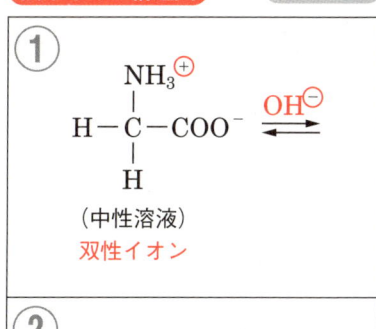

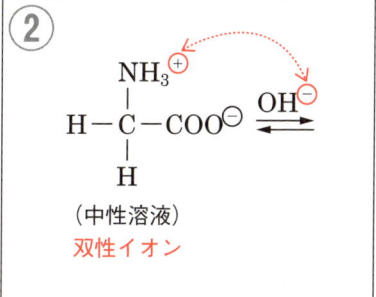

　今度は双性イオンの右側，塩基性（アルカリ性）の溶液です。塩基性ですからOH^-を多く含んでいます。だから，今度はOH^-がガバッと増えてくるんです 連続図8-18① 。
　そして，＋と－が引き合って，OH^-とNH_3^+が結びつきます 連続図8-18② 。
　この場合も，イメージとしてはアンモニウムイオンです。OH^-がくっついた場合，$NH_4^+ + OH^-$は，アンモニア水$NH_3 + H_2O$って書くんです。

$$NH_4^+ + OH^- \longrightarrow NH_3 + H_2O$$

陰イオンの構造式　　連続図8-18

①
$$H-\underset{H}{\underset{|}{C}}(NH_3^+)-COO^- \overset{OH^-}{\rightleftarrows}$$
（中性溶液）
双性イオン

②
$$H-\underset{H}{\underset{|}{C}}(NH_3^+)-COO^- \overset{OH^-}{\rightleftarrows}$$
（中性溶液）
双性イオン

それと同じように，水分子がとれまして，今回はアミノ基NH_2になりますね（連続図8-18③）。

連続図8-18 の続き

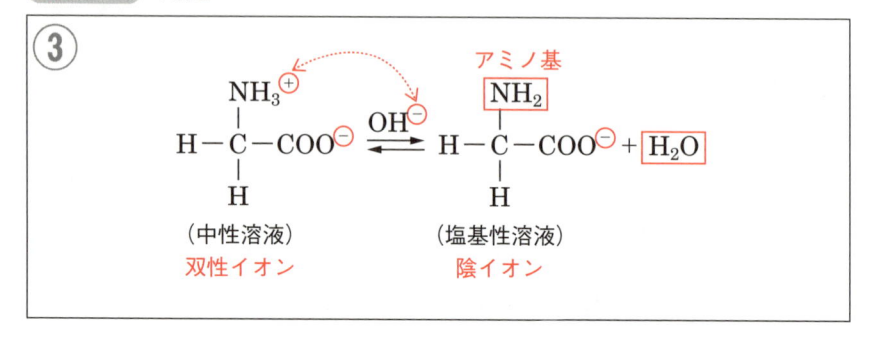

③

$$H-\underset{H}{\underset{|}{C}}(NH_3^+)-COO^- + OH^- \rightleftarrows H-\underset{H}{\underset{|}{C}}(NH_2)-COO^- + H_2O$$

（中性溶液）　　　　　　　（塩基性溶液）
双性イオン　　　　　　　　陰イオン

今度は−が1個だけ残りました。こういうのを**陰イオン**といいます。塩基性溶液中では主に陰イオンの形で存在します。

つまり，双性イオンにH^+やOH^-を加えることによって，陽イオンや陰イオンを作ることができるんです。

以上が溶液中でのα-アミノ酸（グリシン）のイオンの構造式です。

!重要★★★　　溶液中でのα-アミノ酸のイオン構造式　図8-19

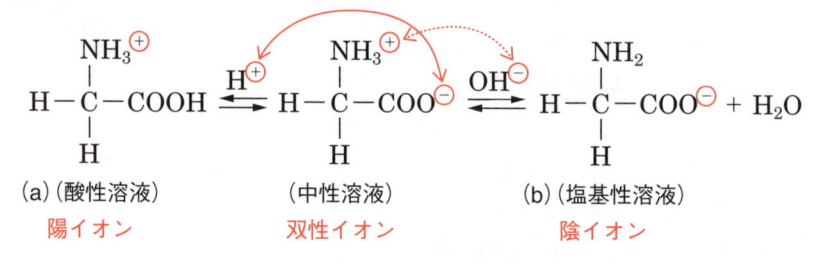

$$H-\underset{H}{\underset{|}{C}}(NH_3^+)-COOH \underset{H^+}{\rightleftarrows} H-\underset{H}{\underset{|}{C}}(NH_3^+)-COO^- \underset{OH^-}{\rightleftarrows} H-\underset{H}{\underset{|}{C}}(NH_2)-COO^- + H_2O$$

(a)（酸性溶液）　　　　（中性溶液）　　　　(b)（塩基性溶液）
陽イオン　　　　　　　双性イオン　　　　　　陰イオン

……(2) (a) (b) の【答え】

これは暗記しようとすると大変です。**岡野流**で書けるようにしてください。

なお，余裕があれば(b) 陰イオンの解答のCOO^-のところは 図8-20 のように書いたほうが，より構造式らしくなります。

図8-20

$$H-\underset{H}{\underset{|}{C}}(NH_2)-\underset{\parallel}{\overset{}{C}}\!\!\begin{array}{c}-O^-\\ \\O\end{array}$$

陰イオン

単元3　ペプチド結合とタンパク質の組成　281

(1)(ア)　は中性ですから双性イオンです。

　　双性 ……(1)(ア)の【答え】

(1)(イ)　**酸の性質を失う**っていうんですね。理由は**エステル化が起こっているから**です。

　アミノ酸(グリシン)にエタノールを加えた例をやってみます。まずグリシンとエタノールですね(連続図8-21①)。

エステル化の例

連続図8-21

①
$$H-\underset{\underset{H}{|}}{\overset{\overset{NH_2}{|}}{C}}-\underset{\underset{O}{\|}}{C}-OH + H-O-C_2H_5$$
　　　　グリシン　　　　　エタノール

そして，エステル化が起こります(連続図8-21②)。

カルボン酸のOHとアルコールのHがとれます。スポンと抜けて**エステル結合**ができてくるんです(連続図8-21③)。

今，**失ったのは酸の性質**ですね。COOHのH^+になる部分が潰されちゃったんです。

②
$$H-\underset{\underset{H}{|}}{\overset{\overset{NH_2}{|}}{C}}-\underset{\underset{O}{\|}}{C}-\boxed{OH} + \boxed{H}-O-C_2H_5$$
　　　　　　　　　エステル化 →

③
$$H-\underset{\underset{H}{|}}{\overset{\overset{NH_2}{|}}{C}}-\underset{\underset{O}{\|}}{C}-O-C_2H_5 + H_2O$$

(イ)は酸という解答になります。

　　酸 ……(1)(イ)の【答え】

(1)(ウ) アミド結合です。グリシンに無水酢酸を加える反応ですね。書いてみましょう。まずグリシンです。結合が関係するのでNH₂の構造をちゃんと書きます。それに無水酢酸を加えます（連続図8-22①）。

ここはアセトアニリドとかアセチルサリチル酸のところでやりましたね（「無機化学＋有機化学①」283ページ）。

アミノ基のHが，Oに飛んでいきまして，酢酸分子を作ります（連続図8-22②）。で，余った手のCH₃CO（アセチル基）とNが結びつくことで，連続図8-22③ができ上がってくるんです。

そうしますと，図のところに**アミド結合**ができています。これが解答です。

アミド ……
　　　　(1)(ウ)の【答え】

アミノ酸2分子ならペプチド結合なんですが，アミノ酸と無水酢酸ですから，アミド結合となります。

(1)(エ) 今度はアミノ酸が何個も縮合重合したので，ペプチド結合です。

ペプチド ……(1)(エ)の【答え】

(1)(オ) 水素結合です。C＝O基とN－H基ですから，「**ホンとに来るよ合格通知**」**F，O，N，Cl**（「理論化学①」43ページ）のうち，水素O

単元3　ペプチド結合とタンパク質の組成　283

と窒素Nがあります。

F, O, N, Cl

このOとNのところが，電子を自分の側に引っ張り込む力が強いんです。だから，**水素結合**が起こるということなんですね。

水素……(1)(オ)の【答え】

(1)(カ)　**らせん構造**です。どのようなものか，図でご説明します。みなさんも書いてください。

らせん構造は，アミノ酸がペプチド結合でどんどんつながっていて，図のようになっています。そして，ここにC＝OやN－Hが入っていたとします（連続図8-23①）。

酸素Oは炭素Cとの共有電子対を自分の方にグッと引っ張り，ごくごく小さなマイナスの電荷を帯びてきて，δ－となります。

窒素Nは水素Hとの共有電子対を自分の側に引っ張ります。窒素がごくごく小さなマイナスの電荷を帯びてきてδ－に，水素は逆にごくごく小さなプラスの電荷を帯びてきてδ＋になっています（連続図8-23②）。

そして，向かい合っている，δ－とδ＋が引き合って，結びつくんです（連続図8-23③）。

これが**水素結合**です。

このδ－とδ＋の小さなクーロン力の話は，「理論化学①」(79ページ)で水H_2Oを例にご説明しました。それと同じような感じです。

それによって，らせんがビシッと固定されてできているのが**らせん構造**です。らせ

らせん構造　連続図8-23

ん構造は**タンパク質の特徴**ですよ。このらせん構造には**α-ヘリックス構造**という名前がついています。軽く覚えておいてください。ちなみにヘリックスとはらせんを意味します。

　　らせん ……(1)(カ)の【答え】

(1)(キ)(ク)　**田んぼでゼッケン乾かん。**

「理論化学①」(265ページ)で説明しましたね。親水コロイドの覚え方,「田」がタンパク質,「で」がでんぷんです。

親水コロイドの特徴は多量の電解質で沈殿することで,**塩析**っていうんでしたね。

凝析とは疎水コロイドが少量の電解質で沈殿することをいいました。

　　親水 ……(1)(キ)の【答え】
　　塩析 ……(1)(ク)の【答え】

(3)　酸の性質がなくなったときの構造ですね。(1)(イ)のところで書いた 連続 図8-21③ が解答です。

$$\text{H}-\underset{\underset{\text{H}}{|}}{\overset{\overset{\text{NH}_2}{|}}{\text{C}}}-\underset{\underset{\text{O}}{\|}}{\text{C}}-\text{O}-\text{C}_2\text{H}_5$$ ……(3)の【答え】

単元3 ペプチド結合とタンパク質の組成　285

演習問題で力をつける㉒
アミノ酸，タンパク質の検出反応と計算問題に挑戦！

問 a　次の文を読んで，問い(1)〜(3)に答えよ。

　タンパク質に水酸化ナトリウム水溶液を加えて部分的に加水分解した。いろいろな長さのペプチドが得られたが，そのうち3種類のA，BおよびCについて次の実験を行った。操作①では試料Aのみ，操作②では試料Bのみ，そして操作③では試料Cのみ反応して呈色した。

操作①　水酸化ナトリウムを加えたのち，少量の硫酸銅(Ⅱ)水溶液を加えた。

操作②　濃硝酸を加えて加熱し冷却後，アンモニア水を加えた。

操作③　濃い水酸化ナトリウム水溶液と酢酸鉛(Ⅱ)水溶液を加えて加熱した。

(1) 操作①，②および③の反応で生じる色はそれぞれ何色か。ただし②は何色から何色と記せ。
(2) 操作①，②および③の反応名を記せ。
(3) 試料BおよびCには，それぞれどのような原子または原子団があるか。その名称を記せ。ただし，原子団にはペプチド結合を含まないものとする。

b　ある食品2.00gに含まれる窒素分をすべてアンモニアガスとして発生させ，その量をもとめたところ，0.0272gであった。タンパク質の窒素含有量を13％とすると，この食品に何％のタンパク質が含まれているか。小数点以下第1位まで示せ。(N = 14，H = 1.0)

さて，解いてみましょう。

a(1)(2) ①はビウレット反応ですから赤紫色。または紫色でも○になると思います。

②はキサントプロテイン反応です。最初は濃硝酸で黄色で，それからアンモニア水で黄橙色。

③の硫黄反応はPbSの黒です。

① 赤紫色
② 黄色から黄橙色
③ 黒色　　　　　　　　　　　　……a(1)の【答え】
① ビウレット反応
② キサントプロテイン反応
③ 硫黄反応　　　　　　　　　　……a(2)の【答え】

a(3) Bはキサントプロテイン反応で，Bのみ起こったのでベンゼン環。Cは硫黄反応を起こしたので，硫黄原子を含みます。

B　ベンゼン環
C　硫黄原子　　……a(3)の【答え】

b まず，アンモニア0.0272g中に含まれる窒素の質量を求めます。

アンモニアの分子量は17です（図8-24）。17gのアンモニアがあると，14g分は窒素の質量です。

問題ではアンモニアが0.0272gですから，窒素の質量をxgとすると，次の式になります。

$$17g : 14g = 0.0272g : xg$$

内項の積と外項の積で計算しますと，0.0224gが窒素の質量になります。

$$\therefore\ x = \frac{14 \times 0.0272}{17} = 0.0224g\ (N)$$

図8-24

$$\overset{17}{\underset{14}{NH_3}}$$

> **岡野の着目ポイント** タンパク質中に窒素を13％含むということは，次のところがポイントです。

100gのタンパク質に13gの窒素を含んでいる。

％だと割合になるから難しくなります。具体的に100gあたり13g含んでいると考えた方が断然わかりやすいです。

> **岡野のこう解く** 窒素の質量は先ほど求めた0.0224gです。タンパク質の質量をygとすると，次のような比例式が成り立ちます。

タンパク質　　N
100g ： 13g ＝ yg ： 0.0224g

計算すると，0.1723gになりました。2.00gの試料の中に0.1723gのタンパク質が含まれているんです。

∴ $y = \dfrac{100 \times 0.0224}{13} = 0.1723$g
（タンパク質）

さらに，何％かを求めます。

∴ $\dfrac{0.1723\text{g}}{2.00\text{g}} \times 100 = 8.61 ≒ \mathbf{8.6\%}$

8.6% ……bの【答え】

小数第1位ですから，8.6％っていうことになるんですね。

逆浸透法による海水の淡水（真水）化

　半透膜を境にして純水と水溶液を接しておくと，純水の方から水溶液の方に水分子が入り込んできます。この現象を浸透といい，入り込んでくる水の圧力を浸透圧といいます（第5講　単元5）。

　逆に，水溶液の方に浸透圧以上の圧力をかけると，水溶液の方から純水の方に水分子が入り込んでくる現象を逆浸透といいます。

逆浸透のしくみ

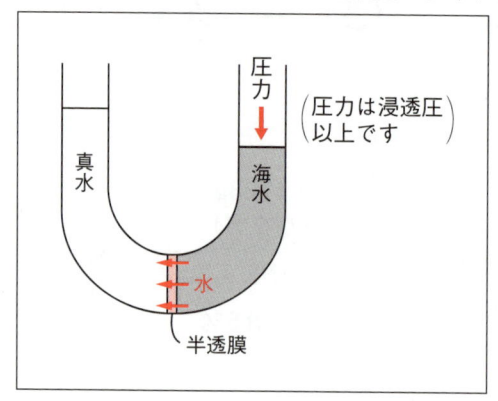

圧力　（圧力は浸透圧以上です）
真水　海水
水
半透膜

　この原理を利用して，海水から真水を取り出す技術が開発され，砂漠をはじめとした常時水不足の地域で，すでに実用化されています。

　逆浸透法で製造された真水はミネラルが少ないため，味としてはおいしくありません。そこでミネラルを加えたり，一部のイオンを除去して，味を整え，さらにオゾンで殺菌してから給水されます。

　加圧するにはポンプが必要で，電気エネルギーが使用されたり，その他にもコストがかかるものの，現在では人の手で淡水を確保できるようになりました。

第 9 講

イオン交換樹脂，核酸

単元 1 イオン交換樹脂 化/Ⅱ

単元 2 核酸 化/Ⅱ

第 9 講のポイント

　第 9 講は「イオン交換樹脂，核酸」についてやっていきます。イオン交換樹脂では，陽イオン交換樹脂と陰イオン交換樹脂の働きを理解し，演習問題に取り組みます。「核酸」は，DNA と RNA のしくみや構造，用語を理解していきます。

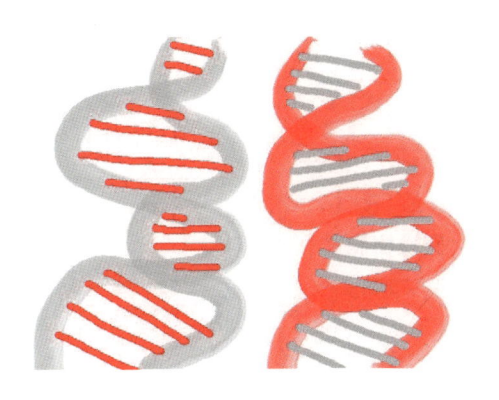

単元1 イオン交換樹脂 化/Ⅱ

1-1 陽イオン交換樹脂

■陽イオン交換樹脂とは

陽イオン交換樹脂は,

! 重要★★★

陽イオンをH^+と交換する働きをもつ樹脂

のことです。陽イオンをNa^+としますと下式の丸の付いたHとNa^+が置き換わります。

$$R-SO_3\text{(H)} + \text{(Na}^+\text{)} \longrightarrow R-SO_3Na + H^+$$

なお,陽イオン交換膜とは違います。陽イオン交換膜は,電気分解のとき出てくる話で陽イオンのみを通過させる膜のことです。

■H^+とNa^+が置き換わる

では,わかりやすく書いてみましょう。ベンゼンスルホン酸のところで出てきましたが**スルホ基が,ベンゼン環をもつ炭化水素基(R)に結合した物質を陽イオン交換樹脂**と呼んでいます。ここでは簡略して$R-SO_3H$と表します。

例えば,そこに食塩水NaClを流し込みます(連続図9-1①)。

陽イオン交換樹脂　連続図9-1

① $R-SO_3H +$ NaCl

② $R-SO_3H + Na^+$
　 $R-SO_3^- \; H^+$

③ $R-SO_3\text{(H)} + \text{(Na}^+\text{)}$

R－SO₃Hは酸ですからR－SO₃⁻とH⁺が結び付いてますよね（連続図9-1②）。

その水素イオンH⁺が陽イオンNa⁺と置き換わるんです（連続図9-1③）。

置き換わって，Na⁺がSO₃に入ってきたときには，SO₃はマイナスのイオンSO₃⁻になってます。それとNa⁺と結び付けば電気的に中性の状態で，R－SO₃Naになります。そして，水素イオンH⁺が出てくるわけですね 連続図9-1④ 。

連続図9-1 の続き

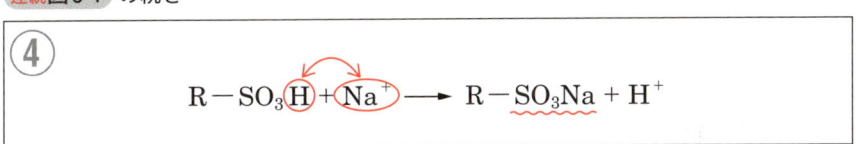

④
$$R-SO_3H + Na^+ \longrightarrow R-SO_3Na + H^+$$

このように陽イオンを水素イオンと置き換える働きを持つ樹脂を陽イオン交換樹脂といってるわけですね。

やってることは置き換えるだけです。

■塩酸を含む

例えば今入れた食塩水NaClですが，**塩化物イオンCl⁻**が残っています。だから中ではH⁺とCl⁻で塩酸HClができています。不純物があって，純粋な塩酸ではありませんが，塩酸を一応含んでいます。

1-2 陰イオン交換樹脂

■陰イオン交換樹脂とは

陰イオン交換樹脂とは，

> !重要★★★
>
> **陰イオンをOH⁻と交換する働きをもつ樹脂**

のことです。ここでは簡略してR－N⁺(CH₃)₃OH⁻と表します。

先ほどの続きで陽イオン交換樹脂のところで残ったNaClのCl⁻が次のようにOH⁻と置き換わります。

$$R-N^+(CH_3)_3 \text{OH}^- + \text{Cl}^- \longrightarrow R-N^+(CH_3)_3Cl^- + OH^-$$

なお，陰イオン交換樹脂の化学式は覚える必要はありません。問題文に何らかの形で書いてありますので，それを使って反応式を作ればいいわけです。

■ NaClのCl⁻とOH⁻が置き換わる

それでは見ていきましょう。窒素Nは手が4本出ると＋になる。Rで1個使っていて，メチル基が3つくっついています。つまり，窒素Nは手が4本出ていて，N⁺です（ 連続図9-2① ）。

それにOH⁻（ 連続図9-2② ）。

陰イオン交換樹脂	連続図9-2
① $R-N^+(CH_3)_3$	
② $R-N^+(CH_3)_3OH^-$	

そして，陽イオン交換樹脂のところで残ったNaClのCl⁻を置き換えます。そうして出てくるのが，$R-N^+(CH_3)_3Cl^-$とOH⁻なんです。

連続図9-2 の続き

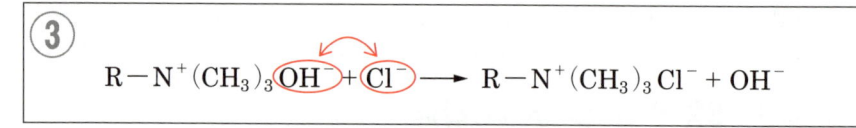

③ $R-N^+(CH_3)_3\text{OH}^- + \text{Cl}^- \longrightarrow R-N^+(CH_3)_3Cl^- + OH^-$

■結果，真水が出てくる

H^+ と OH^- が結び付いて，H_2O になります。

$$R-SO_3H + Na^+ \longrightarrow R-SO_3Na + H^+ \quad (NaCl)$$

$$R-N^+(CH_3)_3 OH^- + Cl^- \longrightarrow R-N^+(CH_3)_3 Cl^- + OH^- \quad (H_2O)$$

だから，陽イオン交換樹脂と陰イオン交換樹脂の混合物に食塩水を流し込んでも出てくるものは最終的には真水になって純粋な水になります。このようにしてできた水を**イオン交換水（純水）**といいます。実験室ではイオン交換水をすごくたくさん作り，多量に使います。

■陽イオン交換樹脂と陰イオン交換樹脂はセット

純水を作るときには陽イオン交換樹脂と陰イオン交換樹脂はこのように別々でなくて**一緒に混ぜて使用**します。黄土色みたいな色の樹脂です。

水道水はいろんなイオンを含んでいるので，実験器具を洗うときは非常に都合が悪いんですね。塩化物イオン Cl^- などを含んでいますから。そこで，陽イオン交換樹脂と陰イオン交換樹脂を混ぜたものに水道水を通すと**純水**ができてきます。そういうやり方で実験室では使います。

単元1 要点のまとめ①

●陽イオン交換樹脂・陰イオン交換樹脂

陽イオン交換樹脂…陽イオンを H^+ と交換する働きをもつ樹脂

例：$R-SO_3H + Na^+ \longrightarrow R-SO_3Na + H^+$

陰イオン交換樹脂…陰イオンを OH^- と交換する働きをもつ樹脂

例：$R-N^+(CH_3)_3 OH^- + Cl^- \longrightarrow R-N^+(CH_3)_3 Cl^- + OH^-$

演習問題で力をつける㉓
イオン交換樹脂の性質を理解しよう！

問 イオン交換樹脂R－SO$_3$Hをつめたカラムがある。これに0.10mol/Lの硫酸銅（Ⅱ）水溶液10mLを流し入れ，十分に水洗した。反応が定量的に行われたものとして，次の問いに答えよ。数値は有効数字2桁で求めよ。
① 上記イオン交換反応を化学反応式で示せ。
② イオン交換反応により生成した水素イオンは何molか。
③ 流出液を0.10mol/Lの水酸化ナトリウム水溶液で中和すると，何mLを要するか。

さて，解いてみましょう。

① **岡野の着目ポイント** カラムとはイオン交換樹脂などを入れる円筒形のガラス管をいいます。問題文の「**化学反応式**で示せ」がポイントです。イオン反応式ではありませんよ。

下の例の場合，イオン反応式になっています。

$$R-SO_3H + Na^+ \longrightarrow R-SO_3Na + H^+$$

これを化学反応式にするにはCl$^-$を両辺に加えるんです。

$$R-SO_3H + Na^+ \longrightarrow R-SO_3Na + H^+$$
$$\quad\quad\quad Cl^- \quad\quad\quad\quad\quad\quad Cl^-$$

∴ R－SO$_3$H + NaCl ⟶ R－SO$_3$Na + HCl

よろしいですか。では問題をやってみましょう。まずこちらを見てください。

$$2R-SO_3H + Cu^{2+}$$

2R－SO$_3$Hとありますが，銅（Ⅱ）イオンCu^{2+}ですから，R－SO$_3$Hが2個ないと銅が置き換われないんですよ。

$$\text{R}-\text{SO}_3\text{(H)} \quad \text{Cu}^{2+}$$
$$\text{R}-\text{SO}_3\text{(H)}$$

これを化学式で書くと

$$2\text{R}-\text{SO}_3\text{H} + \text{Cu}^{2+}$$

となります。

そして，$2\text{R}-\text{SO}_3\text{H}$ と Cu^{2+} が結びつくと，次のようになります。

$$2\text{R}-\text{SO}_3\text{H} + \text{Cu}^{2+} \longrightarrow (\text{R}-\text{SO}_3)_2\text{Cu} + 2\text{H}^+$$

できたのが $(\text{R}-\text{SO}_3^-)$ 2つ分で，そこにHの代わりに Cu^{2+} がくっついたんですね。そして，Hが2つ出ていきましたから 2H^+ ですね。

> 岡野のこう解く で，この式でいいような感じもするのですが，これはイオン反応式とみなします。化学反応式という化合物にするためには，硫酸銅(Ⅱ)水溶液とあるので，硫酸イオン SO_4^{2-} を両辺に加えるんです。
>
> $$2\text{R}-\text{SO}_3\text{H} + \underline{\text{Cu}^{2+}} \longrightarrow (\text{R}-\text{SO}_3)_2\text{Cu} + \underline{2\text{H}^+}$$
>
> $\qquad\qquad\qquad\text{SO}_4^{2-} \qquad\qquad\qquad\qquad \text{SO}_4^{2-}$

ですから，解答は次のようになります。

$$\therefore \quad \mathbf{2R-SO_3H + CuSO_4 \longrightarrow (R-SO_3)_2Cu + H_2SO_4}$$

…… ①の【答え】

2H^+ と SO_4^{2-} で硫酸 H_2SO_4 ができてたんですね。

② **岡野の着目ポイント** まず式を見てください。

$$2R-SO_3H + \underset{1\text{mol}}{1Cu^{2+}} \longrightarrow (R-SO_3)_2Cu + \underset{2\text{mol}}{2H^+}$$

銅(Ⅱ)イオンCu^{2+}がもし1molあれば，水素イオンH^+は2mol生じてきます。1mol対2mol。

$$\underset{1\text{mol}}{Cu^{2+}} : \underset{2\text{mol}}{2H^+}$$

ならば，銅(Ⅱ)イオンCu^{2+}は何molだったかっていうと，硫酸銅(Ⅱ)$CuSO_4$水溶液を見てください。この濃度が0.10mol/Lで10mLあります。

岡野のこう解く 硫酸銅(Ⅱ)$CuSO_4$が1molあれば，必ず銅(Ⅱ)イオンCu^{2+}も1molだから，同じmol数です。だから，次のような式にできます。

$$\begin{pmatrix} Cu^{2+} & : & 2H^+ \\ 1\text{mol} & & 2\text{mol} \\ \dfrac{0.10 \times 10}{1000}\text{mol} & & x\,\text{mol} \end{pmatrix}$$

└─ 硫酸銅(Ⅱ)のmol数

$$\therefore\ x = \dfrac{0.10 \times 10 \times 2}{1000}$$
$$= 2.0 \times 10^{-3}\text{mol} \quad \cdots\cdots ②の【答え】$$
(有効数字2桁)

これが解答です。これだけの水素イオンが生じてきたわけです。

③ 今度は②で生じた水素イオンを中和させるのに必要な水酸化ナトリウム水溶液の体積(mL)を求めましょうってことです。

中和滴定の問題ですね。酸から生じるH^+のmol数と塩基から生じるOH^-のmol数が等しくなるようにして求めます(「理論化学①」143ページ)。

単元1　イオン交換樹脂

> **岡野のこう解く**　H^+のmol数は②で求まりましたから，塩基から生じるOH^-のmol数がわかれば計算ができます。
>
> 　　　　塩基が出すOH^-のmol数 ⇒ 塩基のmol数×価数
>
> 　NaOHは1価の塩基です。
>
> 　問題には水酸化ナトリウム水溶液のモル濃度が0.10mol/Lと書いてあります。あと，必要な水酸化ナトリウム水溶液をxmLとします。
>
> 　H^+のmol数は②の答えの値です。
>
> $$\therefore \underbrace{2.0 \times 10^{-3} \text{mol}}_{H^+\text{のmol数}} = \underbrace{\frac{0.10 \times x}{1000} \times \underset{\text{価数}}{1}}_{OH^-\text{のmol数}}$$
>
> $\therefore\ x = \mathbf{20mL}$ ……③の【答え】
> 　　（有効数字2桁）
>
> 解答は20mLになります。

　要は陽イオン交換樹脂はH^+と陽イオンが置き換わる。陰イオン交換樹脂はOH^-と陰イオンが置き換わる。この原理さえしっかりおさえておけば大丈夫ですよ。

単元2 核酸

化/Ⅱ

　核酸は，生物を選択されてる方は得意かもしれませんが，化学からすれば，ちょっと嫌な分野ですよね。この単元では，言葉を覚えることが大事です。それでは解説していきます。

2-1 DNAとRNA

核酸には次の2つの種類があります。

> **重要★★★**
>
> DNA（デオキシリボ核酸）
> RNA（リボ核酸）

　そしてこの**D**と**R**にすごく大きな意味があります。DNAのDはデオキシリボ核酸のデ（D）です。RNAのRはリボ核酸のリ（R）なんです。この2つは主に**生物の遺伝**に中心的な役割を果たしています。

■DNA

DNAは次の3つからできています。

> **重要★★★**
>
> 有機塩基（アデニン，チミン，グアニン，シトシン）
> 五炭糖（デオキシリボース）
> リン酸

これらの言葉はどうぞ知っておいてください。

単元**2** 核酸

　有機塩基はあまり馴染みがないと思いますが，窒素をたくさん含んでいます。

　図9-3はDNAの一部なんですが，窒素がいろんなところにたくさん出てます。アデニン，シトシン，チミン，グアニンと書いてありますが，この窒素を含んでいる化合物全部を，漠然と有機塩基，と呼んでいるんです。

DNAの一部　図9-3

　五炭糖は，**ペントース**ともいいます。**オース**は**糖**を表す言葉で，モノ，ジ，トリ，テトラ，ペンタの**ペンタ**にオースでペントースです。そして**デオキシリボース**という五炭糖があります。実は，**デオキシ**の**D**が，DNA

のDなんですね。
　あとはリン酸。有機塩基と五炭糖，リン酸の3つが一緒に結合した物質がDNAです。

■RNA

RNAは次の3つからできています。

> **重要★★★**
>
> 有機塩基(アデニン,ウラシル,グアニン,シトシン)
>
> 五炭糖 (リボース)
>
> リン酸

　RNAはDNAに非常に似ています。**有機塩基**(アデニン，ウラシル，グアニン，シトシン)と**五炭糖**(リボース)，**リン酸**なんですよ。3つともDNAとほぼ同じなんです。ただし，有機塩基のところで

> **重要★★★**
>
> DNAではチミン，RNAではウラシル

が異なっています。また，五炭糖の種類が

> **重要★★★**
>
> DNAではデオキシリボース，RNAではリボース

で異なっています。
　そして，これら2つ(有機塩基と五炭糖)の違いが入試に出題されるんです。
　かなりレベルの高い大学を受けられる方は，リボースの構造式は覚えて

おいてください。

リボースとデオキシリボースの差を見るような問題，どちらかを書かせる問題が出てきます。

図9-4

リボース

■ デオキシリボースの構造式

デオキシの**デ**は除去や否定を表す接頭語です。**オキシ**は**酸素**を表します。だから，デオキシとは酸素を除去するという意味で，**リボースの酸素が一部とれた構造**をしています。

どこからとれたか，図9-4，図9-5 の赤丸のところです。リボースのOHのOが取れています。

試験で，リボースの構造式は書かれていて，デオキシリボースを書かせる問題がよく出てきますよ。

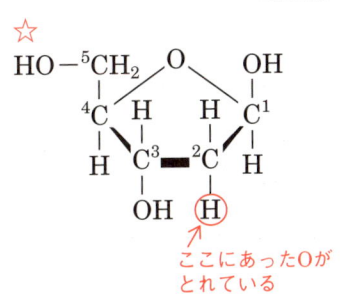

図9-5

ここにあったOがとれている

デオキシリボース

■ ヌクレオチド

DNAを○・△・□で表すと，連続図9-6①のようになります。

○が有機塩基です。有機塩基は窒素を含んだ物質ですよ。△が五炭糖，□はリン酸です。

DNAは有機塩基，五炭糖，リン酸の3つの結合した部分が入ってるわけです。

そして，さらに□（リン酸）の上に△，その左右に□，○と出てきます。

さらにまた□の上に△，その左右に□，○と，どんどん積み重なってい

連続図9-6

ヌクレオチド

① リン酸 有塩 五炭

DNA

きまして，それら全部をDNAといいます 連続図9-6②。

またヌクレオチドとは，□，△，○の3つが結びついた1セットだけの部分をいいます 連続図9-6③。

さらにヌクレオチドが何個も何個も縮合重合してつながった高分子で，五炭糖がデオキシリボースなら**DNA**，五炭糖がリボースなら**RNA**になるんです。

連続図9-6 の続き

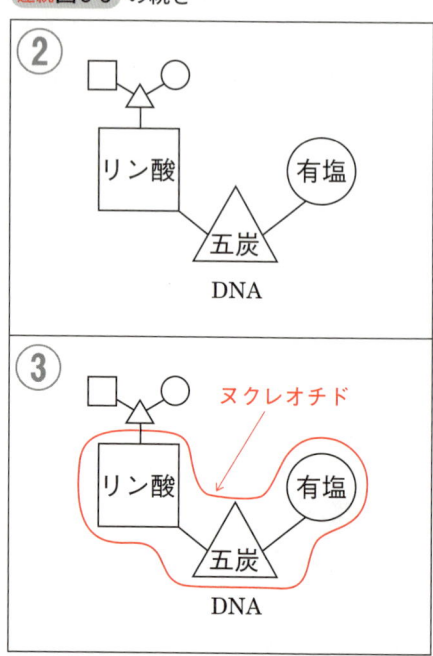

② □—△—○ リン酸 有塩 五炭 DNA

③ ヌクレオチド リン酸 有塩 五炭 DNA

■ チミンとウラシル

核酸を構成している有機塩基は，DNAが**アデニン，チミン，グアニン，シトシン**で，RNAが**アデニン，ウラシル，グアニン，シトシン**です。

有機塩基のうち，**グアニン，アデニン，シトシンの3種類はDNAとRNAで共通**しています。そして，

❗ 重要 ★★★

DNAはチミン，RNAはウラシルのみ違います。

そこが有機塩基のDNAとRNAが持ってる物質の違いとなります。

■ ADPとATP

ADPとATPはヌクレオチドの一種で，有機塩基のアデニンと五炭糖のリボースさらにリン酸が結合してできた物質です。

ADP（アデノシン二リン酸）の**D**は「モノ，ジ」のジなんです。**2つのリ**

ン酸がくっついたもの，という意味です。Pはリン酸（phosphoric acid）を表します。

それから，**ATP**（**アデノシン三リン酸**）の**T**は**トリ**で**3つのリン酸がくっついたもの**です。

そして，次の式は覚えておきましょう。

> **重要★★★**
>
> $$\text{ATP} + \text{H}_2\text{O} = \text{ADP} + \text{H}_3\text{PO}_4 + 30\text{kJ}$$

リン酸3分子が結び付いていたATPに水 H_2O を加えると，ADPとリン酸 H_3PO_4 に加水分解されます。そのときATP 1molあたりに30kJの熱が出てきて生命活動のエネルギーに使われます。

この反応式は知っておかれるとよろしいと思います。

単元2 要点のまとめ①

●**核酸**

(1) **DNAとRNA**

　核酸にはDNA（デオキシリボ核酸）とRNA（リボ核酸）の2つがある。ともに生物の遺伝に中心的な役割を果たしている。

① DNA
　有機塩基（アデニン，チミン，グアニン，シトシン）と**五炭糖**（デオキシリボース）と**リン酸**からできている。

② RNA
　有機塩基（アデニン，ウラシル，グアニン，シトシン）と五炭糖（リボース）とリン酸からできている。

(2) リボースの構造式

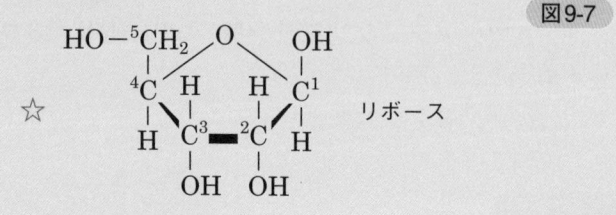

図9-7

☆ リボース

(3) デオキシリボースの構造式

デオキシとはオキシ（酸素）がないという意味でリボースの酸素が一部とれた構造をしている。

図9-8

☆ デオキシリボース

ここにあったOがとれている

(4) ヌクレオチド

DNAやRNAの中の有機塩基（有機塩基には，窒素が含まれている）と五炭糖とリン酸が結合した部分を**ヌクレオチド**といい，それらが何個も縮合重合してつながった高分子をDNAまたはRNAという。

(5) ADP（アデノシン二リン酸）とATP（アデノシン三リン酸）の構造の一部（Pはリン酸（phosphoric acid）を表す）

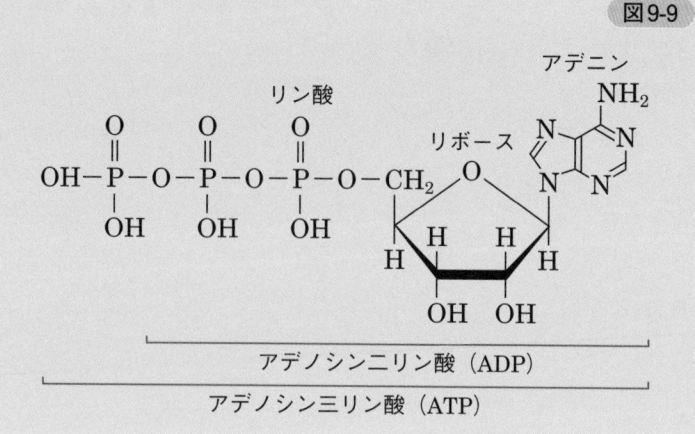

図9-9

アデニン
リン酸
リボース

アデノシン二リン酸（ADP）
アデノシン三リン酸（ATP）

ATP 1molからリン酸分子1molがとれるとADP 1molが生じる。このとき30kJの熱量が発生し，生命活動のエネルギーに使われる。下にこの反応の熱化学方程式を示す。

$$ATP + H_2O = ADP + H_3PO_4 + 30kJ$$

(6) DNAの一部の構造

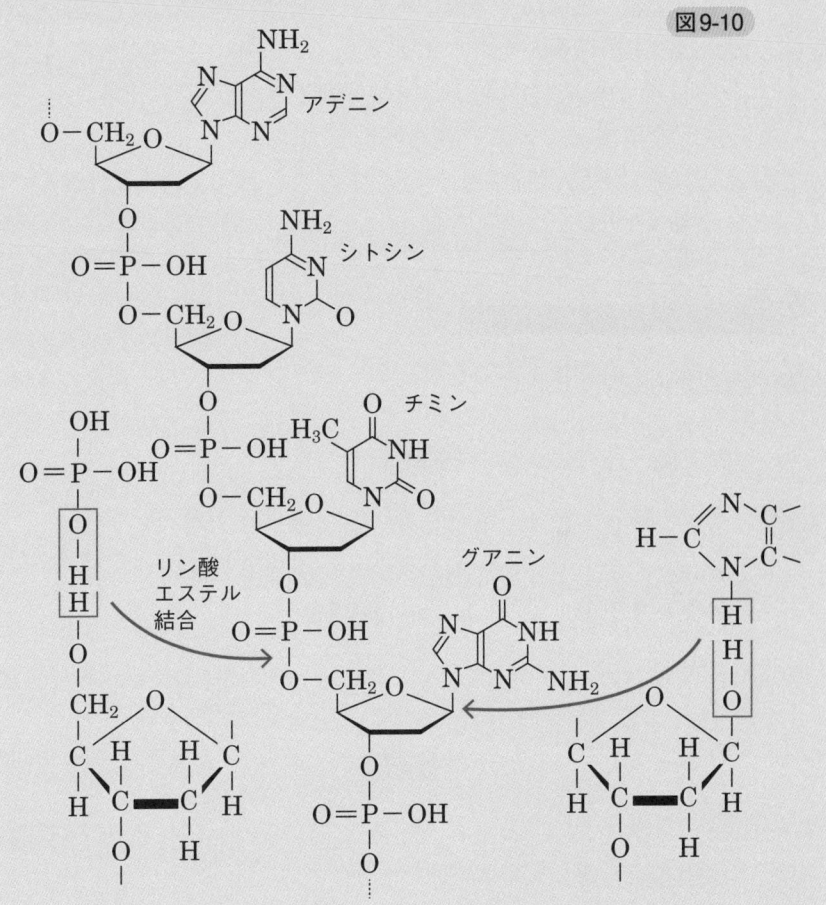

図9-10

アデニン
シトシン
チミン
グアニン
リン酸エステル結合

＊糖の炭素原子と水素原子は省略

演習問題で力をつける㉔
核酸（DNA・RNA）の語句を確認しよう！

問 次の文章の（ a ）〜（ e ）にあてはまる適切な語句，物質名を答えよ。

　生物の細胞には生物の遺伝に中心的な役割を示す核酸と呼ばれる高分子が存在する。核酸は，窒素を含む有機塩基，糖および（ a ）が結合した（ b ）が縮合重合したものである。核酸にはリボ核酸（RNA）とデオキシリボ核酸（DNA）がある。RNAの糖は（ c ）からなっている。核酸を構成している有機塩基のうち，グアニン，アデニン，シトシンの3種はRNAとDNAで共通である。残りの1つはRNAでは（ d ），DNAでは（ e ）である。

さて，解いてみましょう。

(a) 核酸は，有機塩基，五炭糖，およびリン酸ですね。だからaはリン酸です。

　　リン酸 ……（ a ）の【答え】

(b) ヌクレオチドです。有機塩基，五炭糖，リン酸の3つが結合した部分をヌクレオチドといい，縮合重合した高分子が核酸です。

　　ヌクレオチド ……（ b ）の【答え】

(c) 核酸にはリボ核酸RNAとデオキシリボ核酸DNAがあります。RNAのほうの五炭糖はリボースです。

　　リボース ……（ c ）の【答え】

(d)(e) 有機塩基のうち，グアニン，アデニン，シトシンの3種類はRNAとDNAに共通しています。

　DNAではチミン，RNAではウラシルだけが違います。あとの3つは同じなんです。

　ですから，解答は（ d ）がウラシルですね。それから，（ e ）がチミンです。

ウラシル ……（ d ）の【答え】
チミン ……（ e ）の【答え】

　これですべて終わりです。あとはゆっくりと落ち着いて試験会場に行っていただいて，授業を思い出しながらテストを受けてきてください。良い結果を出すことを，心からお祈りいたします。
　頑張ってください，ご健闘をお祈りいたします。

「岡野流 必須ポイント」「要点のまとめ」「演習問題で力をつける」
INDEX

大事なポイント・要点が理解できたか，チェックしましょう。

岡野流 必須ポイント INDEX

第1講 化学平衡，活性化エネルギー
- ☐☐① ルシャトリエの原理とは ……… 11
- ☐☐② 温度の問題の注意点 ……… 12
- ☐☐③ 可逆反応と熱化学方程式は合算 ……… 22
- ☐☐④ 活性化エネルギーを理解するポイント ……… 29

第2講 反応速度，平衡定数
- ☐☐⑤ 反応速度の変化量 ……… 43
- ☐☐⑥ 平衡定数 K の公式 ……… 57
- ☐☐⑦ 可逆反応の関係式を書くときのポイント ……… 60

第3講 電離定数，緩衝液
- ☐☐⑧ 電離・解離度を含む問題を解く2つのポイント ……… 81
- ☐☐⑨ 化学で使う log の公式はこれだけ!! ……… 86
- ☐☐⑩ 緩衝液のpHを求める計算 ……… 102

第4講 塩の加水分解，溶解度積
- ☐☐⑪ 塩の加水分解では公式を覚えることがカギ ……… 123
- ☐☐⑫ 溶解度積の量的関係を考えるコツ ……… 132

第5講 中和滴定（二段中和），物質の三態，理想気体と実在気体，固体の溶解度（応用），浸透圧（応用）
- ☐☐⑬ 「炭酸ナトリウムの二段中和」のポイント ……… 141
- ☐☐⑭ 入試で問われる指示薬 ……… 143
- ☐☐⑮ 「炭酸ナトリウムの二段中和」の反応式 ……… 145

第6講 合成高分子化合物
- ☐☐⑯ 尿素樹脂とアミド結合 ……… 181
- ☐☐⑰ 合成ゴム3物質の付加重合の簡単な覚え方 ……… 198
- ☐☐⑱ 合成ゴムの共重合2物質はこう覚えろ ……… 201

第7講 糖類（炭水化物）
- ☐☐⑲ 二糖類の化学式の覚え方 ……… 230
- ☐☐⑳ 二糖類の酵素名の覚え方 ……… 232
- ☐☐㉑ 多糖類の化学式 ……… 235

第8講 アミノ酸，タンパク質
- ☐☐㉒ 結晶について ……… 260

要点のまとめ INDEX

第1講 化学平衡，活性化エネルギー
- 単元1 ☐☐① 化学平衡 ……… 10
- ☐☐② ルシャトリエの原理 ……… 17
- ☐☐③ 触媒 ……… 18
- 単元2 ☐☐① 活性化エネルギー／触媒のはたらきと活性化エネルギー ……… 27
- ☐☐② 触媒 ……… 30
- ☐☐③ 反応速度 ……… 40

第2講 反応速度，平衡定数
- 単元1 ☐☐① 反応速度を表す3つのパターン ……… 46
- 単元2 ☐☐① 質量作用の法則（化学平衡の法則） ……… 57

第3講 電離定数，緩衝液
- 単元1 ☐☐① 酢酸の電離平衡 ……… 74
- ☐☐② アンモニアの電離平衡 ……… 76
- 単元2 ☐☐① 緩衝液とは ……… 94
- ☐☐② 緩衝液のpHの求め方 ……… 104

第4講 塩の加水分解，溶解度積
- 単元1 ☐☐① 塩の加水分解／代表的なイオン反応式 ……… 112
- 水に溶解させたときの塩の液性 ……… 113
- 単元2 ☐☐① 溶解度積／溶解度積の意味 ……… 128

第5講 中和滴定（二段中和），物質の三態，理想気体と実在気体，固体の溶解度（応用），浸透圧（応用）
- 単元1 ☐☐① 二段中和 ……… 140
- ☐☐② 物質の三態 ……… 149
- 単元2 ☐☐① 水の状態図と特徴1／水の状態図と特徴2 ……… 153

単元3 □□①理想気体とはどんな気体か／実在気体を理想気体に近づけるための条件／理想気体の状態方程式 ……………… 155
単元4 □□①固体の溶解度とは／溶解度の計算問題は4つの比例関係で解く ……………………………… 159
単元5 □□①浸透圧 ……………………… 167
　　　　浸透圧の公式 ………………… 168
　　　□□②水銀柱と液柱の高さ ……… 170

第6講 合成高分子化合物
単元1 □□①縮合重合でできる物質 …… 177
　　　□□②開環重合「ナイロン6」
　　　　（6-ナイロン）……………… 187
単元2 □□①付加重合 ………………… 189
　　　□□②ポリメタクリル酸メチル … 194
単元3 □□①合成ゴム ………………… 195
単元4 □□①ビニロン／熱可塑性樹脂／熱硬化性樹脂 ……………… 208

第7講 糖類（炭水化物）
単元1 □□①糖類／糖類の分類と化学式 … 225
　　　□□②単糖類…$C_6H_{12}O_6$ ……… 229
単元2 □□①二糖類…$C_{12}H_{22}O_{11}$ ……… 231
単元3 □□①多糖類の種類 …………… 236
　　　□□②多糖類…$(C_6H_{10}O_5)_n$ ……… 238

第8講 アミノ酸，タンパク質
単元1 □□①アミノ酸・タンパク質の一般的性質 ………………… 264
単元2 □□①アミノ酸，タンパク質の検出反応 ………………… 270
単元3 □□①タンパク質の組成／タンパク質の変性 ……………… 275

第9講 イオン交換樹脂，核酸
単元1 □□①陽イオン交換樹脂・陰イオン交換樹脂 ……………… 293
単元2 □□①核酸 ……………………… 303

演習問題で力をつける INDEX

第1講 化学平衡，活性化エネルギー
□□①平衡が移動する場合を理解しよう！ … 21
□□②活性化エネルギーを理解しよう！ …… 34
□□③反応速度の変化を理解しよう！ …… 37

第2講 反応速度，平衡定数
□□④反応速度の問題で3つのパターンを使い分けよう！① ……………… 48
□□⑤反応速度の問題で3つのパターンを使い分けよう！② ……………… 52
□□⑥「質量作用の法則」と平衡定数を理解しよう！ ……………………… 58

第3講 電離定数，緩衝液
□□⑦電離定数または解離度の関係式を理解しよう！ ……………………… 77
□□⑧緩衝液パターン①を解く ………… 95
□□⑨緩衝液の計算問題 ……………… 105

第4講 塩の加水分解，溶解度積
□□⑩塩の加水分解の計算問題に挑戦！ … 115
□□⑪溶解度積の3タイプの問題を知ろう！ ……………………… 129

第5講 中和滴定（二段中和），物質の三態，理想気体と実在気体，固体の溶解度（応用），浸透圧（応用）
□□⑫二段中和の問題を攻略しよう！ … 142
□□⑬物質の三態変化を理解しよう！ … 150
□□⑭実在気体と理想気体を理解しよう！ … 156
□□⑮固体の溶解度の応用問題に挑戦！ … 160
□□⑯浸透圧の問題を攻略しよう！ …… 171

第6講 合成高分子化合物
□□⑰合成高分子化合物をしっかり確認！① ……………………… 209
□□⑱合成高分子化合物をしっかり確認！② ……………………… 219

第7講 糖類（炭水化物）
□□⑲糖類の用語と構造式を覚えよう！ … 239
□□⑳「多糖類の加水分解」と「アルコール発酵」を理解しよう！ ……… 253

第8講 アミノ酸，タンパク質
□□㉑グリシンの3つのイオン構造式をマスターしよう！ ……………… 276
□□㉒アミノ酸，タンパク質の検出反応と計算問題に挑戦！ …………… 285

第9講 イオン交換樹脂，核酸
□□㉓イオン交換樹脂の性質を理解しよう！ ……………………… 294
□□㉔核酸（DNA・RNA）の語句を確認しよう！ ……………………… 306

酸化剤，還元剤の半反応式

● **酸化剤（反応前後の化学式の変化）**

酸化剤は，自分自身は還元されて（酸化数が減少する），相手を酸化する（◎は最も頻出。☆は暗記すること）。

◎☆ $MnO_4^- \rightarrow Mn^{2+}$
　$MnO_4^- + 8H^+ + 5e^- \rightarrow Mn^{2+} + 4H_2O$

☆ 希$HNO_3 \rightarrow NO$
　$HNO_3 + 3H^+ + 3e^- \rightarrow NO + 2H_2O$

☆ 濃$HNO_3 \rightarrow NO_2$
　$HNO_3 + H^+ + e^- \rightarrow NO_2 + H_2O$

☆ 熱濃$H_2SO_4 \rightarrow SO_2$
　$H_2SO_4 + 2H^+ + 2e^- \rightarrow SO_2 + 2H_2O$

◎☆ $Cr_2O_7^{2-} \rightarrow 2Cr^{3+}$
　$Cr_2O_7^{2-} + 14H^+ + 6e^- \rightarrow 2Cr^{3+} + 7H_2O$

☆ $SO_2 \rightarrow S$
　$SO_2 + 4H^+ + 4e^- \rightarrow S + 2H_2O$

◎☆ $H_2O_2 \rightarrow 2H_2O$
　$H_2O_2 + 2H^+ + 2e^- \rightarrow 2H_2O$

◎☆ $Cl_2 \rightarrow 2Cl^-$
　$Cl_2 + 2e^- \rightarrow 2Cl^-$
　（ハロゲンはF_2，Br_2，I_2も同じ）

☆ $Fe^{3+} \rightarrow Fe^{2+}$
　$Fe^{3+} + e^- \rightarrow Fe^{2+}$

● **還元剤（反応前後の化学式の変化）**

還元剤は，自分自身は酸化されて（酸化数が増加する），相手を還元する（◎は最も頻出。☆は暗記すること）。

☆ $H_2S \rightarrow S$
　$H_2S \rightarrow S + 2H^+ + 2e^-$

◎☆ $Fe^{2+} \rightarrow Fe^{3+}$
　$Fe^{2+} \rightarrow Fe^{3+} + e^-$

◎☆ $H_2O_2 \rightarrow O_2$
　$H_2O_2 \rightarrow O_2 + 2H^+ + 2e^-$

☆ $SO_2 \rightarrow SO_4^{2-}$
　$SO_2 + 2H_2O \rightarrow SO_4^{2-} + 4H^+ + 2e^-$

◎☆ $H_2C_2O_4 \rightarrow 2CO_2$
　$H_2C_2O_4 \rightarrow 2CO_2 + 2H^+ + 2e^-$

☆ $2S_2O_3^{2-} \rightarrow S_4O_6^{2-}$
　$2S_2O_3^{2-} \rightarrow S_4O_6^{2-} + 2e^-$

◎☆ $2Cl^- \rightarrow Cl_2$
　（ハロゲン化物イオンはF^-，Br^-，I^-も同じ）
　$2Cl^- \rightarrow Cl_2 + 2e^-$

☆ $H_2 \rightarrow 2H^+ + 2e^-$

☆ $Na \rightarrow Na^+ + e^-$
　（他の金属も同じ）

主な官能基

特性基	記号	性質	例
アルキル基	$-C_nH_{2n+1}$ (R-で表すこともある)	電子供与性	$-C_2H_5$ エチル基 $-C_3H_7$ プロピル基
フェニル基	$-C_6H_5$	電子吸引性	$CH_2=CHC_6H_5$ スチレン
エーテル結合	$(C)-O-(C)$	中性	CH_3OCH_3 ジメチルエーテル
ヒドロキシ基（水酸基）	$-OH$		
アルコール性		中性	CH_3OH メタノール
フェノール性		弱酸性	C_6H_5OH フェノール
カルボキシ基（カルボキシル基も可）	$-C{\lhd}^O_{OH}$	酸性	CH_3COOH 酢酸
アミノ基	$-NH_2$	塩基性	$C_6H_5NH_2$ アニリン
アミド結合	$-C(=O)-N(H)-$	加水分解する	$C_6H_5NHCOCH_3$ アセトアニリド
アゾ基（またはアゾ結合）	$-N=N-$	カップリング反応で生成	$C_6H_5-N=N-C_6H_4OH$ p-ヒドロキシアゾベンゼン
ジアゾ基	$-N^+\equiv N$	不安定。カップリング反応をする	$C_6H_5-N^+\equiv NCl^-$ 塩化ベンゼンジアゾニウム
エチレン結合	$>C=C<$	付加反応しやすい	$CH_2=CH_2$ エチレン
アセチレン結合	$-C\equiv C-$	付加反応しやすい	$CH\equiv CH$ アセチレン
アセチル基	CH_3CO-		$C_6H_4(OCOCH_3)COOH$ アセチルサリチル酸
メチレン基	$-CH_2-$		$H_2N-(CH_2)_6-NH_2$ ヘキサメチレンジアミン
酸無水物の結合	$-C{\lhd}^O_O$ $-C{\lhd}^O_O$	水と反応すると酸になる	無水フタル酸
スルホ基	$-SO_3H$	強酸性	$C_6H_5SO_3H$ ベンゼンスルホン酸
ニトロ基	$-N{\lhd}^O_O$ （→は配位結合）	中性。還元すると$-NH_2$になる	$C_6H_5NO_2$ ニトロベンゼン
カルボニル基（ケトン基*）	$>C=O$	中性(*R−CO−R'のとき)	$(NH_2)_2CO$ 尿素 $(CH_3)_2CO$ アセトン
アルデヒド基	$-C{\lhd}^O_H$	中性。還元性がある	CH_3CHO アセトアルデヒド
エステル結合	$-C{\lhd}^O_{O-}$	加水分解により酸＋アルコールに分解	$CH_3COOC_2H_5$ 酢酸エチル
ビニル基	$CH_2=CH-$	付加重合する	$CH_2=CHCl$ 塩化ビニル

重要な異性体の構造式

C_7H_{16}の分子式をもつ化合物には全部で9種類の構造異性体があります。以下に異性体の構造式9個を示します。ただし，Hは省略しています。この9個がすらすらつくれるようになれば，有機化学分野は飛躍的に伸びます。自分でも書いてみましょう。

ヘプタン

3-メチルヘキサン

3,3-ジメチルペンタン

2,4-ジメチルペンタン

2,2,3-トリメチルブタン

2-メチルヘキサン

2,2-ジメチルペンタン

2,3-ジメチルペンタン

3-エチルペンタン

「理論化学②＋有機化学②」
索　引

記号・数字
[ ]	45, 125
・	158
α	78, 115
α-アミノ酸	258
α-アミノ酸のイオン構造式	280
α-グルコース	228, 237, 238
α-グルコースの構造式	229, 234, 240
α-ヘリックス構造	284
β-アミノ酸	259
β-グルコース	228, 238
β-グルコースの構造式	229, 234, 243
γ-アミノ酸	260
Δ	43
$\delta-$	283
$\delta+$	283
ε-カプロラクタム	187
1.0×10^5 Pa	150
1mmHg	169
2HI	24
$5H_2O$	158
6,6-ナイロン	177, 181, 212
6-ナイロン	187

英字
$[A]^a[B]^b$	45
$[A]^x[B]^y$	46
$A+B \rightleftarrows C$	28
$aA+bB$	42
acid	75
ADP	302
Ag^+	125
AgCl	125
[AgCl(固)]	126
Al_2O_3	148
ATP	302
Ba^{2+}	132
base	75
$BaSO_4$	132
C	58, 224
c'	123
$C_{12}(H_2O)_{11}$	230
$C_{12}H_{22}O_{11}$	225, 230
$C_2(H_2O)_2$	224
C_2-C_1	43
$(C_6H_{10}O_5)_n$	225, 235, 238
$C_6H_{12}O_6$	225, 229
$C_6H_4(COOH)_2$	177
C_6H_5	189
C_6H_5OH	177
Ca^{2+}	132
$CaCl_2$	134
$CaSO_4$	132
CdS	269
CH_2	179, 182
CH_3	189, 197, 211, 259
CH_3COO^-	70, 88, 103, 112, 269
$(CH_3COO)_2Pb$	269
CH_3COOH	70, 88, 103, 112
CH_3COONa	88, 112, 203
Cl	189, 197
Cl^-	70, 88, 125, 291
$C_m(H_2O)_n$	224
CN	189
$CO(NH_2)_2$	177
CO_2	140
$COOCH_3$	193, 211
COOH	182, 259, 260, 271
$[Cu(NH_3)_4]^{2+}$	238
Cu^{2+}	227
Cu_2O	227
$CuSO_4$	158, 268
$CuSO_4 \cdot 5H_2O$	158
C末端	273
DNA	298
E_1	30
E_1+E_3	32
E_2	30
E_2+E_3	33
H	189, 259
H^+	70, 88, 103, 112
$[H^+]$	57, 118
$[H^+]$を求める公式	123
H_2	10, 11, 16, 19, 24, 58
$H_2N-(CH_2)_6-NH_2$	177
H_2O	10, 70, 88, 112, 140, 177, 224
$[H_2O]$	72
H_2SO_4	24
H_3O^+	70, 71, 113
HCHO	177, 204
HCl	70, 113, 138, 140, 191
HI	58
$HO-CH_2-CH_2-OH$	177
$HOOC-(CH_2)_4-COOH$	177
I_2	24, 58, 238
k	45, 49, 66
K	57, 66
K_a	73, 99, 115, 123
K_b	75, 123
K_c	57
$KClO_3$	228
K_h	116
KNO_3	158
K_p	67
K_{sp}	126
K_w	116
Kの導き方	64
$\log$の公式	86
Mg^{2+}	103
$MgSO_4$	134
MnO_2	228
MnS	269
N	259
N_2	11, 16, 19, 23
N_2O_4	25
Na^+	88, 103, 290
Na_2CO_3	140
Na_3AlF_6	148
NaCl	140, 290
$NaHCO_3$	140
NaOH	112, 140, 203
NBR	195, 200
NH_2	179, 259, 260, 271, 282
NH_3	11, 16, 19, 75, 88, 93
$(NH_4)_2CO_3$	113
NH_4^+	75, 88, 112, 113
NH_4Cl	88, 93, 113
NH_4OH	113
NO	23
N末端	273
O_2	10, 23
$OCOCH_3$	189, 193
OH^-	75, 88, 112
$[OH^-]$を求める公式	123
Pa	150

Pb^{2+}	132, 269	
PbS	269, 286	
$PbSO_4$	132	
PET	184	
pH	86, 88, 97, 124	
pH曲線	138	
pOH	98, 124	
R	259	
$R-N^+(CH_3)_3Cl^-$	292	
$R-N^+(CH_3)_3OH^-$	291	
RNA	298	
$R-SO_3^-$	291	
$R-SO_3H$	290	
$R-SO_3Na$	291	
S	259	
S^{2-}	269	
SBR	195, 201	
Si	58	
SiC	58	
SiO_2	58	
SO_4^{2-}	132	
t_2-t_1	43	
U字管	166	
v	45	
X	190	
x乗	46	
y乗	46	
ZnS	269	

ア行

アーゼ　232, 237
青色　227, 237, 238
青紫色　237, 238, 270
赤　139
赤紫色　268, 270, 286
アクリロニトリル　189, 191, 195, 199, 210
アクリロニトリルブタジエンゴム　199, 221
麻　238
アシッド　75
アジピン酸　177, 182, 213
アスパラギン酸　259, 263
アセタール化　204, 205
アセチル基　282
アセチルサリチル酸　282
アセチル化　238
アセチレン　191, 202, 205
アセトアニリド　282
アセトアルデヒド　205
アセトン　274
圧平衡定数　67
圧力　10, 14, 17, 150
圧力を上げる　14
圧力を加える　153
圧力を下げる　16
アデニン　298, 300
アデノシン三リン酸　303
アデノシン二リン酸　302
あまのじゃくの原理　11, 90
アミド結合　180, 184, 187, 272, 282
アミノ基　179, 259, 260, 271
アミノ酸　258
アミノ酸の配列順序　273
アミラーゼ　237, 238
アミロース　237, 238, 248
アミロースの構造式　248
アミロペクチン　237, 238
アミロペクチンの構造式　249
アラニン　259
アラニンの構造式　262
あるエネルギー以上　29
アルカリ性溶液　279
アルコール　274
アルコール発酵　227, 229
アルデヒド基　227, 242
アンモニア　11, 16, 19, 70, 88, 93
アンモニア水　267, 286
アンモニアの合成　11
アンモニアの電離平衡　75
アンモニウムイオン　93
硫黄　220, 259, 268
硫黄反応　266, 286
イオン交換水　293
イソフタル酸　184
イソプレン　195, 220
イソプレンゴム　195, 197
イモ　236
陰イオン　261
陰イオン交換樹脂　291
陰イオンの構造式　279
インベルターゼ　231, 232
後ろから前を引く　43
右辺は分子　56, 71, 99, 117, 125
ウラシル　300, 302
エーテル結合　206, 247, 248
液性　113
液体　148
液柱　168
液面差　167
エステル化　238, 281
エステル結合　186, 203, 281
エタノール　227, 229, 281
枝分かれ構造　237, 238, 248
エチレン　184, 189, 190
エチレングリコール　177, 185
エネルギー　27
塩　112
塩化アンモニウム　88, 113
塩化カルシウム　134
塩化銀　125
塩化水素　191
塩化ビニル　189, 191
塩化物イオン　125, 291
塩基性　112, 118, 139, 260
塩基性溶液　261, 279
塩基の電離定数　75
塩基を加える　90
塩酸　291
塩酸のmol数　145
塩析　203, 284
塩素酸カリウム　228
塩の液性　113
塩の加水分解　112, 118
塩のモル濃度　121
黄橙色　267, 286
往復矢印　9
オース　226, 232, 237, 299
オキシ　301
オキソニウムイオン　70, 113
オルト　184
温度　10, 11, 17, 38
温度を上げる　13
温度を下げる　14
温度を高くする　38

カ行

加圧　17
開環重合　186, 213
解離度　77
化学平衡　8
可逆反応　9, 21
架橋　220
核酸　298
過酸化水素　228
加水分解　238
加水分解定数　116
可塑　207
活性化エネルギー　27, 29
活性化状態　27
果糖　226, 229
カプロラクタム　187, 211
ガラクトース　226, 229, 231
加硫　221
カルボキシ基　182, 259, 260, 271
カルボン酸　203

カロザース …………… 184	光学異性体 …………… 262	酸性アミノ酸 ………… 263
還元性	公式2 ………… 147, 215	酸性溶液 ………… 261, 278
…… 226, 229, 233, 236, 238	公式4 ……………………… 96	酸素 ……………… 10, 301
緩衝液 ……………… 88, 113	公式6 ………………… 86, 97	三態 ……………………… 148
緩衝溶液 ………………… 88	公式7 ……………… 98, 119	三態変化 ………………… 148
肝臓 ……………………… 236	公式8 ……………… 98, 124	酸の電離定数 …………… 75
黄 ………………………… 139	公式9 ……………… 98, 124	酸を加える ……………… 91
黄色 ………………… 269, 286	公式10 ……………… 92, 96	ジ …………………… 213, 299
気化 ……………………… 149	公式11 ……… 96, 134, 146	ジエン …………………… 196
キサントプロテイン反応	公式15 …………………… 155	色素 ……………………… 274
………………… 266, 286	公式19 ………… 56, 59, 65	システイン ……………… 268
基質特異性 ……………… 228	公式20 ……………………… 67	システィン ……………… 268
気体 ……………………… 148	合成高分子 ……………… 176	実在気体 ………………… 154
気体の物質量 ……………… 15	合成ゴム …………… 176, 195	質量作用の法則 …………… 56
気体のモル濃度 …………… 59	合成樹脂 ………………… 176	シトシン ………… 298, 300
木の幹の皮 ……………… 236	合成繊維 ………………… 176	ジペプチド …… 268, 269, 271
逆反応 ………………… 9, 13	酵素 ……… 227, 228, 229, 232	ジペプチドの構造式 …… 271
逆反応の速さ ……………… 64	酵素の失活 ……………… 274	弱塩基 …………………… 113
吸熱 ……………………… 12	高分子 …………… 176, 224	弱塩基の電離定数 ……… 123
吸熱反応 ………………… 31	酵母 ……………………… 227	弱酸 ……………………… 112
吸熱方向 ………………… 17	氷の特徴 ………………… 153	弱酸の陰イオン濃度 …… 101
強塩基 ……………… 112, 274	黒色沈殿 ………………… 269	弱酸の電離定数 ………… 123
凝固 ……………………… 148	五水和物 ………………… 158	弱酸の濃度 ……………… 101
凝固点降下 ……………… 148	固体 ……………………… 148	重金属イオン …………… 274
強酸 ………………… 113, 274	固体のモル濃度 ………… 126	重合 ……………………… 176
共重合 …………… 176, 195, 221	固体の溶解度 …………… 158	重合体 …… 177, 189, 211, 213
凝縮 ……………………… 149	五炭糖 …………… 298, 300	重合度 …………………… 215
共有結合 ………………… 71	ゴムの木 ………………… 197	縮合重合 … 176, 207, 237, 238
共有結合結晶 ……………… 58	米 ………………………… 236	縮重合 …………………… 176
極性分子 ………………… 260	混合気体 ………………… 19	シュバイツァー試薬 …… 238
銀イオン ………………… 125	混合溶液 …………… 88, 138	純水 ………………… 166, 293
銀鏡反応 …………… 227, 242	**サ行**	純溶媒 …………………… 167
近似値 …………………… 100	再結晶 …………………… 159	昇華 ……………………… 149
筋肉 ……………………… 236	最適pH ……………… 228, 229	昇華性 …………………… 58
グアニン ………… 298, 300	最適温度 …………… 228, 229	状態方程式 ……………… 155
クーロン力 ……………… 283	細胞膜 …………………… 166	蒸発 ……………………… 149
グリコーゲン ……… 236, 238	錯イオン ………………… 238	食塩水 …………………… 290
グリコシド結合 …… 247, 248	酢酸	触媒 ………… 18, 27, 38, 229
グリシン …………… 259, 281	… 70, 88, 103, 113, 203, 224	触媒作用 ……… 227, 228, 229
グリシンの構造式 ……… 262	酢酸イオン ………… 103, 269	触媒を加える ………… 30, 40
グルコース	酢酸ナトリウム … 88, 112, 203	植物の細胞壁 …………… 238
… 226, 227, 228, 229, 231, 238	酢酸鉛(Ⅱ) ……………… 269	ショ糖 ……………… 8, 231
グルコースの直鎖構造 … 242	酢酸の電離平衡 …………… 74	親水コロイド ……… 203, 284
グルタミン酸 ……… 259, 263	酢酸ビニル	浸透圧 …………………… 166
黒色 ……………………… 286	……… 189, 192, 202, 211	浸透圧π …………………… 173
クロロプレン ……… 195, 197	桜田一郎 ………………… 202	水銀柱 …………………… 168
クロロプレンゴム … 195, 221	鎖状構造 ……… 228, 234, 242	水酸化銅(Ⅱ) …………… 238
係数乗 ……………………… 45	砂糖 ………………………… 8	水酸化ナトリウム … 114, 138
ケトン基 ………………… 179	左辺は分母, 右辺は分子	水酸化ナトリウム水溶液
減圧 ……………………… 17	………… 56, 71, 99, 117, 125	………………………… 268
けん化 …………………… 202	酸化マンガン(Ⅳ) ……… 228	水酸化物イオン ………… 112
検出反応 ………………… 266	三重点 …………………… 153	水素 … 10, 11, 16, 19, 58, 259
高温にする ……………… 154	酸性 ………………… 113, 260	水素イオン ……………… 112

水素イオン濃度
　　……………… 57, 102, 115, 118
水素結合 ……………… 274, 283
水和水 …………………………… 158
スクラーゼ ……………… 231, 232
スクロース …… 231, 232, 233
スクロースの構造式 ……… 234
スチレン …… 189, 191, 195, 210
スチレンブタジエンゴム
　　………………………… 199, 201, 221
スルホ基 ………………………… 290
正反応 ……………………………… 9, 15
正反応の速さ …………………… 64
生物の遺伝 …………………… 298
赤褐色 …………………………… 227
絶対値 ……………………………… 43
セルラーゼ ……………………… 238
セルロース …… 236, 237, 238
セルロースの構造式 ……… 252
セロハン ………………………… 166
セロビアーゼ ……… 231, 238
セロビオース
　　…………… 231, 233, 238, 252
セロビオースの構造式
　　…………………………… 234, 249
双性イオン ……………………… 261
双性イオンの構造式 ……… 277

タ行

第1中和点 ……………………… 138
第1当量点 ……………………… 138
第2中和点 ……………………… 138
多糖類 …… 225, 235, 236, 238
単位時間 …………………………… 43
単位の計算 ……………………… 45
炭化水素基（R） ……………… 290
淡紅色 …………………………… 269
炭酸ナトリウム ……………… 138
炭酸ナトリウムの二段中和
　　…………………………………… 138
単純タンパク質 ……………… 274
炭水化物 ………………………… 224
炭素 ……………………………… 224
単糖類 ………… 225, 226, 229
タンパク質 …………………… 258
タンパク質の変性 ………… 274
田んぼでゼッケン乾かん。
　　…………………………………… 284
断面積 …………………………… 167
単量体
　　…… 177, 189, 196, 211, 213
窒素 ……………… 11, 16, 19, 259
チマーゼ ……………… 227, 229
チミン ……………… 298, 300, 302

中性溶液 ……………… 261, 277
中和滴定 ……… 92, 114, 138
中和反応 ………………………… 112
潮解性 …………………………… 138
直鎖状構造 …… 237, 238, 248
チロシン ………………………… 266
低圧にする ……………………… 154
デオキシリボース …………… 298
デオキシリボースの構造式
　　…………………………… 301, 304
デオキシリボ核酸 ………… 298
滴定曲線 ………………………… 138
テトラ …………………………… 299
テトラアンミン銅（Ⅱ）イオン
　　…………………………………… 238
デルタ ……………………………… 43
テレフタル酸 ……… 177, 184
転化 ……………………… 231, 233
電荷 ……………………………… 260
転化糖 ………………… 231, 233
天然高分子 ……………… 176, 224
天然ゴム ……………… 195, 197
デンプン …… 236, 237, 238
デンプンの構造式 ………… 247
電離 ……………………………… 112
電離定数 …… 70, 73, 99, 115
電離度 …………………… 77, 89
電離平衡 ………………………… 115
糖 ……………………… 232, 299
等電点 …………………………… 276
糖類 ……………………… 224, 274
糖類は十ある ………………… 225
トリ ……………………… 213, 299
トリアセチルセルロース
　　…………………………………… 238
トリニトロセルロース …… 238
トリペプチド … 268, 269, 271

ナ行

ナイロン ………………………… 184
ナイロン6 …………… 187, 211
ナイロン66 …… 176, 181, 212
ナトリウムイオン …………… 103
生ゴム …………………………… 197
鉛（Ⅱ）イオン …………………… 269
二価アルコール ……………… 184
二酸化炭素 …………………… 227
二段中和 ………………………… 138
二糖類 ………………… 225, 230
二糖類の加水分解 ………… 232
ニトロ化 ………………………… 267
乳糖 ……………………………… 231
尿素樹脂 … 176, 179, 205, 207
ニンヒドリン水溶液 ……… 270

ニンヒドリン反応 … 266, 269
ヌクレオチド …………………… 302
熱化学方程式 …………………… 21
熱可塑性樹脂 ………………… 207
熱硬化性樹脂 ………………… 207
熱水 ……………………… 237, 238
濃アンモニア水 ……………… 238
濃硝酸 ………………… 267, 286
濃度 ……………… 10, 16, 17, 38
濃度が増える …………………… 16
濃度が減る ……………………… 16
濃度平衡定数 …………………… 57
濃度を大きくする ……………… 39

ハ行

配位結合 ………………………… 71
麦芽糖 ………………… 231, 243
白色 ……………………………… 269
初め ………………………………… 60
初めのmol数を1と置く
　　………………………… 78, 84, 117
発酵 ……………………………… 227
発熱 ………………………………… 12
発熱反応 …………………………… 31
発熱方向 …………………………… 17
葉っぱ …………………………… 236
パラ ……………………………… 184
パルプ …………………………… 238
半透膜 …………………………… 166
反応が起きやすい ……………… 39
反応式の左辺は分母，右辺は
　　分子 ……………………………… 56
反応速度 …………………… 9, 40
反応速度 v ……………………… 43
反応速度が大きくなる … 18, 38
反応速度定数 …………………… 45
反応速度パターン①の公式 … 42
反応速度パターン②の公式 … 45
反応速度パターン③の公式 … 46
反応速度を求める ……………… 42
反応熱 ……………………………… 31
反応の経路 ……………………… 27
ビウレット反応 … 266, 268, 286
非共有電子対 …………………… 71
左へ平衡は移動した ………… 13
非電解質 ………………………… 166
ヒドロキシ基 ……… 203, 205
ビニルアルコール …………… 205
ビニロン ……………… 202, 206
ビュレット ……………………… 266
氷晶石 …………………………… 148
比例関係 ………………………… 216
フェーリング液 ……………… 227
フェーリング反応 … 227, 242

フェニルアラニン ……… 266
フェニル基 ……………… 267
フェノール ………… 177, 178
フェノール樹脂
　………… 176, 178, 205, 207
不可逆反応 ………………… 10
付加重合
　…… 176, 189, 195, 207, 211
複合タンパク質 ………… 274
不斉炭素原子 …………… 262
ブタジエン
　………… 195, 197, 199, 211
ブタジエンゴム
　………… 195, 197, 211, 221
フタル酸 ………………… 184
物質の三態 ……………… 148
ブテン …………………… 196
ブドウ糖 …………… 226, 229
ブナN …………………… 195
ブナS …………………… 195
フルクトース … 226, 229, 231
プロピレン ………… 189, 191
分解酵素 ………………… 237
分子間力 ………………… 154
分子結晶 ………………… 58
分子量M ……………… 172
平均の反応速度 ………… 45
平衡時 …………………… 60
平衡状態 ……………… 9, 11
平衡定数 ……………… 57, 67
平衡定数K …………… 125
平衡定数Kの導き方 …… 64
平衡の条件 ……………… 17
ヘキサメチレンジアミン
　…………………… 177, 182, 213
ペプチド結合
　…………… 268, 271, 272, 282
変化量 ……………… 43, 60
変性 ……………………… 228
ベンゼン環 …… 200, 266, 286
ペンタ …………………… 299
ペントース ……………… 299
ボイルの法則 …………… 14
飽和溶液 ………………… 159
ポリ ……………………… 184
ポリアクリロニトリル
　………… 189, 191, 207, 210
ポリエチレン
　………… 176, 189, 190, 207
ポリエチレンテレフタラート
　…………………… 177, 184, 212
ポリエチレンテレフタレート
　…………………… 177, 184

ポリ塩化ビニル … 189, 191, 207
ポリ酢酸ビニル
　…… 189, 192, 202, 205, 211
ポリスチレン … 189, 191, 210
ポリビニルアルコール
　…………………… 203, 205
ポリブタジエン …… 197, 211
ポリプロピレン …… 189, 191
ポリペプチド …………… 271
ポリマー ………………… 213
ポリメタクリル酸メチル
　…………………… 193, 211
ホルムアルデヒド … 177, 178
ホンとに来るよ合格通知 … 282
マ行
マグネシウムイオン ……… 103
マルターゼ
　………… 228, 231, 238, 243
マルトース
　………… 228, 231, 233, 238, 243
マルトースの構造式
　………………… 234, 246, 247
右へ平衡は移動した ……… 14
水 ………… 10, 70, 177, 224
水のイオン積 ……… 98, 116
水の状態図 ……………… 150
水の特徴 ………………… 152
水の分子量 ……………… 72
水分子のモル濃度 ……… 72
未知数 …………………… 46
無機触媒 ………………… 228
無極性分子 ……………… 260
無色 ……………………… 139
無水酢酸 ………………… 282
紫色 ……………………… 286
メタ ……………………… 184
メタクリル酸メチル …… 193
メチオニン ……………… 268
メチル基 …………… 211, 259
メチレン基 ………… 182, 205
綿 ………………………… 238
モノ ………………… 213, 299
モノマー ………………… 213
木綿 ……………………… 205
モル濃度 ………………… 173
モル濃度の積 …………… 125
モル濃度の平均値 ……… 52
モル濃度を表す記号 … 45, 125
ヤ行
山の一番高いところ ……… 29
融解 ……………………… 148
融解塩電解 ……………… 148
有機塩基 …………… 298, 300

有機ガラス ………… 194, 211
有機溶媒 …………… 260, 274
油脂 ……………………… 203
陽イオン ………………… 261
陽イオン交換樹脂 ……… 290
陽イオン交換膜 ………… 290
陽イオンの構造式 ……… 278
溶液の体積V ………… 172
溶液のモル濃度 ………… 58
溶解度 …………………… 159
溶解度積 …………… 125, 126
ヨウ化水素 ……………… 24
溶質 ……………………… 159
溶質のmol数 …… 96, 134, 146
ヨウ素 …………………… 58
ヨウ素デンプン反応
　…………………… 237, 238
ヨウ素溶液 ………… 237, 238
溶媒 ……………………… 159
弱い結合 ………………… 158
ラ行
ラクターゼ ……………… 231
ラクトース ………… 231, 233
らせん構造 ………… 274, 283
卵白 ……………………… 268
リシン ……………… 259, 264
理想気体 ………………… 154
立体構造 ………………… 275
リボース ………………… 300
リボースの構造式 … 301, 304
リボ核酸 ………………… 298
硫化亜鉛 ………………… 269
硫化カドミウム ………… 269
硫化鉛（Ⅱ） ……………… 269
硫化マンガン（Ⅱ） ……… 269
硫酸 ……………………… 24
硫酸イオン ……………… 132
硫酸銅（Ⅱ）五水和物 …… 158
硫酸銅（Ⅱ）水溶液 ……… 268
硫酸銅（Ⅱ）無水物 ……… 158
硫酸ナトリウム ………… 203
硫酸マグネシウム ……… 134
硫ちゃんはバカなやつ … 132
両性イオン ………… 261, 278
両性化合物 ……………… 261
リン酸 ……… 274, 298, 300
ルシャトリエ …………… 10
ルシャトリエの原理 … 10, 90, 99

岡野雅司先生からの役立つアドバイス

化学は計算と暗記をバランスよく勉強しよう！

　化学は計算する分野と，理解して覚える分野とで，バランスよく成り立っています。覚えることが苦手な人は，計算分野でカバーし，逆に「覚えるのは得意だけど計算は苦手だ」という人は暗記で点を稼ぐということができます。

　「理論化学」「無機化学」「有機化学」のうち，理論化学が，いわゆる計算分野です。理論化学では，計算の対象となるものの量的な関係をつかむことがポイントになります。

　一方，無機化学，有機化学は比較的覚える内容が多い分野ですから，勉強した分だけ得点につながっていきます。

　これら3分野をバランスよく学習していくことが，化学で高得点をとるための秘訣といえるでしょう。

　私の授業では，化学が苦手な人でも充分理解できるように，基本を大切に，ていねいに説明しています。化学が得意な人は予習中心で（どんどん進んでも）いいのですが，初歩の人や苦手な人は，復習中心で学習していきましょう。

　無理のない理解で，最終的には入試化学の合格点以上のものを目指していきます。

無機化学，有機化学は岡野流を役立てよう！

　無機化学，有機化学は，覚える内容を絞って，体系立てて，納得しながら覚えるようにします。覚える量をできるだけ少なくしたい人は，ぜひ岡野流を役立ててください。

　理論化学は計算分野ですので，気を抜くと，すぐに力が落ちてしまいます。継続的に練習しておくことが大切です。どれだけ正確に解けるかは，復習量がモノをいいます。量的な関係を理解し，化学の本質をつかむようにしましょう。

　復習で問題を解くときは，ノートを見ながらではなく，自分の力だけで解くことが大切です。ノートを見て，何となくわかった気になっているだけではダメ。自分の力でスラスラできるくらいまでやりこみましょう。

　まんべんなく，好き嫌いなく復習をして自信をつけたら，過去問に取り組みます。その際，本番のつもりで時間を計りながら解いてください。間違ったところが自分の弱点ですから，今まで自分がやってきたもの（ノート，テキスト，参考書など）で再復習をするといいでしょう。

　入試では，とれて当たり前の問題を，確実にとれることが大切です。私といっしょに，最後までがんばっていきましょう！

参考文献

『化学』(東京書籍) p.180
『化学』(啓林館) p.170
『マクマリー一般化学 (下)』(東京化学同人) p.370

カバー	● 一瀬錠二（アートオブノイズ）
カバー写真	● 有限会社写真館ウサミ
本文制作	● BUCH⁺
本文デザイン	● 吉田博通（ワイワイ・デザインスタジオ）
本文イラスト	● 村上雪
編集協力	● 小池和英，岡野絵里

岡野の化学が
初歩からしっかり身につく
「理論化学②＋有機化学②」

2014年12月15日　初版　第1刷発行
2015年9月10日　初版　第2刷発行

著　者　岡野雅司
発行者　片岡巌
発行所　株式会社技術評論社
　　　　東京都新宿区市谷左内町21-13
　　　　電話　03-3513-6150 販売促進部
　　　　　　　03-3267-2270 書籍編集部
印刷・製本　株式会社加藤文明社

定価はカバーに表示してあります。

本書の一部または全部を著作権法の定める範囲を超え、無断で複写、複製、転載、テープ化、ファイル化することを禁じます。

©2014　岡野雅司

造本には細心の注意を払っておりますが、万一、乱丁（ページの乱れ）や落丁（ページの抜け）がございましたら、小社販売促進部までお送りください。送料小社負担にてお取り替えいたします。

ISBN978-4-7741-6318-5 C7043
Printed in Japan

● 本書に関する最新情報は、技術評論社ホームページ (http://gihyo.jp/) をご覧ください。
● 本書へのご意見、ご感想は、技術評論社ホームページ (http://gihyo.jp/) または以下の宛先へ書面にてお受けしております。電話でのお問い合わせにはお答えいたしかねますので、あらかじめご了承ください。

〒162-0846
東京都新宿区市谷左内町21-13
株式会社技術評論社書籍編集部
『岡野の化学が
初歩からしっかり身につく
「理論化学②＋有機化学②」』係
FAX：03-3267-2271

最重要化学公式一覧

公式1 質量数＝陽子数＋中性子数　　（陽子数＝原子番号）

公式2 $n = \dfrac{w}{M}$ $\left(\begin{array}{l} n：原子または分子の物質量（mol）\quad w：質量（g）\\ M：原子量または分子量（原子量を用いるときは単原子分子扱\\ \quad\quad いのもの，あるいは原子の物質量（mol）を求めたいとき）\end{array}\right)$

$n = \dfrac{V}{22.4}$ $\left(\begin{array}{l} n：気体の物質量（mol）\\ V：標準状態における気体のL数 \end{array}\right)$

$n = \dfrac{a}{6.02 \times 10^{23}}$ $\left(\begin{array}{l} n：原子または分子の物質量（mol）\\ a：原子または分子の個数 \end{array}\right)$

公式3 質量パーセント濃度（%）＝ $\dfrac{溶質のg数}{溶液のg数} \times 100$

公式4 モル濃度（mol/L）＝ $\dfrac{溶質の物質量（mol）}{溶液のL数}$

質量モル濃度（mol/kg）＝ $\dfrac{溶質の物質量（mol）}{溶媒のkg数}$

公式5 物質量（mol）×価数＝グラム当量数

価数	酸または塩基の価数	酸または塩基1molが電離したとき生じるH^+またはOH^-の物質量（mol）をいう。
	酸化剤または還元剤の価数	酸化剤または還元剤1molが受け取ったり，放出したりする電子の物質量（mol）をいう。

化学反応は，それぞれの反応物質の等しいグラム当量数が結びついて過不足なく起こる（中和滴定，酸化還元滴定などに利用できる）。

公式6 $pH = -\log[H^+]$
$[H^+]$は，水素イオン濃度を表し，単位はmol/Lである。

公式7 $[H^+] \times [OH^-] = 10^{-14}$（mol/L）^{2}

公式8 $pOH = -\log[OH^-]$
$[OH^-]$は，水酸化物イオン濃度を表し，単位はmol/Lである。

公式9 $pH + pOH = 14$

公式10 $[H^+]$または$[OH^-] = CZ\alpha$ $\left(\begin{array}{l} C：酸または塩基のモル濃度\\ Z：酸または塩基の価数\\ \alpha：電離度 \end{array}\right)$

公式11 溶質の物質量（mol）＝ $\dfrac{CV}{1000}$（mol） $\left(\begin{array}{l} C：モル濃度\\ V：溶液のmL数 \end{array}\right)$

公式12 電気量＝$i \times t$ クーロン（C）　　（i：電流　アンペア　　t：秒）

1ファラデー（F）＝96500（C）

電気量＝$\dfrac{i \times t}{96500}$ ファラデー（F）

1（クーロン）＝1（アンペア）×1（秒）

公式13 $\dfrac{PV}{T} = \dfrac{P'V'}{T'}$ ……（ボイル・シャルルの法則）

P と V についてはそれぞれ両辺で同じ単位を用いなければいけない。

$$\begin{pmatrix} P,\ P' : 気体の圧力\ \mathrm{Pa}, \mathrm{hPa}, \mathrm{kPa}, \mathrm{mmHg} \\ V,\ V' : 気体の体積\ \mathrm{L}, \mathrm{mL}, \mathrm{cm}^3 \\ T,\ T' : 絶対温度(273 + t℃)\mathrm{K} \end{pmatrix}$$

公式14 $P_{(全)} = P_A + P_B + P_C$ ……（ドルトンの分圧の法則）

混合気体の全圧は，各成分気体の分圧の和に等しい。

全圧を $P_{(全)}$，成分気体A, B, C……の分圧を P_A, P_B, P_C……とする。

公式15 $PV = nRT$ あるいは $PV = \dfrac{w}{M}RT$（気体の状態方程式）

$$\begin{pmatrix} P : 気体の圧力(\mathrm{Pa})\ (単位は指定されている) \\ V : 気体の体積(\mathrm{L})\ \ \ (単位は指定されている) \\ n : 気体の物質量(\mathrm{mol}) \quad\quad R : 気体定数 8.31 \times 10^3\,\mathrm{Pa\cdot L/(K\cdot mol)} \\ T : 絶対温度(273 + t℃)\mathrm{K} \quad w : 気体の質量(\mathrm{g}) \\ M : 気体の原子量または分子量 \end{pmatrix}$$

公式16 モル分率 $= \dfrac{成分気体の物質量(\mathrm{mol})}{混合気体の全物質量(\mathrm{mol})} = \dfrac{成分気体の体積}{混合気体の体積}$ （ただし同温同圧のとき）

$\qquad\qquad\qquad\qquad\qquad\qquad\quad = \dfrac{成分気体の分圧}{混合気体の全圧}$ （ただし同温同体積のとき）

公式17 分圧 = 全圧 × モル分率

公式18 $\pi V = nRT$ あるいは $\pi V = \dfrac{w}{M}RT$（浸透圧を表す式）

$$\begin{pmatrix} \pi : 浸透圧(\mathrm{Pa}) \quad (単位は指定されている) \\ V : 溶液の体積(\mathrm{L}) \quad (単位は指定されている) \\ n : 溶質の物質量(\mathrm{mol}) \quad\quad T : 絶対温度(273 + t℃)\mathrm{K} \\ R : 気体定数 8.31 \times 10^3\,\mathrm{Pa\cdot L/(K\cdot mol)} \\ M : 溶質の分子量 \quad\quad w : 溶質の質量(\mathrm{g}) \end{pmatrix}$$

公式19 質量作用の法則 $K_C = \dfrac{[\mathrm{C}]^c[\mathrm{D}]^d}{[\mathrm{A}]^a[\mathrm{B}]^b}$ 　[ ]はモル濃度〔mol/L〕を表す。

可逆反応 $a\mathrm{A} + b\mathrm{B} \rightleftarrows c\mathrm{C} + d\mathrm{D}$（$a, b, c, d$ は係数）が平衡状態にあるとき，上式が成り立つ。

K_C：濃度平衡定数。温度が一定ならば，濃度平衡定数も一定値を示す。

公式20 $K_P = \dfrac{(P_C)^c(P_D)^d}{(P_A)^a(P_B)^b}$

K_P：圧平衡定数。P_A, P_B, P_C, P_D は各成分気体の分圧を表す。温度が一定ならば，圧平衡定数も一定である。

イオンの価数の一覧表

イオン式と名称		価数	イオン式と名称		価数	イオン式と名称		価数
H^+	水素イオン	1	NH_4^+	アンモニウムイオン	1	CO_3^{2-}	炭酸イオン	2
Na^+	ナトリウムイオン	1	F^-	フッ化物イオン	1	$H_2PO_4^-$	リン酸二水素イオン	1
Ag^+	銀イオン	1	Cl^-	塩化物イオン	1	HPO_4^{2-}	リン酸水素イオン	2
K^+	カリウムイオン	1	Br^-	臭化物イオン	1	PO_4^{3-}	リン酸イオン	3
Pb^{2+}	鉛イオン	2	I^-	ヨウ化物イオン	1	MnO_4^-	過マンガン酸イオン	1
Ba^{2+}	バリウムイオン	2	O^{2-}	酸化物イオン	2	CrO_4^{2-}	クロム酸イオン	2
Ca^{2+}	カルシウムイオン	2	S^{2-}	硫化物イオン	2	$Cr_2O_7^{2-}$	二クロム酸イオン	2
Zn^{2+}	亜鉛イオン	2	CN^-	シアン化物イオン	1	ClO_4^-	過塩素酸イオン	1
Mg^{2+}	マグネシウムイオン	2	NO_3^-	硝酸イオン	1	ClO_3^-	塩素酸イオン	1
Al^{3+}	アルミニウムイオン	3	OH^-	水酸化物イオン	1	ClO_2^-	亜塩素酸イオン	1
Cu^+	銅(I)イオン	1	CH_3COO^-	酢酸イオン	1	ClO^-	次亜塩素酸イオン	1
Cu^{2+}	銅(II)イオン	2	HSO_4^-	硫酸水素イオン	1	SCN^-	チオシアン酸イオン	1
Fe^{2+}	鉄(II)イオン	2	SO_4^{2-}	硫酸イオン	2	$S_2O_3^{2-}$	チオ硫酸イオン	2
Fe^{3+}	鉄(III)イオン	3	HCO_3^-	炭酸水素イオン	1	$C_2O_4^{2-}$	シュウ酸イオン	2